图解算法小册

林小浩◎著

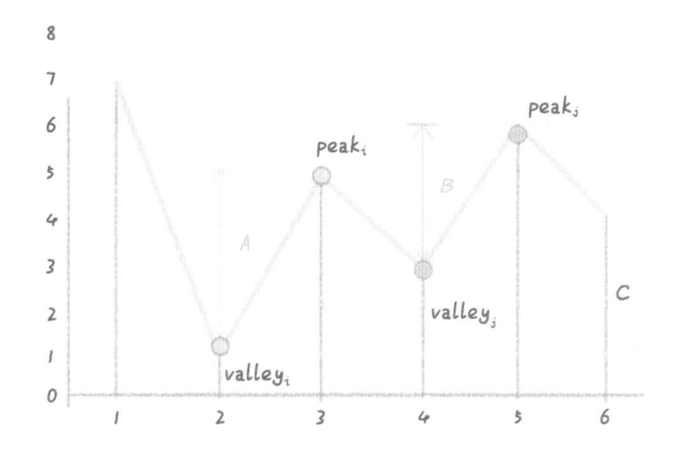

電子工業出版社
Publishing House of Electronics Industry
北京•BEIJING

内 容 简 介

本书以图文并茂的方式对面试中的高频算法题进行讲解，重点关注解决问题的策略，旨在帮助广大读者更好地厘清各类算法题目的解题思路。

本书分系列对算法题目进行讲解，包括数组系列、链表系列、动态规划系列、字符串系列、二叉树系列、滑动窗口系列、博弈论系列、排序系列、位运算系列、二分查找系列以及其他补充题目。

本书适合数据结构和算法知识的初学者、希望从事 IT 行业工作的入门人员，以及具有一定基础的 IT 行业从业者阅读，也可作为大、中专院校计算机等相关专业的参考书。

图书在版编目（CIP）数据

图解算法小册 / 林小浩著. —北京：电子工业出版社，2023.5
ISBN 978-7-121-45287-1

Ⅰ. ①图… Ⅱ. ①林… Ⅲ. ①计算机算法一研究 Ⅳ. ①TP301.6

中国国家版本馆 CIP 数据核字（2023）第 049832 号

责任编辑：张　晶
印　　刷：天津千鹤文化传播有限公司
装　　订：天津千鹤文化传播有限公司
出版发行：电子工业出版社
　　　　　北京市海淀区万寿路 173 信箱　　邮编：100036
开　　本：787×980　1/16　印张：20.5　字数：426.4 千字
版　　次：2023 年 5 月第 1 版
印　　次：2023 年 5 月第 1 次印刷
定　　价：129.00 元

凡所购买电子工业出版社图书有缺损问题，请向购买书店调换。若书店售缺，请与本社发行部联系，联系及邮购电话：（010）88254888，88258888。

质量投诉请发邮件至 zlts@phei.com.cn，盗版侵权举报请发邮件至 dbqq@phei.com.cn。

本书咨询联系方式：faq@phei.com.cn。

学习指导

为什么学习算法？

我所知道的很多人都处于“面试造火箭，工作拧螺丝”的状态：工作了四五年，别说红黑树，就连普通二叉树都没手写过。这种状态正常吗？**正常**，但不写不等于不用。就算真的不用，也不等于不需要知道怎么用。

很多人学习数据结构的方法是有问题的，至少背代码这种方法是绝对错误的。学习算法与数据结构的核心是契合应用场景，而不是死记硬背。

就拿红黑树来说，我们需要知道这是一种常用的平衡二叉树（或者说特殊的平衡二叉树），知道它对于查找、插入、删除的复杂度都是 $\log(n)$，其中 n 是树中元素的数量；对于 Java 栈，我们还需要知道 hashmap 为什么选用红黑树来实现；要知道在一些非实时任务调度中，红黑树可以高效公平地调度任务；要知道其所有的应用，都围绕着“平衡”二字。

至于实现的细枝末节，**知道固然好，但没必要逼着自己记忆**。在我们的职业生涯里，绝对不可能出现让你手写红黑树的节点删除代码的场景。

除了算法，在我看来很多别的知识也是这样。例如，在学习操作系统时，我们需要了解为什么提出 OS？如果没有 OS 那么又会是什么样子？它是如何进行任务调度、进程管理的？在学习数据库原理时，要了解数据库是如何来抽象数据管理的？大数据在什么场景下应运而生？然后，你会知道关系型数据库只是数据库中的冰山一角；你会知道缓存、索引、批处理、中间件之中都有着数据库的影子。

我们需要在学习过程中发现自己的知识盲点，进而刻意提高，而不是一直陷入“学不会—理解不了—记不住”的死循环。

当然，针对拿到 offer 这件事，我们可以通过一些专项练习来实现目标，**但面试过后，总归是要将知识落地，这才能体现你的价值。**

那么，学习算法对个人有什么意义呢？我在这里给出一些自己的看法。

- 算法题目的规模大都比较小，也就意味着切入点很小，因此可以将精力集中于研究问题本身。而在工作中，面对大型项目，我们基本上没有办法随意改变代码结构，甚至会为了整体性能牺牲程序的简洁与优雅。所以**刷算法题是让你通过练习编写出好代码的最好的方式，没有之一**。
- 算法题目基本不会有图形化界面，只利用文本进行输入和输出，**你可以相当专注地解决问题**。而在工作中，你很难获得专注研究一个问题的机会。试想你用 Java 写一个后台功能，其核心代码不到 10 行，但是 MVC 会占据你三分之一的时间，定义接口会占据你三分之一的时间，如果公司没有前端工程师，那么这部分工作会再占据你三分之一的时间，这个过程非常恐怖。
- **预测能力的构建**。大多数算法练习平台会将运算时间和内存使用状况等信息实时提供给练习者，所以我们可以一边修改代码一边观察对程序产生的影响，在工作中绝对不可能有这样的机会。而在这个过程中我们可以提高对逻辑结构复杂的程序进行性能预测的能力，该能力将伴随我们一生。
- **提升编码能力的最好方式**。对于算法练习平台中的每一个问题，我们都能看到全世界最优秀的人提交的代码。只有弄明白这些优秀的逻辑，读懂这些世界顶尖的程序员思考的过程，才可能成为真正的大牛。
- **算法题让你难受**。无论想成为哪个行业的佼佼者，都会经历一个“难受”的过程，正是这个过程让人进步。如果算法题让你“难受”，那么说明你正在进步。

算法题目中只保留了必备的要素，舍弃了无关紧要的部分，构建出一个解决问题的最佳环境。而在这个环境中的成长与提高，将对一个软件工程师产生深远的影响。所以，请大家怀着一颗匠心去了解、学习、掌握算法。

如何解决算法问题？

在通常情况下，直接利用已知的技术便可轻松解决简单的问题。但是如果遇到难题，恐怕就需要综合运用多种手段了。在构建解决问题的策略时，我们首先要对问题和答案的结构有一个直观的估计或者猜测，找到问题的核心，然后就可以把毫无头绪的事情变得有迹可循。这需要深刻理解题意并对原算法的原理和执行过程了然于心，所以这里我们抽象出两个步骤：读题和重构。

读题的目的是理解问题，在这问题上栽跟头的人绝不是少数，所以一定要重视审题，正确地理解题意。重构是一个抽象化的过程。现实世界中的很多概念是比较复杂的，**我们需要对其抽茧剥丝、保留本质，将其转化成易于理解的形式，而重构的过程可以决定程序设计的方向**。例如，我们要用代码实现一个整数的开方，可以选用牛顿法或者二分法，那么这两种方法是如何被想到的？如果我们把问题重构成图形，就比较容易想到牛顿法；而如果我们把问题重构成已有的知识概念，自然就可以想到二分法；如果我们把问题抽象成公式，那么甚至可以通过数学法来求解。

在重构的基础上我们就可以解题了。但是这中间我还要加一个步骤——**化简**。那么如何化简呢？我通过一个例子加以说明。假设一个二维网里有 N 个点，我们要找出距离最小的两个点。最笨的方法是计算每个点与其他 N-1 个点之间的距离，找出距离最小的两个点，但这样效率很低，时间复杂度为 O（N^2）。我们可以考虑将问题先化简为一维的：假设在 X 轴上有 N 个点，找到距离最小的两个点。此时可以通过直线 m 将所有的点分成数量差不多的两组 A 和 B，然后递归地去找 A 组中距离最小的两个点 a 和 b，以及 B 组中距离最小的两个点 c 和 d，当然我们也同时考虑特殊情况：最接近的两个点横跨了 A、B，此时利用 m 可以在线性时间中将 A 和 B 的解合并为整体解，之后再将这种算法推演至平面。

完成了读题一重构一化简的过程，接下来就是解题了。对于算法题而言，解题的思路是有迹可寻的，掌握基本数据结构和算法自不必说，还有一点就是汇总常见算法问题。

常见算法问题汇总

写算法最怕出错。**与其重复相同的错误，不如从错误中吸取教训。与其从自己的错误中吸取教训，不如从别人的错误中学习经验**。因此，我总结了常见算法问题，请一定耐心看完，反复阅读。

- **递归算法中的死循环和内存泄露**。由于递归算法需要堆栈，**所以消耗的内存比非递归算法大很多**，如果递归深度太大，那么系统可能撑不住，出现内存占用突然飙升的情况。如果数据错误导致无限循环，那么会导致严重问题。
- **访问数组越界**。绝大多数数组越界的根本原因在于定义混淆。例如，定义的时候想的是“以 0 起始”，却写成了“以 1 起始”。要解决这个问题，就要把控好区间问题。
- **区间表意问题。这里需要注意三点**。一是左闭右开区间更容易计算数组中的元素数量，例如 [0,n)中的数组元素数量为 n-0，这点要形成条件反射。二是闭区间很难表示空数组。三是对于左闭右开的区间，迭代器需要的操作符最少，STL 算法和容器就是很好的例子。

- **差一问题（栅栏错误）**。建造一条长 30 米的直栅栏，每条栅栏柱间相隔 3 米，需要多少条栅栏柱？求数组 A[i]到 A[j] 的平均值，A[i] 到 A[j] 的和应该除以多少，是 j-i+1，还是 j-i？二分法中的 while 条件，到底是用 <= 还是 < ？这些都是差一问题。对于这类问题，可以**通过最小的输入值测试代码的执行过程，反复练习、形成条件反射**。这种条件反射一定是通过大量的练习形成的，如果你还在纠结这种问题，那么请先扣心自问，是否刷过至少 200 道算法题。
- **内存溢出问题**。内存溢出问题分为两种，一种是运算超出变量取值范围导致的，例如二分法中的 mid，此时需要使用 left+(right-left)>>1。另一种是代码不严谨导致的，例如递归有退出条件，while 死循环等。
- **初学者定义问题**。例如，统计 26 个字母出现的次数，初学者会使用 hashmap，其实对于这种已知值范围的问题，使用数组就可以了。其他类似问题也是一样的。
- **写到一半忘记题意**。导致这个问题的根本原因是思路不清晰。例如，定义一个返回布尔值的函数，本来应该是在判断某条件成立时返回 true，但是用的时候却以为是在条件不成立时返回 true，最终导致结果错误。
- **变量名错误**。不管是与方法参数中的变量名称冲突，还是本身表意不明，最终出现赋值错误，或者编译不通过。
- **运算优先级错误**。例如对于位运算，各个语言中的优先级定义略有不同，有时候需要加括号，有时候不需要加。
- **特殊值的处理**。例如对于一些找规律的题目，往往在取值为 0 和 1 时的规律和其他值时不同，对于这些特殊值需要进行特殊处理。

算法刷题攻略

说到算法刷题，不算从其他各处收录的题目，单就 LeetCode 的题库就包含 1600 多道题，如果每天刷 1 道，那么 5 年才能刷完。我们真的需要把这些题目全部刷完吗？如果不是，那么刷多少合适？又该怎么刷呢？我的建议是，对于大部分人，**200 道是一个合适的数量**。

那么大部分人又指哪些人呢？这里统指**没有系统刷题经验的人**。无论是工作 3~5 年的职场老司机，还是即将毕业的应届生，只要没怎么刷过题，通通可以归为此类。

接下来又有人会问了："刷完 200 道题，我可以掌握到什么程度？"

200 道题听起来很多，但是分散到每一个算法类型中，也就包含二三十道，每一种算法类型中又大致包含 15~20 道简单题、5~10 道中等题、2~3 道难题。因此，200 道题基本可以覆盖整个算法体系，可以给出下面的答案。

- 在算法方面超过大概 80%的同行（这里单指基础算法，非 ML、AI 等）。
- 在面试时不至于一看到题目就陷入迷茫，而是可以享受思考的过程。
- 当身边有朋友聊到算法时敢过去和他们交流，而不是默默走开。
- 对于应届生，具有获取 offer 的可能性。
- 对于老司机，满足到大厂镀金的必备条件。
- 对于培训生，极大缩小与科班学生的差距。

关于**刷题的速度**，建议在 60~150 天完成这 200 道题目，最差也应该在 3 个月左右掌握 100~150 道简单题目。

如果你在刷题的时候发现怎么也写不出来，那么请不要担心，这是正常的。如果你发现，之前明明刷过的题，过段时间再做的时候还是不会，那么也不要担心，这还是正常的。遗忘是人的天性，这时需要思考到底是哪个环节出了问题，然后针对问题反复进行练习。我建议找个小本子，记下每道题目的核心要素与考查要点，没事的时候就拿出来看一看。

*有人关心**没学过算法和数据结构的人能不能刷题**？答案是肯定的。刷题本身就是一个学习的过程，例如对于二叉树问题，如果你刷过 30 道题，那么一定会遇到 BST 这个知识点。所以我个人认为系统地学习算法知识和刷题本身并不矛盾，你可以选择双管齐下，也可以选择单点突破。*

到这里，新的问题又来了：是从头刷好呢？还是分类刷好呢？我的建议是，如果已经有一些算法基础，那么可以从头刷 LeetCode 的前 200 道题，这是因为一直刷某一种类型的题目容易忘掉前一类题目，也容易对某一类题目疲惫。如果完全没有算法基础，那么可以考虑分类来刷，这是因为在没有算法基础的前提下分类来刷，除了掌握题型，还可以巩固知识点。总之，**使用哪种方式取决于你**。

另外，我认为 LeetCode 的前 200 道题目是相当经典的。可能大家不知道，早期的 LeetCode 中的题目只有一百道左右，这些题目基本都是精华，并且基本覆盖了所有的算法类型，后面的很多题目都是在这些题目的基础上演化而成的。例如，合并两个有序链表后来演化成合并 K 个有序链表。

关于本书

本书面向算法小白和初中阶读者，没有学习门槛，所有代码均已在 LeetCode 上测试运行。书中的题目分类汇编，方便读者将相同类型的题目进行比较。在每道题目中都尽量补充一些基础知识，同时配有完整的图解，以达到学以致用的目的。

本书对于所有题目的讲解都以掌握为目标，不追求奇淫技巧，毕竟我们不是专门研究算法的人。我见过太多算法初学者，一个题解看不懂，转头又去看第二个，第二个看不懂，又去看第三个，直到最后放弃。这样做既没能弄懂题目，又白白浪费了时间，不如踏踏实实把一种思路理解得清楚透彻。希望你学完本书能够掌握基本的数据结构与算法知识，并且能够独立解答高频面试算法题。

我期望大家更多的去关注算法本身，而不是语言层面的东西。本书使用的语言较多，没有局限于 Java 和 Go，并且不会使用任何语法特性，所有没有系统学习过编程语言的读者也可以顺利阅读此书，希望大家不要被语言束缚。

林小浩

目 录

第 01 章 数组系列 1

两个数组的交集(350) 1
最长公共前缀(14) 4
买卖股票的最佳时机(122) 6
旋转数组(189) 9
原地删除(27) 11
删除排序数组中的重复项(26) 12
加 1(66) 14
两数之和(1) 17
三数之和(15) 18
Z 字形变换(6) 22
螺旋矩阵Ⅰ(54) 27
螺旋矩阵Ⅱ(59) 31
24 点游戏(679) 33
第 *k* 大的元素(215) 38
有效的数独(36) 42
生命游戏(289) 47
旋转图像(48) 52

第 02 章 链表系列 57

删除链表倒数第 *N* 个节点(19) 57
合并两个有序链表(21) 60
环形链表(141) 62
两数相加(2) 66

LRU 缓存机制(146) 69

第 03 章 动态规划系列 81

爬楼梯(70) 81
最大子序和(53) 84
最长上升子序列(300) 86
三角形最小路径和(120) 89
最小路径和(64) 94
“打家劫舍”(198) 99
不同路径 103
不同路径——障碍物 106
只有两个键的键盘(650) 110
飞机座位分配概率(1227) 113
整数拆分(343) 116

第 04 章 字符串系列 119

反转字符串(344) 119
字符串中第 1 个不重复字符(387) 120
实现 Sunday 匹配 122
大数打印 126
验证回文串(125) 130
KMP 132
旋转字符串(796) 146
最后一个单词的长度(58) 149
猜数字游戏(299) 153
整数转罗马数字(12) 155

第 05 章 二叉树系列 160

最大深度与 DFS(104) 160
层次遍历与 BFS(102) 164
BST 与其验证(98) 168
BST 的查找(700) 170

删除二叉搜索树中的节点(450) 173
平衡二叉树(110) 176
完全二叉树的节点个数(222) 179
二叉树的剪枝(814) 183

第 06 章 滑动窗口系列 187
滑动窗口最大值(239) 187
无重复字符的最长子串(3) 190
字母异位词(438) 195
和为 s 的连续正数序列 200

第 07 章 博弈论系列 203
囚徒困境 203
辛普森悖论 204
红眼睛和蓝眼睛 206
海盗分金币 207
智猪博弈 209
硬币问题 210
画圈圈的问题 211
巧克力问题 212
大鱼和小鱼的问题 214
Nim 游戏(292) 216

第 08 章 排序系列 219
按奇偶排序数组(905) 219
扑克牌中的“顺子” 222

第 09 章 位运算系列 224
使用位运算求和 224
2 的幂(231) 226
返回二进制中 1 的个数(191) 228

只出现一次的数字Ⅰ(136)......232
只出现一次的数字Ⅱ(137)......235
缺失数字(268)......240

第 10 章 二分查找系列......243
爱吃香蕉的阿珂(875)......243
x 的平方根(69)......247
第 1 个错误的版本(278)......250
旋转排序数组中的最小值Ⅰ(153)......252
旋转排序数组中的最小值Ⅱ(154)......256
供暖器(475)......258
寻找两个正序数组的中位数(4)......260
搜索二维矩阵(74)......265

第 11 章 其他补充题目......268
水分子的产生......268
救生艇(881)......271
25 匹马的问题......273
灯泡开关(319)......276
三门问题......279
最小的 k 个数......282
盛最多水的容器......288
移动石子直到连续(1033)......293
镜面反射(858)......295
荷兰国旗问题......297
由 6 和 9 组成的最大数字(1323)......302
费米估算......303
面试中的智力题Ⅰ......306
面试中的智力题Ⅱ......307
图的基础知识......308
全排列算法......312

01

第 01 章 数组系列

两个数组的交集(350)

01. 题目分析

第 350 题： 两个数组的交集

给定两个数组，编写一个函数来计算它们的交集。

示例 1：

```
输入: nums1 = [1,2,2,1], nums2 = [2,2]

输出: [2,2]
```

示例 2：

```
输入: nums1 = [4,9,5], nums2 = [9,4,9,8,4]

输出: [4,9]
```

说明：

- 输出结果中每个元素出现的次数，应与元素在两个数组中出现的次数一致。
- 可以不考虑输出结果的顺序。

进阶：如果给定的数组已经排好序，那么如何优化算法呢？

思路：设定两个为 0 的指针，比较两个指针的元素是否相等。如果指针的元素相等，那么将两个指针一起向后移动，并且将相等的元素放入空白数组。

02. 题解分析

此题可以看成一道传统的映射题（map 映射）。我们需找出两个数组的交集元素，同时这些元素与它在两个数组中出现的次数一致。因此，我们需要知道每个元素出现的次数，映射关系是<元素,出现次数>。

该解法过于简单，我们不做进一步分析，直接给出题解。

```
//Go
func intersect(nums1 []int, nums2 []int) []int {
    m0 := map[int]int{}
    for _, v := range nums1 {
        //遍历 nums1，初始化 map
        m0[v] += 1
    }
    k := 0
    for _, v := range nums2 {
        //如果元素相同，则将其存入 nums2 中，并将出现次数减 1
        if m0[v] > 0 {
            m0[v] -=1
            nums2[k] = v
            k++
        }
    }
    return nums2[0:k]
}
```

03. 题目进阶

假如两个数组都是有序的，分别为 arr1 = [1, 3, 4, 4, 13]和 arr2 = [1, 4, 9, 10]，又如何求解？

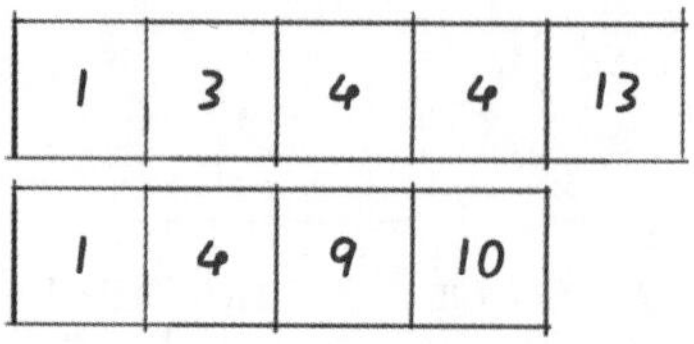

1	3	4	4	13

1	4	9	10

对于两个已经排序好的数组，我们可以很容易想到使用双指针来求解。

解题步骤如下。

设定两个为 0 的指针，**比较两个指针的元素是否相等。**如果指针的元素相等，则将两个指针一起向后移动，并将相等的元素放入空白数组。下图中的两个指针分别指向两个数组的第 1 个元素，判断元素相等之后，将元素放入空白的数组中。

1				
1	3	4	4	13
1	4	9	10	

如果两个指针的元素不相等，**则将较小元素的指针后移。**图中指针移到下一个元素，判断不相等之后，将较小元素（3）的指针向后移动，继续判断。

1				
1	3	4	4	13
1	4	9	10	

重复以上步骤。

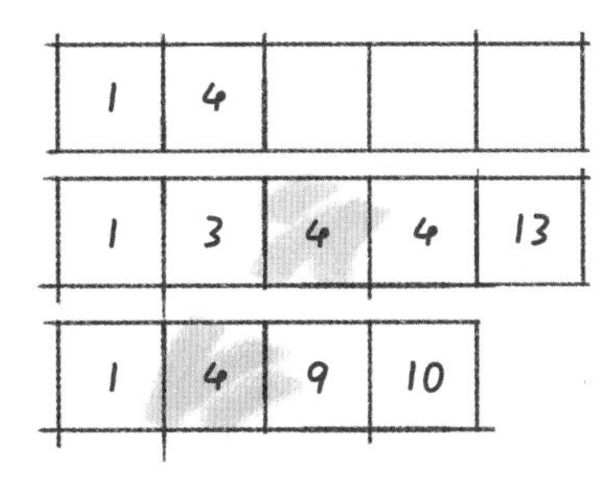

直到任意一个数组终止。

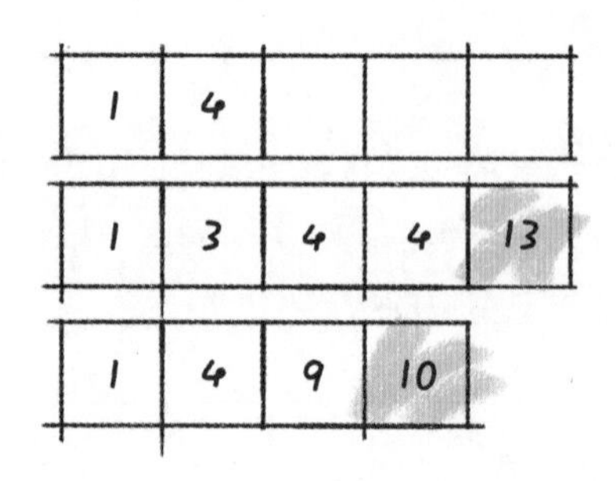

04. 题目解答

根据分析，很容易得到下面的题解。

```
//Go
func intersect(nums1 []int, nums2 []int) []int {
    i, j, k := 0, 0, 0
    sort.Ints(nums1)
    sort.Ints(nums2)
    for i < len(nums1) && j < len(nums2) {
        if nums1[i] > nums2[j] {
            j++
        } else if nums1[i] < nums2[j] {
            i++
        } else {
            nums1[k] = nums1[i]
            i++
            j++
            k++
        }
    }
    return nums1[:k]
}
```

提示：题解中没有创建空白数组，因为遍历后的数组就没用了，我们可以**将相等的元素放入遍历后的数组中，从而节省空间。**

最长公共前缀(14)

01. 题目分析

第 14 题：最长公共前缀

编写一个函数来查找字符串数组中的最长公共前缀。如果不存在公共前缀，则返回""。

示例 1：

```
输入: ["flower","flow","flight"]
输出: "fl"
```

示例 2：

```
输入: ["dog","racecar","car"]
输出: ""
```

解释：输入不存在公共前缀。

说明：所有输入只包含小写字母 a~z。

02．题解分析

要寻找最长公共前缀，**前提是这个前缀是公共的，可以从任意一个元素中找到它**。首先，将第 1 个元素设置为基准元素 x0。假如数组为["flow","flower","flight"]，那么 flow 就是基准元素 x0。

然后，将基准元素和后面的元素依次进行比较（假定后面的元素依次为 x1、x2、x3……），不断更新基准元素，直到基准元素满足最长公共前缀的条件，就可以得到最长公共前缀。

具体比较过程如下：

- 如果 strings.Index(x1,x) == 0，则直接跳过，因为此时 x 就是 x 和 x1 的最长公共前缀，比较下一个元素。如比较 flower 和 flow。
- 如果 strings.Index(x1,x) != 0, 则截掉基准元素 x 的最后一个元素，再次和 x1 进行比较，直至满足 string.Index(x1,x) == 0，截取后的 x 为 x 和 x1 的最长公共前缀。如比较 flight 和 flow，依次截取 flow-flo-fl，直到 fl 被截取出，此时 fl 为 flight 和 flow 的最长公共前缀。

具体过程如下图所示。

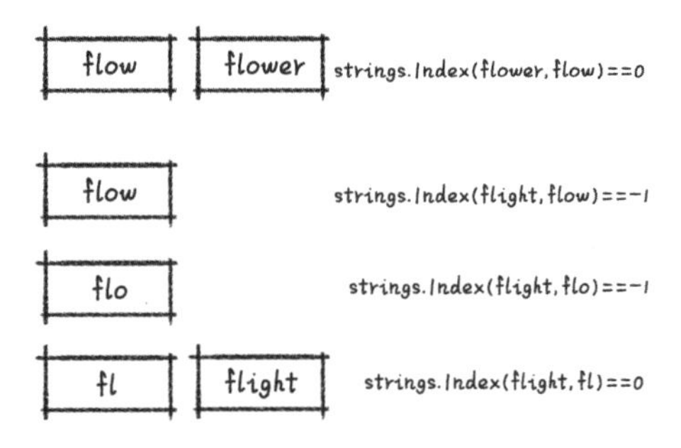

需要注意的是，如果基准元素和任何元素都无法匹配，则说明不存在最长公共元素。

最后，记得处理一下临界条件。如果给定数组是空的，则没有最长公共元素。

03. 题目解答

根据分析，我们很容易得到下面的题解。

```
//Go
func longestCommonPrefix(strs []string) string {
    if len(strs) < 1 {
        return ""
    }
    prefix := strs[0]
    for _,k := range strs {
        for strings.Index(k,prefix) != 0 {
            if len(prefix) == 0 {
                return ""
            }
            prefix = prefix[:len(prefix) - 1]
        }
    }
    return prefix
}
```

也可以尝试用分治法或者其他方法来解答这道题。

买卖股票的最佳时机(122)

01. 题目分析

在 LeetCode 上，股票相关的题目有很多，而且在面试时出现的频率非常高，面试官稍微改一改条件，就让我们防不胜防。那么如何攻克这类题型呢？下面从一道简单的题看起。

第 122 题： 买卖股票的最佳时机 II

给定一个数组，它的第 i 个元素是一支给定股票第 i 天的价格。

如果最多只允许你完成一笔交易（买入和卖出一只股票），那么请设计一个算法来计算你所能获取的最大利润。注意你不能在买入股票前卖出股票。

示例 1：

```
输入: [7,1,5,3,6,4]
输出: 7
```

解释：在第 2 天（股票价格 = 1）买入，在第 3 天（股票价格 = 5）卖出，这笔交易所能获得利润 = 5−1 = 4。

随后，在第 4 天（股票价格 = 3）买入，在第 5 天（股票价格 = 6）卖出，这笔交易所能获得利润 = 6−3 = 3。

示例 2：

```
输入：[1,2,3,4,5]
输出：4
```

解释：在第 1 天（股票价格 = 1）买入，在第 5 天 （股票价格 = 5）卖出，这笔交易所能获得利润 = 5−1 = 4。

注意：你不能在第 1 天和第 2 天接连购买股票，之后再将它们卖出。因为这样属于同时参与了多笔交易，你必须在再次购买前卖出之前买到的股票。

示例 3：

```
输入：[7,6,4,3,1]
输出：0
```

解释：在这种情况下，没有交易完成，所以最大利润为 0。

说明：我们看一下题目中给出的两个条件。

（1）**不能参与多笔交易**。我们只能在手上没有股票的时候买入，也就是**必须在再次购买前卖出之前买到的股票**。

（2）**尽可能地多进行交易**。股票会不停涨跌，我们只要把握住机会，低价买入高价卖出，就可以使利润最大化。这个条件也是相当重要的，如果我们把这个条件变成“最多完成两笔交易”，就会变成另一道题。

02. 题解分析

假设给定的数组为[7, 1, 5, 3, 6, 4]，我们将其绘制成折线图。

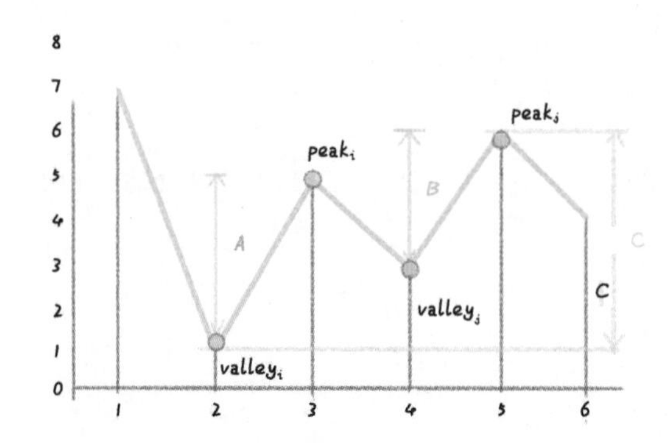

要满足上述两个条件并实现利润最大化，就要尽可能多地低价买入、高价卖出。**每次上升波段都对应一次低价买入、高价卖出**。本题没有限制交易次数，因此**所有上升波段的和就是我们能获取到的最大利润**，对应图中 $A+B$，即 $(5-1)+(6-3)=7$。

03. 题目解答

根据以上分析，我们很容易得到下面的题解。

```
//Go
func maxProfit(prices []int) int {
    if len(prices) < 2 {
        return 0
    }
    dp := make([][2]int, len(prices))
    dp[0][0] = 0
    dp[0][1] = -prices[0]
    for i := 1; i < len(prices); i++ {
        dp[i][0] = max(dp[i-1][0],dp[i-1][1]+prices[i])
        dp[i][1] = max(dp[i-1][0]-prices[i],dp[i-1][1])
    }
    return dp[len(prices)-1][0]
}

func max(a,b int) int {
    if a > b {
        return a
    }
    return b
}
```

04. 题目扩展

在各种算法题中，图解的方式屡见不鲜。通过图解的方式，我们可以一层一层地剥掉算法题目的外壳，直奔核心，寻找到最直观的解题思路。

旋转数组(189)

01. 题目分析

第 189 题： 旋转数组

给定一个数组，将数组中的元素向右移动 k 个位置，其中 k 是非负数。

示例 1：

```
输入: [1,2,3,4,5,6,7] 和 k = 3
输出: [5,6,7,1,2,3,4]
```

解释：

- 向右旋转 1 步：[7, 1, 2, 3, 4, 5, 6]。
- 向右旋转 2 步：[6, 7, 1, 2, 3, 4, 5]。
- 向右旋转 3 步：[5, 6, 7, 1, 2, 3, 4]。

示例 2：

```
输入: [-1,-100,3,99] 和 k = 2
输出: [3,99,-1,-100]
```

解释：

- 向右旋转 1 步：[99, -1, -100, 3]。
- 向右旋转 2 步：[3, 99, -1, -100]。

说明：

- 尽可能想出更多的解决方案，至少有三种不同的方法可以解决这个问题。
- 要求使用空间复杂度为 $O(1)$的原地算法。

如果这道题不要求原地反转，那么会非常简单。但是原地反转的方法并不容易想到，我们直接看题解。

02. 题解分析

这个方法基于以下事实：若我们需要将数组中的元素向右移动 k 个位置，那么 $k\%l$（l 为数组长度）的尾部元素会被移动到头部，剩下的元素会被向后移动。

假设现在数组为[1, 2, 3, 4, 5, 6, 7]，l=7 且 k=3，所以有 3%7=3 个元素会被移动到数组头部。如下图可以看到元素 5、6、7 被移动到数组头部。

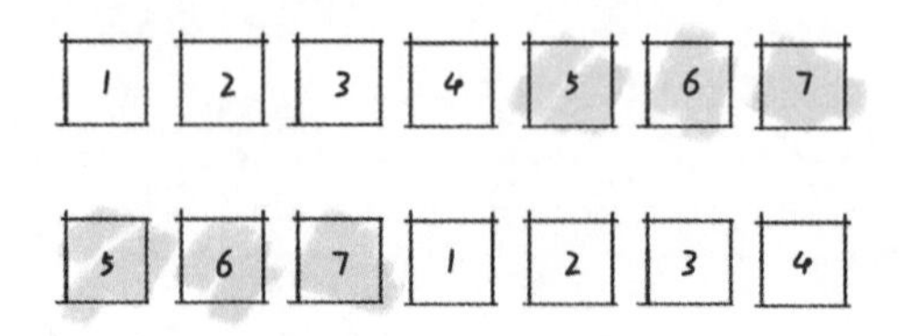

通过观察我们可以得到最终的结果：先将所有元素反转，再反转前 k 个元素，再反转后面 l–k 个元素，就能得到想要的结果。如下图所示。

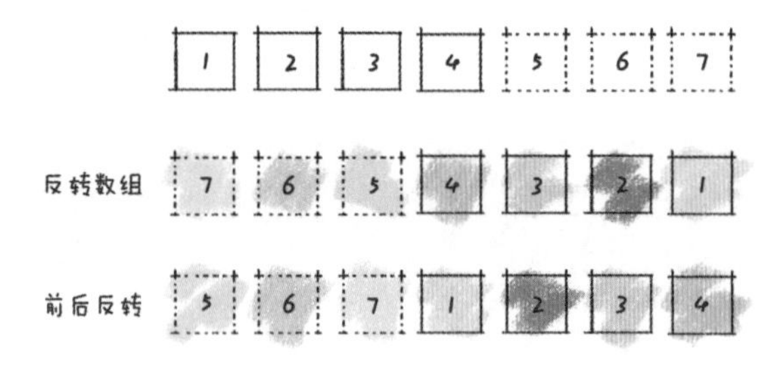

03. 题目解答

根据分析，可以得到下面的题解。

```
//Go
func rotate(nums []int, k int) {
    reverse(nums)
    reverse(nums[:k%len(nums)])
    reverse(nums[k%len(nums):])
}

func reverse(arr []int) {
    for i := 0; i < len(arr)/2; i++ {
        arr[i], arr[len(arr)-i-1] = arr[len(arr)-i-1], arr[i]
    }
}
```

原地删除(27)

01. 题目分析

第 27 题： 原地删除

给定一个数组 nums 和一个值 val，请原地删除所有值等于 val 的元素，并返回删除元素后数组的新长度。

不要使用额外的数组空间，必须在原地修改数组并在使用 $O(1)$ 额外空间的条件下完成。

可以改变元素的顺序。不需要考虑数组中超出新长度的元素。

示例：

```
给定 nums = [3,2,2,3], val = 3,
函数应该返回新长度 2, 并且 nums 中的前两个元素均为 2。
不需要考虑数组中超出新长度的元素。
```

02. 题解分析

只要把握好“原地删除”这几个关键字，就可以顺利求解，具体过程如下。

（1）遍历数组元素，当遍历到当前值 nums[i]等于目标值 val 的元素时，删除该元素。

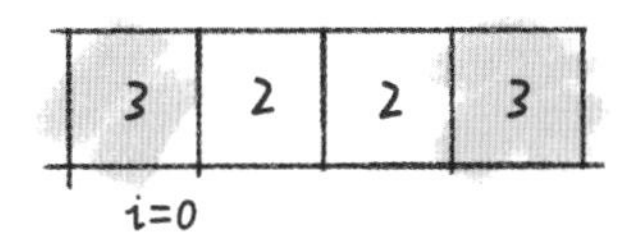

（2）如果当前值不等于目标值，则 i++。

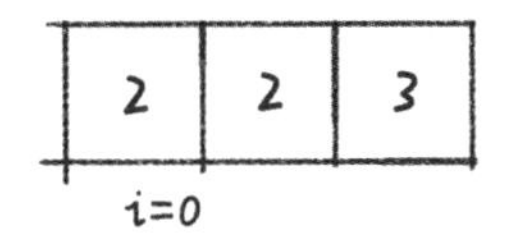

（3）重复进行步骤（1）和步骤（2）。

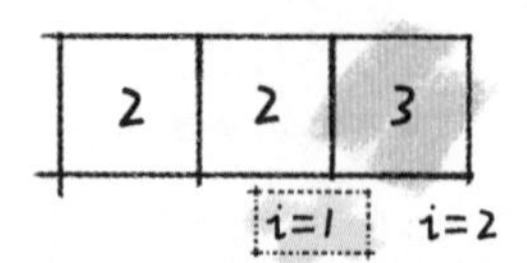

（4）遍历整个数组。

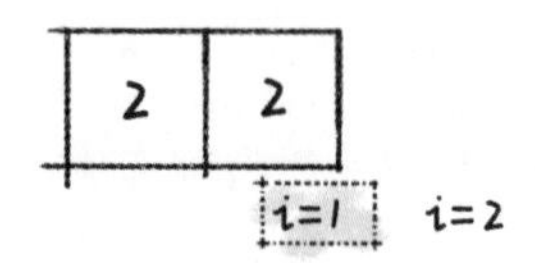

03. 题目解答

根据分析，我们可以得到下面的题解。

```
//Go
func removeElement(nums []int, val int) int {
    for i := 0; i < len(nums);{
        if nums[i] == val {
            nums = append(nums[:i],nums[i+1:]...)
        }else{
            i++
        }
    }
    return len(nums)
}
```

和这道题类似的还有 LeetCode 第 26 题，大家可以先尝试自己做一做，然后再看答案哦！

删除排序数组中的重复项(26)

01. 题目分析

第 26 题： 删除排序数组中的重复项

给定一个排序数组，请原地删除重复出现的元素，使得每个元素只出现一次，返回删除元素后数组的新长度。

不要使用额外的数组空间，必须在原地修改数组并在使用 $O(1)$额外空间的条件下完成。

示例 1：

```
给定数组 nums = [1,1,2],
函数应该返回新长度 2, 并且原数组 nums 的前两个元素被修改为 1、2。
不需要考虑数组中超出新长度的元素。
```

示例 2：

```
给定 nums = [0,0,1,1,1,2,2,3,3,4],
函数应该返回新长度 5, 并且原数组 nums 的前 5 个元素被修改为 0、1、2、3、4。
不需要考虑数组中超出新长度的元素。
```

02. 题解分析

这道题的重点是“原地”两个字，也就是必须在 $O(1)$的空间下完成。并且题目中已经告知了数组为有序数组，这样重复的元素一定是连在一起的，我们只需一个一个地删除重复的元素。

假设给定数组为[0, 1, 1, 2, 2, 3]。

（1）遍历数组元素，定义当前元素为 i，下一个元素为 i+1。

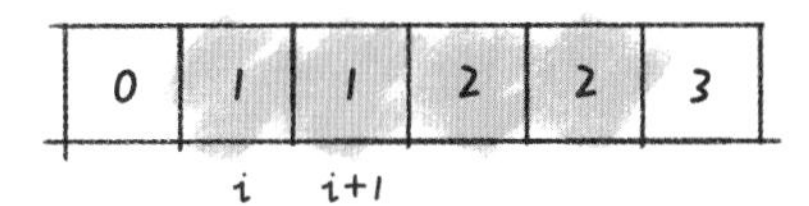

（2）当发现元素 i 和元素 i+1 相等时，删除元素 i+1。

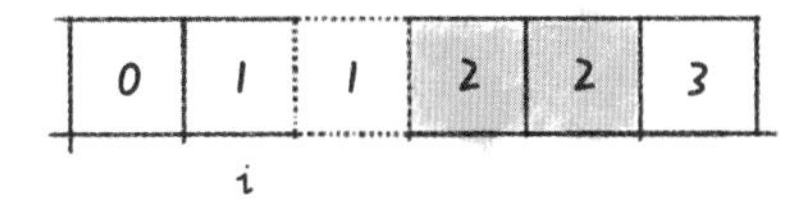

（3）当元素 i 和元素 i+1 不等时，i++。

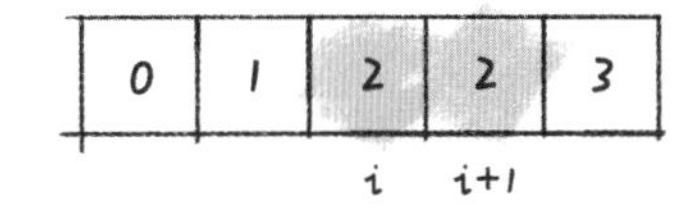

（4）重复步骤（2）和步骤（3）。

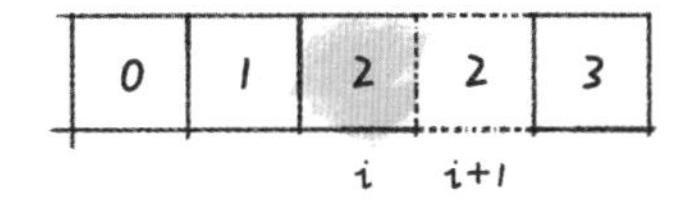

（5）当 i+1 指向最后一个元素时，跳出循环。

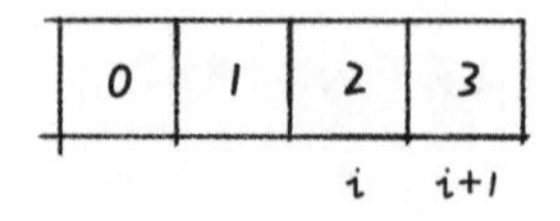

03. 题目解答

根据分析，我们可以得到下面的题解。

```
//Go
func removeDuplicates(nums []int) int {
    for i := 0; i+1 < len(nums);{
        if nums[i] == nums[i+1]{
            nums = append(nums[:i],nums[i+1:]...)
        }else{
            i++
        }
    }
    return len(nums)
}
```

关于数组的原地操作就讲到这里，如果大家有兴趣，可以做一下 LeetCode 第 283 题（移动 *O*），也是一样的做法哦！

加 1(66)

看到这个标题，大家肯定会觉得，不就是“加 1”嘛，太简单了！但就是这么简单的“加 1”可是面试的高频题哦，所以我们就一起从一道 LeetCode 题开始学习。

01. 题目分析

第 66 题：加 1

给定一个由整数组成的非空数组所表示的非负整数，在该数的基础上加 1。

最高位数字存放在数组的首位，数组中的每个元素都只存储单个数字。你可以假设除了整数 0，这个整数不会以 0 开头。

示例 1：

```
输入：[1,2,3]
输出：[1,2,4]
```

解释：输入数组表示数字 123。

示例 2：

```
输入：[4,3,2,1]
输出：[4,3,2,2]
```

解释：输入数组表示数字 4321。

02. 题解分析

对于加 1，我们会考虑两种情况。

- 普通情况：除 9 之外的数字加 1。
- 特殊情况：9 加 1（因为 9 加 1 需要进位）。

所以我们只需要模拟这两种运算，就可以顺利求解。

假设数组为[1, 9, 9]，则如下所示。

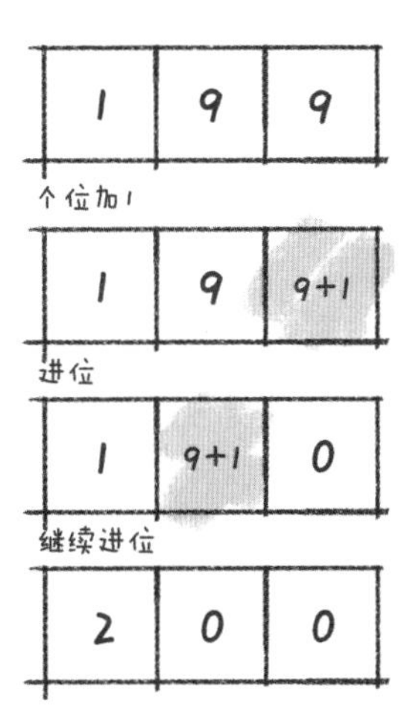

当然，这里我们需要考虑一种特殊情况，就是对于 99 或者 999 等数组，需要拼接数组，具体如下图。

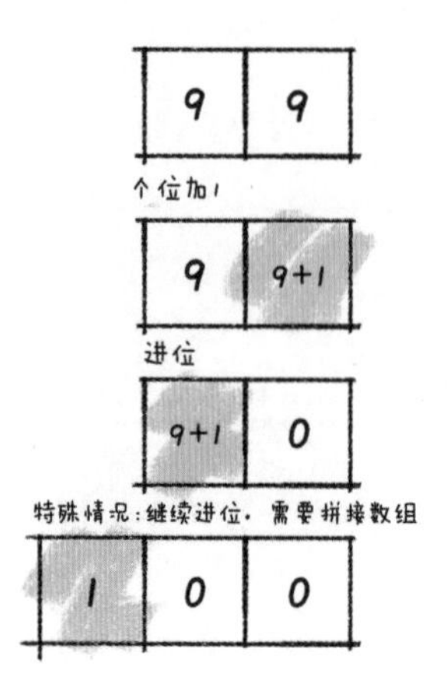

这样看来，“加 1”是不是也不像想象中的那么简单？

03. 题目解答

根据以上分析，我们可以得到下面的题解。

```
//Go
func plusOne(digits []int) []int {
    var result []int
    addon := 0
    for i := len(digits) - 1;i >= 0; i-- {
        digits[i]+=addon
        addon = 0
        if i == len(digits) - 1 {
            digits[i]++
        }
        if digits[i] == 10 {
            addon = 1
            digits[i] = digits[i] % 10
        }
    }
    if addon == 1 {
        result = make([]int, 1)
        result[0] = 1
        result = append(result,digits...)
    }else{
        result = digits
    }
    return result
}
```

提示：append(a,b...) 的含义是“将 b 切片中的元素追加到 a 中”。

两数之和(1)

01. 题目分析

第 1 题： 两数之和

给定一个整数数组 nums 和一个整数目标值 target，请你在该数组中找出和为目标值的那两个整数，并返回它们的数组下标。

你可以假设每种输入都只对应一个答案，不能重复利用这个数组中同样的元素。

示例：

```
给定 nums = [2, 7, 11, 15], target = 9
因为 nums[0] + nums[1] = 2 + 7 = 9
所以返回 [0, 1]
```

02. 题解分析

很容易想到“暴力解法”：遍历每个元素 x，并查找是否存在一个值与 target−x 相等的元素。

由于这个解题思路过于简单，所以直接给出代码。

```
//Go
func twoSum(nums []int, target int) []int {
    for i, v := range nums {
        for k := i + 1; k < len(nums); k++ {
            if target-v == nums[k] {
                return []int{i, k}
            }
        }
    }
    return []int{}
}
```

运行成功，但是这种解题方法的时间复杂度过高，达到了 $O(n^2)$。为了对时间复杂度进行优化，我们需要一种更有效的方法来检查数组中是否存在目标元素。我们可以想到用**哈希表**的方式，以空间换取时间。

假设 nums = [2, 7, 11, 15]，target = 9。

还是先遍历数组 nums，i 为当前下标。我们需要将遍历的每个值都放入 map 中作为 key。

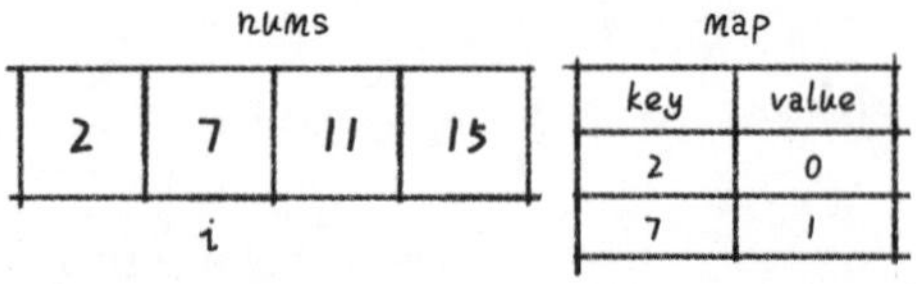

同时，对每个值 num[i]都判断 map 中是否存在 **target-nums[i]** 对应的 key 值。上图中对应 9–7=2。我们可以看到 2 在 map 中已经存在。

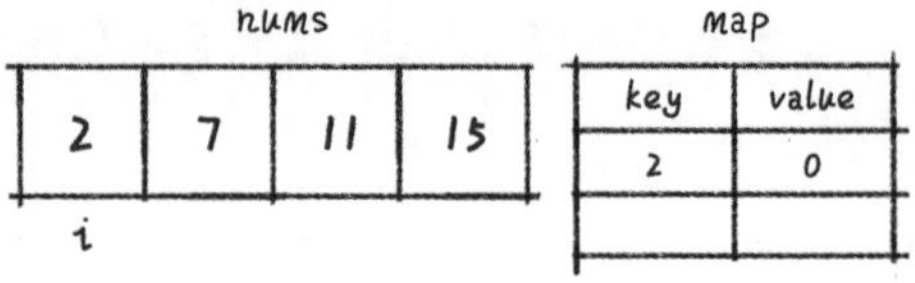

所以，2 和 7 所在的 key 对应的 value [0,1]就是我们要找的两个数组下标。

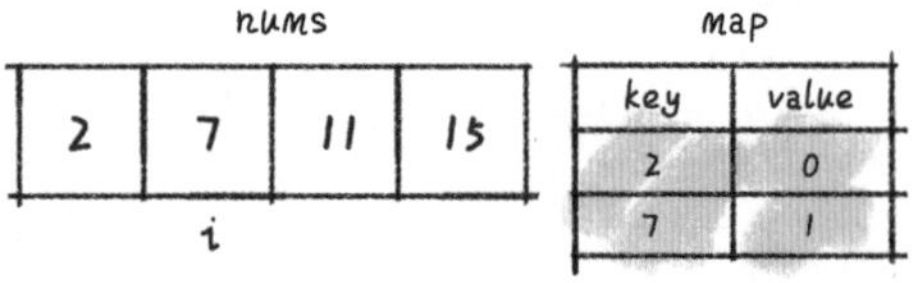

03. 题目解答

根据以上分析，我们可以得到下面的题解。

```
//Go
func twoSum(nums []int, target int) []int {
    result := []int{}
    m := make(map[int]int)
    for i,k := range nums {
        if value,exist := m[target-k];exist {
            result = append(result,value)
            result = append(result,i)
        }
        m[k] = i
    }
    return result
}
```

三数之和(15)

这是一道经典面试题，有一定难度，大家认真看哦。

01. 题目分析

该题为两数之和的进阶版本，还有一个进阶版本为四数之和，我们将一一进行分析。

第 15 题： 三数之和

给定一个包含 n 个整数的数组 nums，判断 nums 中是否存在三个元素 a、b、c ，使得 a + b + c = 0 ？请你找出所有满足条件且不重复的三元组。注意：答案中不可以包含重复的三元组。

示例：

```
给定数组 nums = [-1, 0, 1, 2, -1, -4],
满足要求的三元组集合为：
[
  [-1, 0, 1],
  [-1, -1, 2]
]
```

02. 题解分析

本题可以仿照二数之和的“暴力解法”直接进行三层遍历，取和为 0 的三元组并记录下来，最后去重。但是聪明的我们不能这么做。

我们的目标是找数，使用指针是最简单的方式。假设数组为

```
[-1, 0, 1, 2, -1, -4]
```

求解过程如下。

（1）对数组进行排序（原因后面说），如下图所示。

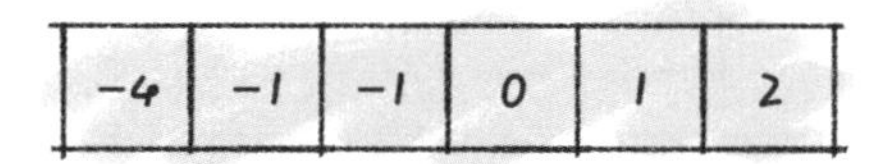

（2）因为我们要同时找三个数，所以**采取固定一个数，用双指针查找另外两个数的方式**。在初始化时，我们选择固定第 1 个元素（当然，这一轮走完了，这个蓝框要向前移动），同时将下一个元素和末尾元素分别设上 left 和 right 指针，如下图所示。

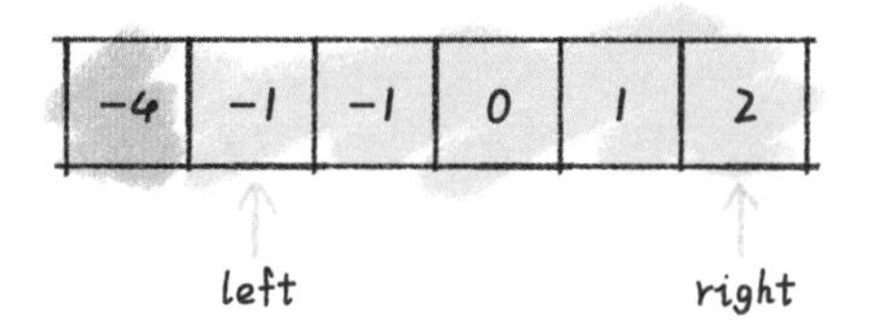

（3）现在已经找到了三个数，需要计算它们的和是否为 0。我们已经排好了序，如果**固定下来的数（蓝框中的数）大于 0，那么三数之和必然无法等于 0**。例如下图所示。

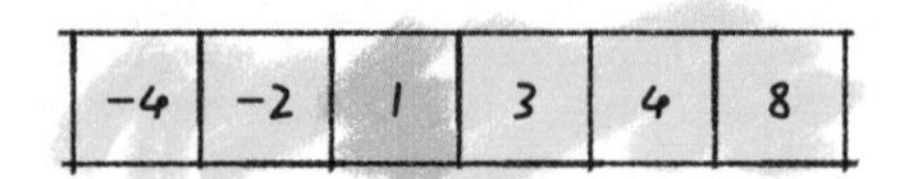

（4）可以想到，我们需要移动指针。现在排序就发挥作用了：**如果和大于 0，则说明 right 的值太大，需要左移；如果和小于 0，则说明 left 的值太小**，需要右移（上面这个思考过程是本题的核心）。整个过程如下图所示。

-4	-1	-1	0	1	2
-4	-1	-1	0	1	2
-4	-1	-1	0	1	2
-4	-1	-1	0	1	2
-4	-1	-1	0	1	2
-4	-1	-1	0	1	2
-4	-1	-1	0	1	2

其中，在第 5 行时，因为三数之和等于 0，所以 right 指针进行左移。最后一行，跳过了重复的 −1。

补充一句，我们需要处理重复值的情况。除了固定下来的数（蓝框中的数），left 和 right 指针也需要去重，所以对于 left 和 left+1，以及 right 和 right−1，我们都单独做了去重（跳过即可）。

03. 题目解答

四数之和其实与本题解法差不多，把固定一个数变成固定两个数，同样使用双指针进行求解就可以了。

根据上面的分析，给出题解。

```
//Java
class Solution {
    public List<List<Integer>> threeSum(int[] nums) {
        Arrays.sort(nums);
        List<List<Integer>> res = new ArrayList();
        for (int i = 0; i < nums.length; i++) {
            int target = 0 - nums[i];
            int l = i + 1;
            int r = nums.length - 1;
            if (nums[i] > 0)
                break;
            if (i == 0 || nums[i] != nums[i - 1]) {
                while (l < r) {
                    if (nums[l] + nums[r] == target) {
                        res.add(Arrays.asList(nums[i], nums[l], nums[r]));
                        while (l < r && nums[l] == nums[l + 1]) l++;
                        while (l < r && nums[r] == nums[r - 1]) r--;
                        l++;
                        r--;
                    } else if (nums[l] + nums[r] < target)
                        l++;
                    else
                        r--;
                }
            }
        }
        return res;
    }
}
```

Python 版本如下。

```
//Python
class Solution:
    def threeSum(self, nums: List[int]) -> List[List[int]]:

        n=len(nums)
        res=[]
        if(not nums or n<3):
            return []
        nums.sort()
        res=[]
        for i in range(n):
            if(nums[i]>0):
                return res
```

```
        if(i>0 and nums[i]==nums[i-1]):
            continue
        L=i+1
        R=n-1
        while(L<R):
            if(nums[i]+nums[L]+nums[R]==0):
                res.append([nums[i],nums[L],nums[R]])
                while(L<R and nums[L]==nums[L+1]):
                    L=L+1
                while(L<R and nums[R]==nums[R-1]):
                    R=R-1
                L=L+1
                R=R-1
            elif(nums[i]+nums[L]+nums[R]>0):
                R=R-1
            else:
                L=L+1
    return res
```

Z 字形变换(6)

01. 题目分析

第 6 题： Z 字形变换

根据给定的行数，将一个字符串以从上到下、从左到右的顺序进行 Z 字形排列。例如，当输入字符串为 "LEETCODEISHIRING" 、行数为 3 时，排列如下。

```
L   C   I   R
E T O E S I I G
E   D   H   N
```

这时需要从左到右逐行读取，输出一个新的字符串，例如"LCIRETOESIIGEDHN"。

请你实现这个将字符串进行指定变换的函数。

```
string convert(string s, int numRows);
```

示例 1：

```
输入: s = "LEETCODEISHIRING", numRows = 3
输出: "LCIRETOESIIGEDHN"
```

示例 2：

```
输入: s = "LEETCODEISHIRING", numRows = 4
输出: "LDREOEIIECIHNTSG"
```

解释:

```
L     D     R
E   O E   I I
E C   I H   N
T     S     G
```

02. 题解分析

这是我比较推崇的一道“小学题目”，因为它没有任何复杂的逻辑，只需要按部就班，就可以顺利解答。难的是，极其容易出错。

本题最终的目的是变换字符串的顺序，题中也未提到不可用额外空间，所以我们秉承不重复造轮子的原则，想办法利用某种结构在原字符串上做文章。

我们采用示例 2 的数据进行分析，输入字符串 s 为 "LEETCODEISHIRING"，行数 numRows 为 4，如图所示。

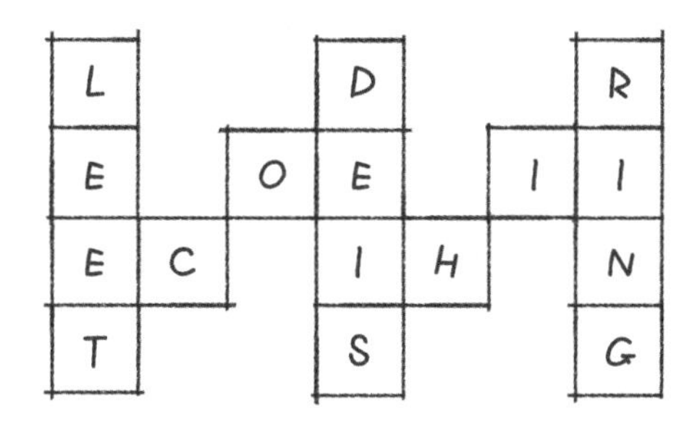

重点来了，**我们的目标是按行打印，那总得有个东西来存储每行的数据吧**？因为只需要存储**每行的数据**，那是不是用个数组就可以了？

问题来了，数组设置为多大呢？自然是有多少行我们就设置多大，换句话说，numRows 多大，我们的数组就设置多大。

存储的容器有了，原字符串也列出来了，然后自然是把原字符串放到容器里。怎么放？**根据 numRows 的大小来回放置即可**（即从 0 到 n–1，再从 n–1 到 0）。具体请看下图。

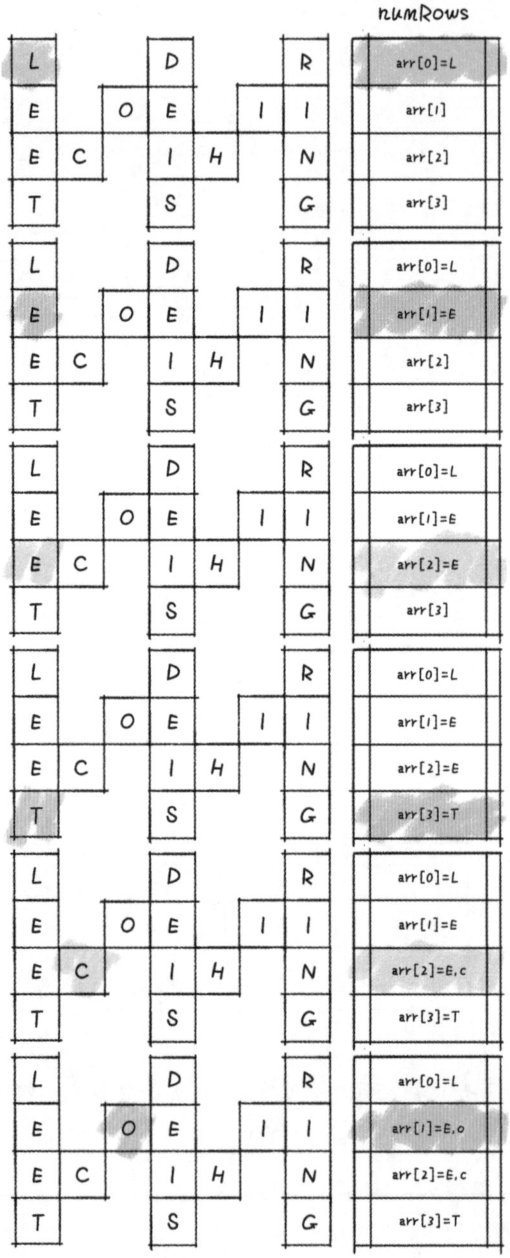

上面的图长得不得了，但是我们能看出来，**每 2*n*−2 为一个周期**。到了这里，应该没有人会质疑这是一道“小学题目”了吧。所有的字符串放完后，如下图所示。

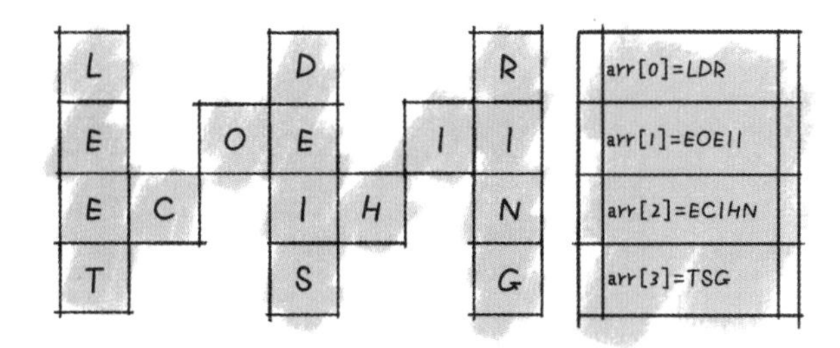

最后一步，咱们让这个数组“排排坐”，就可以开始“吃果果”。

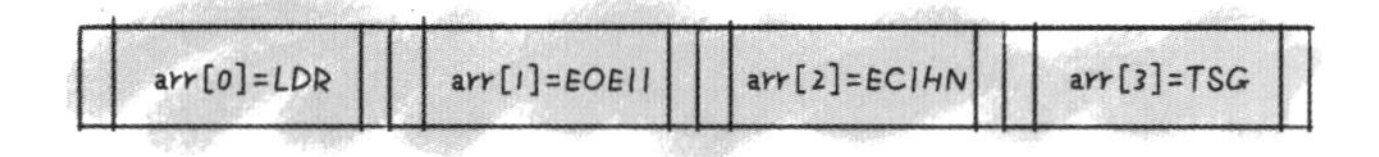

下图更清楚。

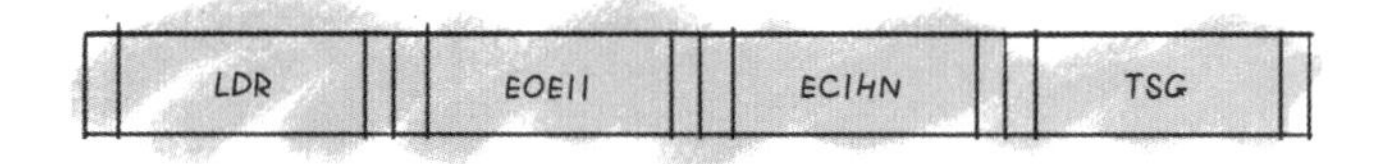

03. 题目解答

根据分析，给出题解。

```
//Go
func convert(s string, numRows int) string {
    if numRows == 1{
        return s
    }
    var b = []rune(s)
    var res = make([]string, numRows)
    var length = len(b)
    var period = numRows * 2 - 2
    for i := 0 ;i < length; i ++ {
        var mod = i % period
        if mod < numRows {
            res[mod] += string(b[i])
        } else {
            res[period - mod] += string(b[i])
        }
    }
    return strings.Join(res, "")
}
```

对于上面的代码强调两点。

一是用了一个 rune，这其实是 Go 里的用法，用来处理 Unicode 或 Utf-8 字符，并没有什么特别的作用。

二是第 12～15 行表示在周期内，正着走 numRows–1 步，剩余的反着走（也就是上面的长图）。

为了照顾使用 Java 的小伙伴，再给出一个 Java 版本的代码。

```
//Java
class Solution {
    public static String convert(String s, int numRows) {
        if (numRows == 1) return s;
        String[] arr = new String[numRows];
        Arrays.fill(arr, "");
        char[] chars = s.toCharArray();
        int len = chars.length;
        int period = numRows * 2 - 2;
        for (int i = 0; i < len; i++) {
            int mod = i % period;
            if (mod < numRows) {
                arr[mod] += chars[i];
            } else {
                arr[period - mod] += String.valueOf(chars[i]);
            }
        }
        StringBuilder res = new StringBuilder();
        for (String ch : arr) {
            res.append(ch);
        }
        return res.toString();
    }
}
```

和 Go 语言的示例一样，代码的关键仍然是计算轨迹的过程（第 10～17 行），这里再提供另外一种计算轨迹的方式。

```
//Java
class Solution {
    public String convert(String s, int numRows) {
        if (numRows == 1) return s;
        String[] arr = new String[numRows];
        Arrays.fill(arr, "");
        int i = 0, flag = -1;
        for (char c : s.toCharArray()) {
            arr[i] += c;
            if (i == 0 || i == numRows - 1) flag = -flag;
            i += flag;
```

```
        }
        StringBuilder res = new StringBuilder();
        for (String ch : arr) {
            res.append(ch);
        }
        return res.toString();
    }
}
```

通过一个标志位让轨迹来回移动，本质其实是一样的。

这道题目的意义在于考查代码能力，本身的思考过程并不复杂。有的读者一看这种题目，**就想通过二维数组来计算，殊不知已经落入了题目的陷阱**（二维数组的出错率远高一维数组）。当然，本题也可以不借助额外空间来实现，核心逻辑完全相同，建议读者自己动手尝试一下。

螺旋矩阵 I (54)

01. 题目分析

第 54 题：螺旋矩阵

给定一个 $m \times n$ 阶矩阵，请按照顺时针螺旋顺序，返回矩阵中的所有元素。

示例 1：

```
输入:
[
 [ 1, 2, 3 ],
 [ 4, 5, 6 ],
 [ 7, 8, 9 ]
]
输出: [1,2,3,6,9,8,7,4,5]
```

示例 2：

```
输入:
[
  [1, 2, 3, 4],
  [5, 6, 7, 8],
  [9,10,11,12]
]
输出: [1,2,3,4,8,12,11,10,9,5,6,7]
```

02. 题解分析

本题的思路是**模拟螺旋的移动轨迹**。

问题的难点在于**想明白模拟过程中会遇到的问题——边界处理**。

边界包括数组的边界和已经访问过的元素。只有找到边界，才可以进行右、下、左、上 **4** 个方向的移动，一旦**碰壁**就可以调整方向。

思路明确了，我们看一下过程。假如数组为：

```
[
 [1, 2, 3, 4],
 [5, 6, 7, 8],
 [9,10,11,12]
]
```

如下图所示。

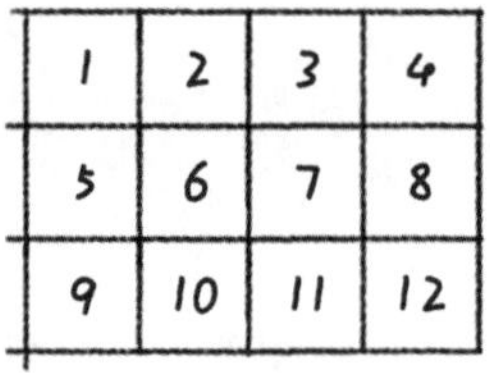

1	2	3	4
5	6	7	8
9	10	11	12

首先设置好 4 个边界。

```
up := 0
down := len(matrix) - 1
left := 0
right := len(matrix[0]) - 1
```

如下图所示。

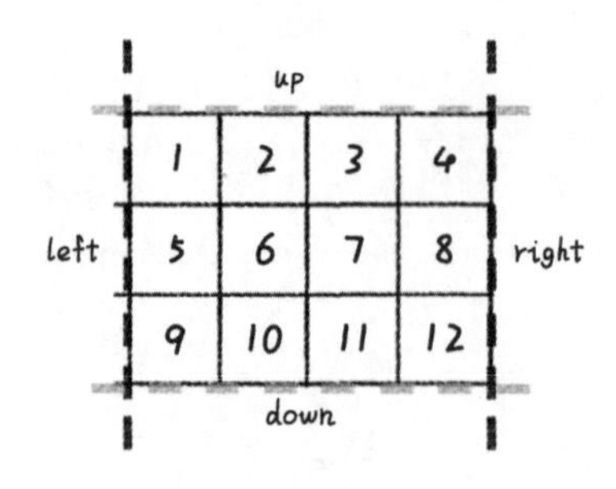

然后定义 x 和 y，分别代表行和列。

如果 x=2，y=1，则 arr2=10（第 3 行第 2 列）。

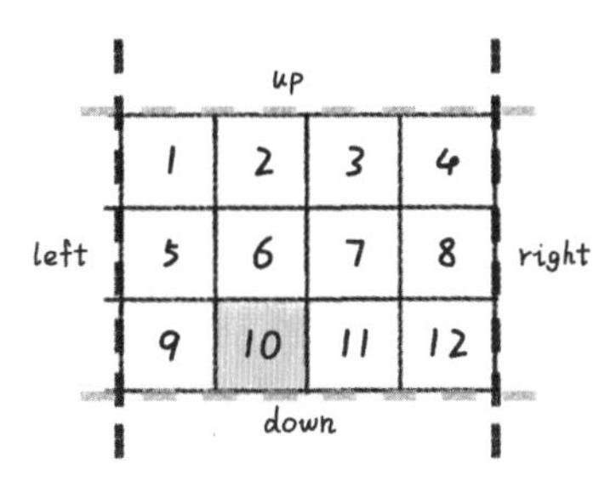

接下来从第 1 个元素开始（y=left），完成对第 1 行的遍历，直到碰壁（y<=right）。

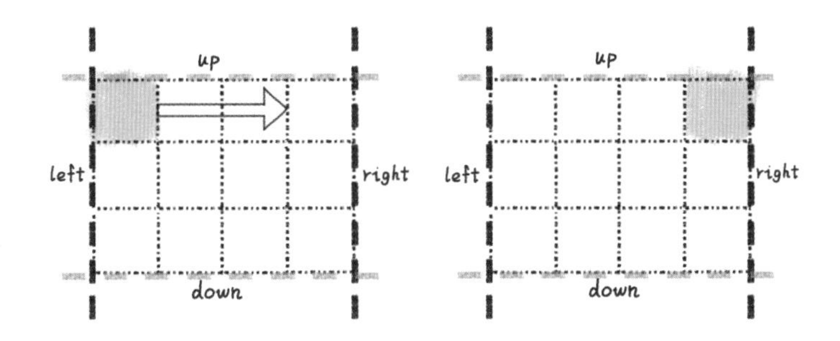

下面是关键的一步，**因为第 1 行已经走过了，所以将上界下调　（up++）**，同时转弯向下走。

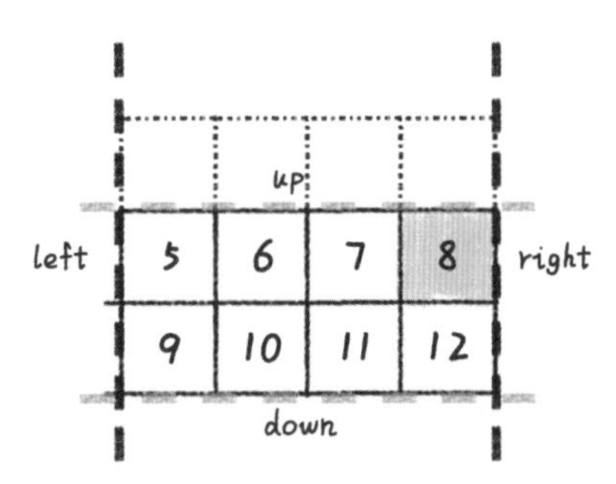

直到碰到底部（x<=down），再将**右界左调（right--）**，转弯向左走。

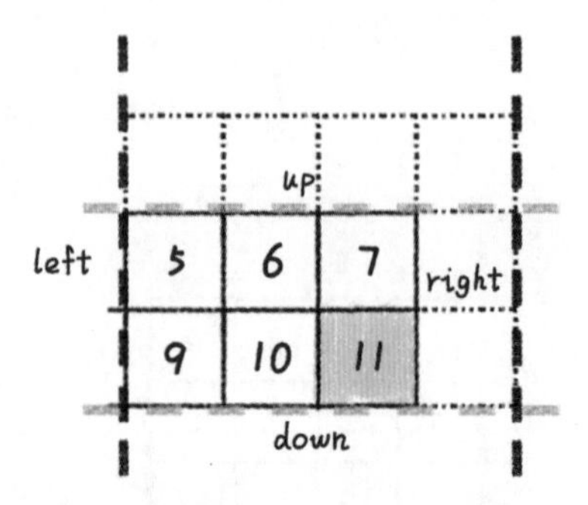

继续向左和向上，分别完成**下界上调**（**down--**）和**左界右调**（**left++**）。

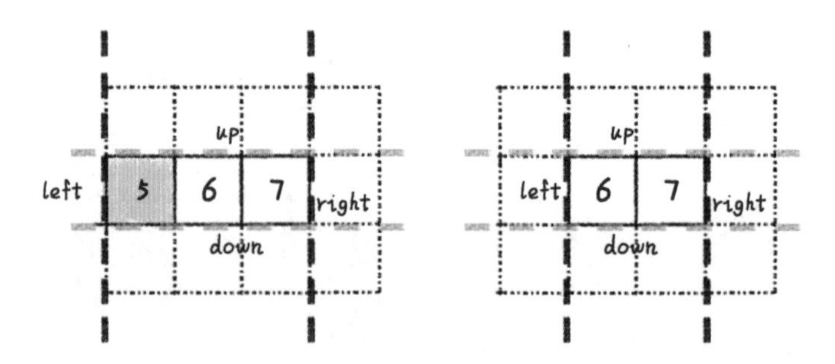

最后，对剩下的矩阵重复整个过程，直到上下、左右的壁碰在一起（**up <= down && left <= right 是避免碰壁的条件**）。

03. 题目解答

这道题很简单，只要会碰壁就可以顺利得出答案。

```
//Go
func spiralOrder(matrix [][]int) []int {
    var result []int
    if len(matrix) == 0 {
        return result
    }
    left, right, up, down := 0, len(matrix[0])-1, 0, len(matrix)-1

    var x, y int
    for left <= right && up <= down {
        for y = left; y <= right && avoid(left, right, up, down); y++ {
            result = append(result, matrix[x][y])
        }
        y--
        up++
        for x = up; x <= down && avoid(left, right, up, down); x++ {
```

```
            result = append(result, matrix[x][y])
        }
        x--
        right--
        for y = right; y >= left && avoid(left, right, up, down); y-- {
            result = append(result, matrix[x][y])
        }
        y++
        down--
        for x = down; x >= up && avoid(left, right, up, down); x-- {
            result = append(result, matrix[x][y])
        }
        x++
        left++
    }
    return result
}

func avoid(left, right, up, down int) bool {
    return up <= down && left <= right
}
```

螺旋矩阵Ⅱ(59)

本类题目非常考验代码能力，**尤其是对边界条件的处理能力**，在面试时出现的频率**极高**。

01. 题目分析

第 59 题： 螺旋矩阵Ⅱ

给定一个正整数 n，生成一个包含 1 到 n^2 所有元素，且按顺时针顺序螺旋排列的正方形矩阵。

示例：

输入：3
输出：[[1, 2, 3], [8, 9, 4], [7, 6, 5]]

题目较为容易理解，给定 $n=3$，则生成一个 3×3 的矩阵，下图更加直观。

1	2	3
8	9	4
7	6	5

02. 题解分析

螺旋矩阵类题目的**基本思想是模拟路径，难点是对边界的处理**。

先分析一下路径：右→下→左→上。

再模拟向内旋转的过程，逐层填充。

这种方法还有一个名字，叫作蛇形填数。

除了上面的填充方式，还有如下填充方式。两者只是边界条件设定不同。

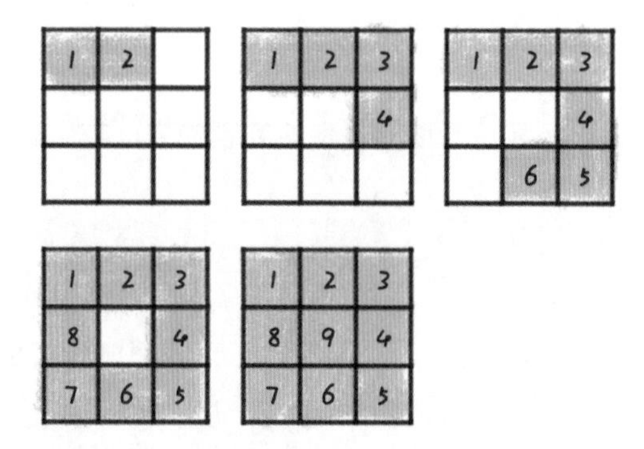

03. 题目解答

第 1 种填充方式的代码如下。

```
//Java
class Solution {
    public int[][] generateMatrix(int n) {
        int[][] res = new int[n][n];
        for(int s = 0, e = n - 1, m = 1; s<=e ; s++,e--){
            for (int j = s; j <= e; j++) res[s][j] = m++;
```

```
            for (int i = s+1; i <= e; i++) res[i][e] = m++;
            for (int j = e-1; j >= s; j--) res[e][j] = m++;
            for (int i = e-1; i >= s+1; i--) res[i][s] = m++;
        }
        return res;
    }
}
```

第 2 种填充方式的代码如下。

```
//Java
class Solution {
    public int[][] generateMatrix(int n) {
        int[][] res = new int[n][n];
        for (int s = 0, e = n - 1, m = 1; s <= e; s++, e--) {
            if (s == e) res[s][e] = m++;
            for (int j = s; j <= e - 1; j++) res[s][j] = m++;
            for (int i = s; i <= e - 1; i++) res[i][e] = m++;
            for (int j = e; j >= s + 1; j--) res[e][j] = m++;
            for (int i = e; i >= s + 1; i--) res[i][s] = m++;
        }
        return res;
    }
}
```

看完这两种解法，有没有发现这道题的核心呢？正是大量的边界操作，让这道题成为高频面试题。

所以，非常建议基础较差的同学，认真练习上面的两种解法。

本章有几道同类型的题目，如螺旋矩阵 I（54）、生命游戏（289）、旋转图像（48），建议大家反复练习，完成之后可能有不一样的体会。

24 点游戏(679)

01. 题目分析

第 679 题：24 点游戏

你有 4 张写有数字 1 到 9 的牌。你需要判断能否通过 +、−、×、÷和 () 的运算得到 24。

示例 1：

```
输入: [4, 1, 8, 7]
输出: True
```

解释：(8−4) × (7−1) = 24。

示例 2：

```
输入: [1, 2, 1, 2]
输出: False
```

注意：

（1）除法**运算符“ / ”表示实数除法，而不是整数除法**。例如 4 / (1− 2/3) = 12。

（2）每个运算符对两个数进行运算。特别要注意的是我们不能将 – 作为一元运算符。例如，当输入为 [1, 1, 1, 1] 时，表达式 −1− 1 – 1 −1 是不被允许的。

（3）不能将数字连接在一起。例如，当输入为 [1, 2, 1, 2] 时，不能写成 12 + 12。

02. 题解分析

拿到题目，也许有人会想到**暴力求解。如果要判断给出的 4 张牌能否通过运算得到 24，那么只需找出所有可组合的方式进行遍历。**

对于 4 个数字、3 个操作符，外加括号的组合数不会大到超出边界，所以我们只要**把它们统统列出来，就可以求解了。**

首先定义方法，判断**两个数是否可以通过运算得到 24**。

```
func judgePoint24_2(a, b float64) bool {
    return a+b == 24 || a*b == 24 || a-b == 24 || b-a == 24 || a/b == 24 || b/a == 24
}
```

但是这个方法真的正确吗？其实不对！因为在计算机中，实数在计算和存储过程中会有一些微小的误差，**一些与零进行比较的语句有时会出现本该等于零，结果却小于或大于零的情况**，所以常用一个很小的数 **1e–6** 代替 0 进行判读。

1e–6 表示 1 乘以 10 的–6 次方。Math.abs(x)<1e-6 其实相当于 x==0。1e–6（也就是 0.000001）叫作 **epslon**，用来抵消浮点运算中的误差。这个知识点需要掌握。

举个例子：

```
func main() {
    var a float64
    var b float64
    b = 2.0
    //math.Sqrt：开平方根
    c := math.Sqrt(2)
```

```
    a = b - c*c
    fmt.Println(a == 0)                  //false
    fmt.Println(a < 1e-6 && a > -(1e-6)) //true
}
```

这里直接用 **a==0** 就会得到 false，但是通过 **a < 1e–6 && a > –(1e–6)** 可以进行准确的判断。所以我们将上面的方法改写如下。

```
//Go
//judgePoint24_2：判断两个数能否通过运算得到 24
24 func judgePoint24_2(a, b float64) bool {
    return (a+b < 24+1e-6 && a+b > 24-1e-6) ||
        (a*b < 24+1e-6 && a*b > 24-1e-6) ||
        (a-b < 24+1e-6 && a-b > 24-1e-6) ||
        (b-a < 24+1e-6 && b-a > 24-1e-6) ||
        (a/b < 24+1e-6 && a/b > 24-1e-6) ||
        (b/a < 24+1e-6 && b/a > 24-1e-6)
}
```

完善了判断两个数来能否通过运算得到 24 的方法，现在增加判断 3 个数能否通过运算得到 24 的方法。

```
//Go
func judgePoint24_3(a, b, c float64) bool { 3
    return judgePoint24_2(a+b, c) ||
        judgePoint24_2(a-b, c) ||
        judgePoint24_2(a*b, c) ||
        judgePoint24_2(a/b, c) ||
        judgePoint24_2(b-a, c) ||
        judgePoint24_2(b/a, c) ||
        judgePoint24_2(a+c, b) ||
        judgePoint24_2(a-c, b) ||
        judgePoint24_2(a*c, b) ||
        judgePoint24_2(a/c, b) ||
        judgePoint24_2(c-a, b) ||
        judgePoint24_2(c/a, b) ||
        judgePoint24_2(c+b, a) ||
        judgePoint24_2(c-b, a) ||
        judgePoint24_2(c*b, a) ||
        judgePoint24_2(c/b, a) ||
        judgePoint24_2(b-c, a) ||
        judgePoint24_2(b/c, a)
}
```

接下来，增加判断 4 个数能否通过运算得到 24 的方法（排列组合）。

```
//Go
func judgePoint24(nums []int) bool {
```

```
    return judgePoint24_3(float64(nums[0])+float64(nums[1]), float64(nums[2]), float64(nums[3])) ||
        judgePoint24_3(float64(nums[0])-float64(nums[1]), float64(nums[2]), float64(nums[3])) ||
        judgePoint24_3(float64(nums[0])*float64(nums[1]), float64(nums[2]), float64(nums[3])) ||
        judgePoint24_3(float64(nums[0])/float64(nums[1]), float64(nums[2]), float64(nums[3])) ||
        judgePoint24_3(float64(nums[1])-float64(nums[0]), float64(nums[2]), float64(nums[3])) ||
        judgePoint24_3(float64(nums[1])/float64(nums[0]), float64(nums[2]), float64(nums[3])) ||

        judgePoint24_3(float64(nums[0])+float64(nums[2]), float64(nums[1]), float64(nums[3])) ||
        judgePoint24_3(float64(nums[0])-float64(nums[2]), float64(nums[1]), float64(nums[3])) ||
        judgePoint24_3(float64(nums[0])*float64(nums[2]), float64(nums[1]), float64(nums[3])) ||
        judgePoint24_3(float64(nums[0])/float64(nums[2]), float64(nums[1]), float64(nums[3])) ||
        judgePoint24_3(float64(nums[2])-float64(nums[0]), float64(nums[1]), float64(nums[3])) ||
        judgePoint24_3(float64(nums[2])/float64(nums[0]), float64(nums[1]), float64(nums[3])) ||

        judgePoint24_3(float64(nums[0])+float64(nums[3]), float64(nums[2]), float64(nums[1])) ||
        judgePoint24_3(float64(nums[0])-float64(nums[3]), float64(nums[2]), float64(nums[1])) ||
        judgePoint24_3(float64(nums[0])*float64(nums[3]), float64(nums[2]), float64(nums[1])) ||
        judgePoint24_3(float64(nums[0])/float64(nums[3]), float64(nums[2]), float64(nums[1])) ||
        judgePoint24_3(float64(nums[3])-float64(nums[0]), float64(nums[2]), float64(nums[1])) ||
        judgePoint24_3(float64(nums[3])/float64(nums[0]), float64(nums[2]), float64(nums[1])) ||

        judgePoint24_3(float64(nums[2])+float64(nums[3]), float64(nums[0]), float64(nums[1])) ||
        judgePoint24_3(float64(nums[2])-float64(nums[3]), float64(nums[0]), float64(nums[1])) ||
        judgePoint24_3(float64(nums[2])*float64(nums[3]), float64(nums[0]), float64(nums[1])) ||
        judgePoint24_3(float64(nums[2])/float64(nums[3]), float64(nums[0]), float64(nums[1])) ||
        judgePoint24_3(float64(nums[3])-float64(nums[2]), float64(nums[0]), float64(nums[1])) ||
        judgePoint24_3(float64(nums[3])/float64(nums[2]), float64(nums[0]), float64(nums[1])) ||

        judgePoint24_3(float64(nums[1])+float64(nums[2]), float64(nums[0]), float64(nums[3])) ||
        judgePoint24_3(float64(nums[1])-float64(nums[2]), float64(nums[0]), float64(nums[3])) ||
        judgePoint24_3(float64(nums[1])*float64(nums[2]), float64(nums[0]), float64(nums[3])) ||
        judgePoint24_3(float64(nums[1])/float64(nums[2]), float64(nums[0]), float64(nums[3])) ||
        judgePoint24_3(float64(nums[2])-float64(nums[1]), float64(nums[0]), float64(nums[3])) ||
        judgePoint24_3(float64(nums[2])/float64(nums[1]), float64(nums[0]), float64(nums[3])) ||

        judgePoint24_3(float64(nums[1])+float64(nums[3]), float64(nums[2]), float64(nums[0])) ||
        judgePoint24_3(float64(nums[1])-float64(nums[3]), float64(nums[2]), float64(nums[0])) ||
        judgePoint24_3(float64(nums[1])*float64(nums[3]), float64(nums[2]), float64(nums[0])) ||
        judgePoint24_3(float64(nums[1])/float64(nums[3]), float64(nums[2]), float64(nums[0])) ||
        judgePoint24_3(float64(nums[3])-float64(nums[1]), float64(nums[2]), float64(nums[0])) ||
        judgePoint24_3(float64(nums[3])/float64(nums[1]), float64(nums[2]), float64(nums[0]))
}
```

03. 题目解答

整合全部代码如下。

```
//Go
func judgePoint24(nums []int) bool {
    return judgePoint24_3(float64(nums[0])+float64(nums[1]), float64(nums[2]), float64(nums[3])) ||
        judgePoint24_3(float64(nums[0])-float64(nums[1]), float64(nums[2]), float64(nums[3])) ||
        judgePoint24_3(float64(nums[0])*float64(nums[1]), float64(nums[2]), float64(nums[3])) ||
        judgePoint24_3(float64(nums[0])/float64(nums[1]), float64(nums[2]), float64(nums[3])) ||
        judgePoint24_3(float64(nums[1])-float64(nums[0]), float64(nums[2]), float64(nums[3])) ||
        judgePoint24_3(float64(nums[1])/float64(nums[0]), float64(nums[2]), float64(nums[3])) ||

        judgePoint24_3(float64(nums[0])+float64(nums[2]), float64(nums[1]), float64(nums[3])) ||
        judgePoint24_3(float64(nums[0])-float64(nums[2]), float64(nums[1]), float64(nums[3])) ||
        judgePoint24_3(float64(nums[0])*float64(nums[2]), float64(nums[1]), float64(nums[3])) ||
        judgePoint24_3(float64(nums[0])/float64(nums[2]), float64(nums[1]), float64(nums[3])) ||
        judgePoint24_3(float64(nums[2])-float64(nums[0]), float64(nums[1]), float64(nums[3])) ||
        judgePoint24_3(float64(nums[2])/float64(nums[0]), float64(nums[1]), float64(nums[3])) ||

        judgePoint24_3(float64(nums[0])+float64(nums[3]), float64(nums[2]), float64(nums[1])) ||
        judgePoint24_3(float64(nums[0])-float64(nums[3]), float64(nums[2]), float64(nums[1])) ||
        judgePoint24_3(float64(nums[0])*float64(nums[3]), float64(nums[2]), float64(nums[1])) ||
        judgePoint24_3(float64(nums[0])/float64(nums[3]), float64(nums[2]), float64(nums[1])) ||
        judgePoint24_3(float64(nums[3])-float64(nums[0]), float64(nums[2]), float64(nums[1])) ||
        judgePoint24_3(float64(nums[3])/float64(nums[0]), float64(nums[2]), float64(nums[1])) ||

        judgePoint24_3(float64(nums[2])+float64(nums[3]), float64(nums[0]), float64(nums[1])) ||
        judgePoint24_3(float64(nums[2])-float64(nums[3]), float64(nums[0]), float64(nums[1])) ||
        judgePoint24_3(float64(nums[2])*float64(nums[3]), float64(nums[0]), float64(nums[1])) ||
        judgePoint24_3(float64(nums[2])/float64(nums[3]), float64(nums[0]), float64(nums[1])) ||
        judgePoint24_3(float64(nums[3])-float64(nums[2]), float64(nums[0]), float64(nums[1])) ||
        judgePoint24_3(float64(nums[3])/float64(nums[2]), float64(nums[0]), float64(nums[1])) ||

        judgePoint24_3(float64(nums[1])+float64(nums[2]), float64(nums[0]), float64(nums[3])) ||
        judgePoint24_3(float64(nums[1])-float64(nums[2]), float64(nums[0]), float64(nums[3])) ||
        judgePoint24_3(float64(nums[1])*float64(nums[2]), float64(nums[0]), float64(nums[3])) ||
        judgePoint24_3(float64(nums[1])/float64(nums[2]), float64(nums[0]), float64(nums[3])) ||
        judgePoint24_3(float64(nums[2])-float64(nums[1]), float64(nums[0]), float64(nums[3])) ||
        judgePoint24_3(float64(nums[2])/float64(nums[1]), float64(nums[0]), float64(nums[3])) ||

        judgePoint24_3(float64(nums[1])+float64(nums[3]), float64(nums[2]), float64(nums[0])) ||
        judgePoint24_3(float64(nums[1])-float64(nums[3]), float64(nums[2]), float64(nums[0])) ||
        judgePoint24_3(float64(nums[1])*float64(nums[3]), float64(nums[2]), float64(nums[0])) ||
        judgePoint24_3(float64(nums[1])/float64(nums[3]), float64(nums[2]), float64(nums[0])) ||
        judgePoint24_3(float64(nums[3])-float64(nums[1]), float64(nums[2]), float64(nums[0])) ||
        judgePoint24_3(float64(nums[3])/float64(nums[1]), float64(nums[2]), float64(nums[0]))
}

func judgePoint24_3(a, b, c float64) bool {
    return judgePoint24_2(a+b, c) ||
        judgePoint24_2(a-b, c) ||
```

```
        judgePoint24_2(a*b, c) ||
        judgePoint24_2(a/b, c) ||
        judgePoint24_2(b-a, c) ||
        judgePoint24_2(b/a, c) ||

        judgePoint24_2(a+c, b) ||
        judgePoint24_2(a-c, b) ||
        judgePoint24_2(a*c, b) ||
        judgePoint24_2(a/c, b) ||
        judgePoint24_2(c-a, b) ||
        judgePoint24_2(c/a, b) ||

        judgePoint24_2(c+b, a) ||
        judgePoint24_2(c-b, a) ||
        judgePoint24_2(c*b, a) ||
        judgePoint24_2(c/b, a) ||
        judgePoint24_2(b-c, a) ||
        judgePoint24_2(b/c, a)
}

func judgePoint24_2(a, b float64) bool {
    return (a+b < 24+1e-6 && a+b > 24-1e-6) ||
        (a*b < 24+1e-6 && a*b > 24-1e-6) ||
        (a-b < 24+1e-6 && a-b > 24-1e-6) ||
        (b-a < 24+1e-6 && b-a > 24-1e-6) ||
        (a/b < 24+1e-6 && a/b > 24-1e-6) ||
        (b/a < 24+1e-6 && b/a > 24-1e-6)
}
```

没想到吧？代码还可以这么写。

第 *k* 大的元素(215)

本节与大家分享一道美团面试题。

01. 题目分析

这个题目的变形很多，比如找前 k 个高频元素、数据流中的第 k 大元素、最接近原点的 k 个值，等等。

第 215 题：第 k 大的元素

在未排序的数组中找到第 k 大的元素。请注意，你需要找的是数组排序后的第 k 大的元素，

而不是第 k 个不同的元素。

示例 1：

```
输入: [3,2,1,5,6,4] 和 k = 2
输出: 5
```

示例 2：

```
输入: [3,2,3,1,2,4,5,5,6] 和 k = 4
输出: 4
```

说明：

你可以假设 k 总是有效的，且 $1 \leqslant k \leqslant$ 数组的长度。

02．题解分析

这种题目，我个人比较偏好使用堆来求解，毕竟大小顶堆刚好有着与本类题型契合的特性。

堆主要应用在算法题目中的以下场景。

- Top k 问题（尤其对于大数据处理）。
- 优先队列。
- 利用堆求中位数。

那本题如何使用堆来求解呢？假设数组为[3, 2, 1, 5, 6, 4]，k=2，我们构造一个小顶堆（每个节点的值均不大于其左、右子节点的值，堆顶元素为整个堆的最小值），整个过程如下。

构造一个小顶堆，依次将元素放入堆中，并保证堆中元素数为 k。

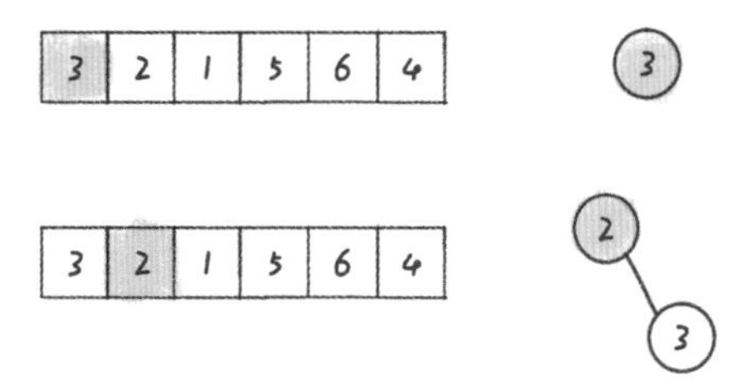

如果当前元素小于堆顶元素，那么可以跳过，因为我们要找的是排序后第 k 大的元素。

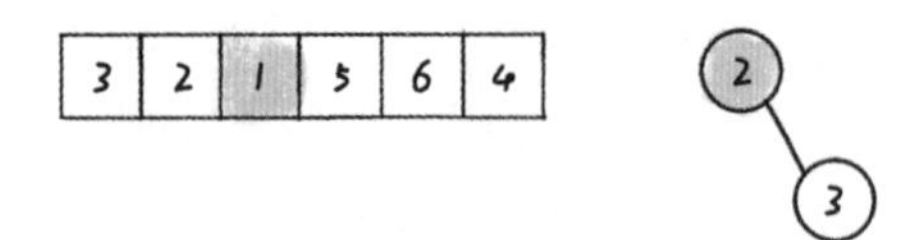

如果当前元素大于堆顶元素，就把它放入堆中。

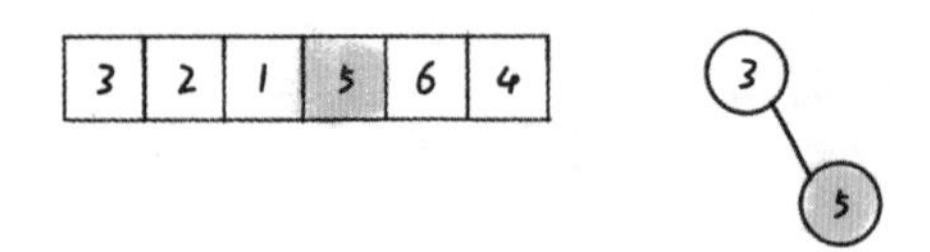

重复上面的步骤。

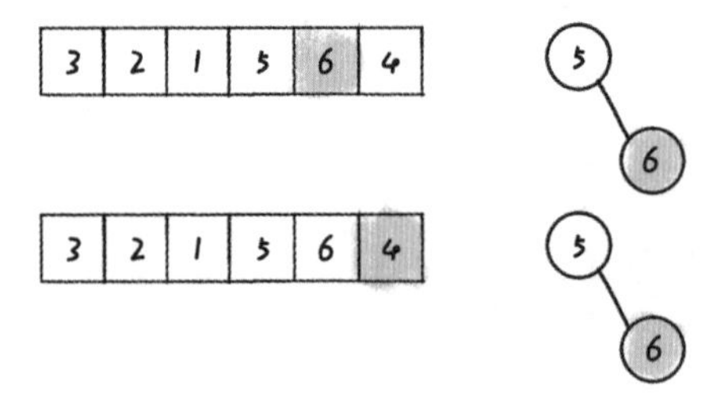

03. 题目解答

根据分析，完成如下题解。这里给大家一个建议，如果在面试时遇到这种问题，**那么使用数据结构一定会加分**。但是如果没有把握，就先用 API 实现，以完成题解为目标。

```java
//Java
class Solution {
    public int findKthLargest(int[] nums, int k) {
        PriorityQueue<Integer> minQueue = new PriorityQueue<>(k);
        for (int num : nums) {
            if (minQueue.size() < k || num > minQueue.peek()) {
                minQueue.offer(num);
            }
            if (minQueue.size() > k) {
                minQueue.poll();
            }
        }
        return minQueue.peek();
    }
}
```

再给出 Python 代码。

```
//Python
class Solution:
    def findKthLargest(self, nums: List[int], k: int) -> int:
        return heapq.nlargest(k, nums)[-1] # [6,5]
```

注意，在 Python 中可以使用 heapq.nlargest 或 heapq.nsmallest 找出某个集合中最大或最小的 N 个元素。

```
//Python
>>> import heapq
>>> nums=[1,8,2,23,7,-4,18,23,42,37,2]
>>> print(heapq.nlargest(3,nums))
[42, 37, 23]
>>> print(heapq.nsmallest(3,nums))
[-4, 1, 2]
```

快速排序（Quicksort）是对冒泡排序的一种改进。它的基本思想是通过一次排序将要排序的数据分割成独立的两部分，其中一部分的所有数据比另一部分的所有数据都小，然后按此方法对这两部分数据分别进行快速排序，整个排序过程可以递归进行，以此让整个数据变成有序序列。

本题使用快速排序求解，选定一个基准值，把比基准值大的数据放在基准值的右边，把比基准值小的数据放在基准值的左边。若基准值刚好是倒数第 k 个数，则基准值为目标值；否则递归处理目标值所在的那一部分数据。

```
//Go
func findKthLargest(nums []int, k int) int {
    idx := quickSort(0, len(nums) - 1, len(nums) - k, nums)
    return nums[idx]
}

func quickSort(l, r, pos int, nums []int) int {
    povit_idx := partition(l, r, nums)
    if pos == povit_idx {
        return povit_idx
    } else if pos > povit_idx {
        return quickSort(povit_idx + 1, r, pos, nums)
    } else {
        return quickSort(l, povit_idx - 1, pos, nums)
    }
}

func partition(l, r int, nums []int) int {
    s := l
    povit_value := nums[l]
    for l < r {
```

```
        for ;l < r && nums[r] >= povit_value; {
            r--
        }
        for ;l < r && nums[l] <= povit_value; {
            l++
        }
        if l < r {
            nums[l] = nums[r] ^ nums[l]
            nums[r] = nums[l] ^ nums[r]
            nums[l] = nums[r] ^ nums[l]
        }
    }
    nums[s] = nums[l]
    nums[l] = povit_value
    return l
}
```

整个快速排序的核心是 partition。partition 有单向扫描、双向扫描等多种写法。

有效的数独(36)

01. 题目分析

数独是源自 18 世纪瑞士的一种数学游戏，运用纸、笔进行演算，玩家需要根据 9×9 盘面上的已知数字，推理出所有剩余空格的数字，并满足每一行、每一列、每一个 3×3 宫内的数字均包含 1～9，不重复。

题目：有效的数独

判断一个 9×9 的数独是否有效，只需要根据以下规则，验证已经填入的数字是否有效即可。

- 数字 1～9 在每行只能出现一次。
- 数字 1～9 在每列只能出现一次。
- 数字 1～9 在每个以粗实线分隔的 3×3 宫内只能出现一次。

示例：

输入：

```
[
  ["5","3",".",".","7",".",".",".","."],
  ["6",".",".","1","9","5",".",".","."],
```

```
  [".","9","8",".",".",".",".","6","."],
  ["8",".",".",".","6",".",".",".","3"],
  ["4",".",".","8",".","3",".",".","1"],
  ["7",".",".",".","2",".",".",".","6"],
  [".","6",".",".",".",".","2","8","."],
  [".",".",".","4","1","9",".",".","5"],
  [".",".",".",".","8",".",".","7","9"]
]
```

输出：true

解释：数独的部分格内已填入了数字，空格用 '.' 表示。

说明：

- 一个有效的数独（部分已被填充）不一定是可解的。
- 只需要根据以上规则，验证已经填入的数字是否有效即可。
- 给定数独序列只包含数字 1～9 和字符 '.'。
- 给定数独永远是 9×9 形式的。

如下图所示。

5	3			7				
6			1	9	5			
	9	8					6	
8				6				3
4			8		3			1
7				2				6
	6					2	8	
			4	1	9			5
				8			7	9

02. 题解分析

本题解题的关键在题目中已经说明，我们要做的就是**用程序来完成验证的过程**，主要包括两个步骤。

（1）遍历数独中的每一个元素。

（2）验证该元素是否满足上述条件。

从左到右、从上到下遍历完成两层循环即可。因为题目本身是常数级的，所以时间复杂度是 $O(1)$。

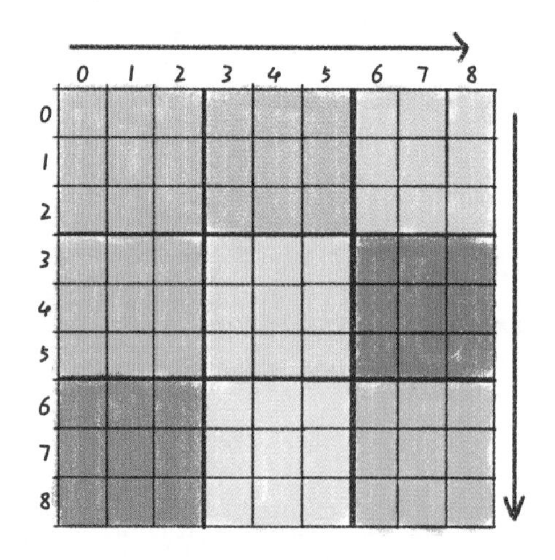

问题来了：如何验证在行、列和 3×3 宫中没有重复的数字？

其实很简单，可以建立 3 个数组分别记录每行、每列、每个 3×3 宫中出现的数字。

```
//Java
int[][] rows = new int[9][9];
int[][] col = new int[9][9];
int[][] sbox = new int[9][9];
```

每遍历到一个元素，就检查该元素是否已存在于对应的行、列和 3×3 宫中，如果是则说明数独无效。

例如，对于如下数独，第 6 行 5 列为 2，对 rows 和 col 进行设置，其中 1 表示元素存在。

5	3			7				
6			1	9	5			
	9	8					6	
8				6				3
4			8		3			1
7				2				6
	6					2	8	
			4	1	9			5
				8			7	9

Rows[当前行][当前元素值] = rows[5][2] = 1

col[当前列][当前元素值] = col[4][2] = 1

这里有个问题：如果元素值是 9，就表示越界了。所以我们对当前元素进行减一处理。

Rows[当前行][当前元素值] = rows[5][2-1] = 1

col[当前列][当前元素值] = col[4][2-1] = 1

用下面的算式计算得到 sbox。

```
boxIndex = (row / 3) × 3 + columns / 3
```

其实很容易理解：我们把上面的第 6 行 5 列代入这个公式里并取整，[5 / 3] × 3 + 4 / 3 = 3 + 1 = 4。这个 4 代表最终落到区域 4 中。

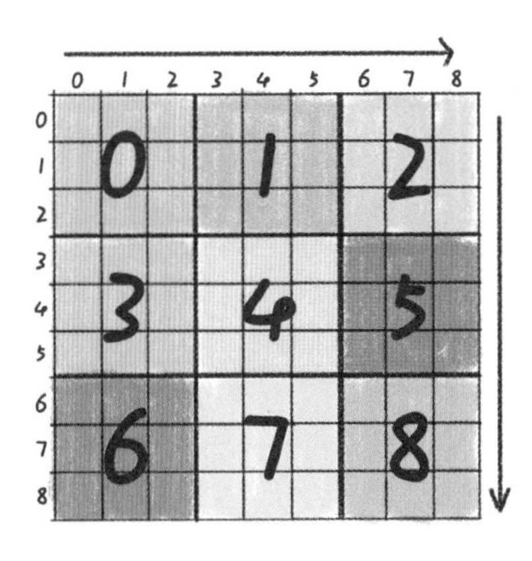

有人不理解这个算式（是的，连公式都称不上），所以解释一下。例如对于上面的第 6 行，row

为 5，5/3=1 可以理解为元素**此时位于第 1 大行（前 3 行）**，(5/3)×3 是计算出第 1 大行处的 boxIndex 值。最后加上的 4/3 代表向右偏移几个大列，如下图所示。

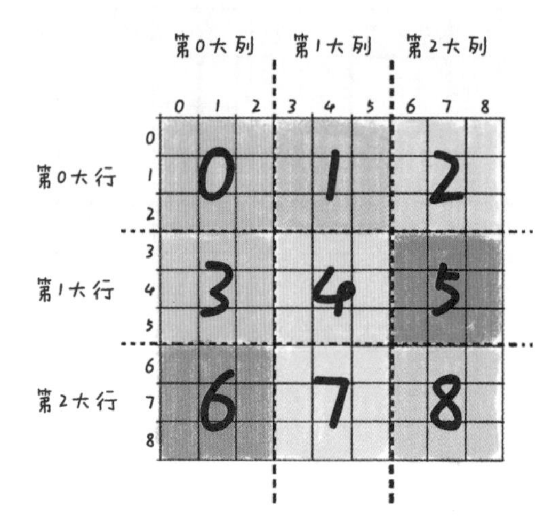

03. 题目解答

根据分析，给出如下代码。

```
//Java
class Solution {
    public boolean isValidSudoku(char[][] board) {
        int[][] rows = new int[9][9];
        int[][] col = new int[9][9];
        int[][] sbox = new int[9][9];
        for (int i = 0; i < board.length; i++) {
            for (int j = 0; j < board[0].length; j++) {
                if (board[i][j] != '.') {
                    int num = board[i][j] - '1';
                    int boxIndex = (i / 3) * 3 + j / 3;
                    if (rows[i][num] == 1) return false;
                    rows[i][num] = 1;
                    if (col[j][num] == 1) return false;
                    col[j][num] = 1;
                    if (sbox[boxIndex][num] == 1) return false;
                    sbox[boxIndex][num] = 1;
                }
            }
        }
        return true;
    }
}
```

生命游戏(289)

01. 题目分析

生命游戏一般指康威生命游戏，是英国数学家约翰·何顿·康威在 1970 年设计的细胞自动机程序。

第 289 题： 生命游戏

给定一个包含 $m \times n$ 个格子的面板，每个格子都可以看成一个细胞。每个细胞都具有初始状态：1 代表活细胞（live），0 代表死细胞（dead）。

每个细胞与其 8 个相邻位置（水平、垂直、对角线）的细胞都遵循以下 4 条规则：

- 如果活细胞周围 8 个位置的活细胞数少于两个，则该位置的活细胞死亡。
- 如果活细胞周围 8 个位置有两个或 3 个活细胞，则该位置的活细胞仍然存活。
- 如果活细胞周围 8 个位置有超过 3 个活细胞，则该位置的活细胞死亡。
- 如果死细胞周围 8 个位置刚好有 3 个活细胞，则该位置的死细胞复活。

根据当前状态，写一个函数来计算面板上所有细胞的下一个（一次更新后的）状态。下一个状态是通过将上述规则同时应用于当前状态下的所有细胞所形成的，其中细胞的复活和死亡是同时发生的。

题目有点复杂，举例说明：

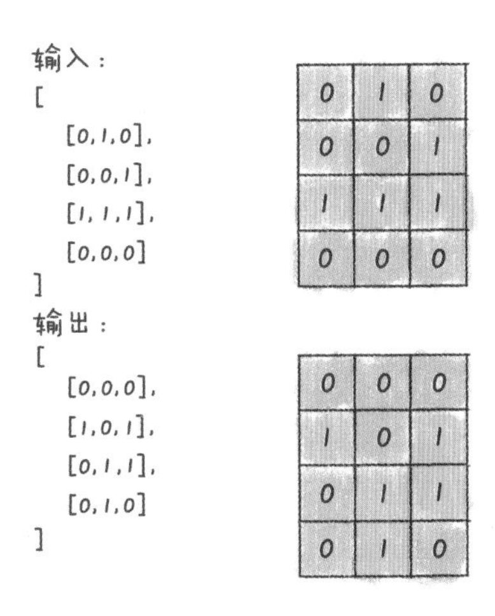

注意，**面板上的所有格子需要同时被更新**，不能先更新某些格子，然后使用它们的更新值再更新其他格子。

02. 题解分析

这道题目的关键是面板上的所有格子需要同时被更新。

本题复杂在 4 个更新规则，所以我们需要先掌握这 4 个规则（仅对下图中用绿色标出的元素进行说明）。

- 规则 1：如果活细胞周围 8 个位置的活细胞数少于两个（以周围只有 3 个细胞的左上角格子为例），则该位置的**活细胞**死亡。

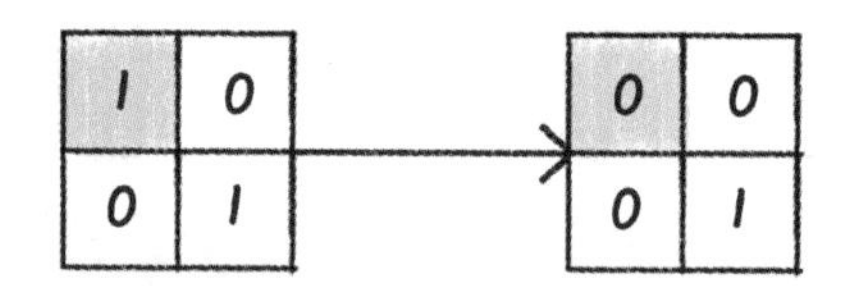

- 规则 2：如果活细胞周围 8 个位置有两个或 3 个活细胞（以周围只有 3 个细胞的左上角格子为例），则该位置的**活细胞**仍然存活。

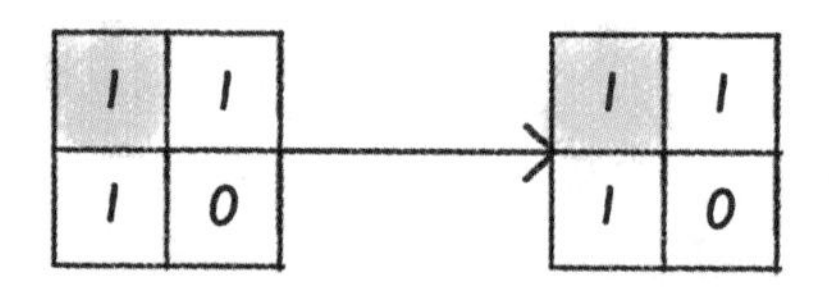

- 规则 3：如果活细胞周围 8 个位置有超过 3 个活细胞，则该位置的**活细胞**死亡。

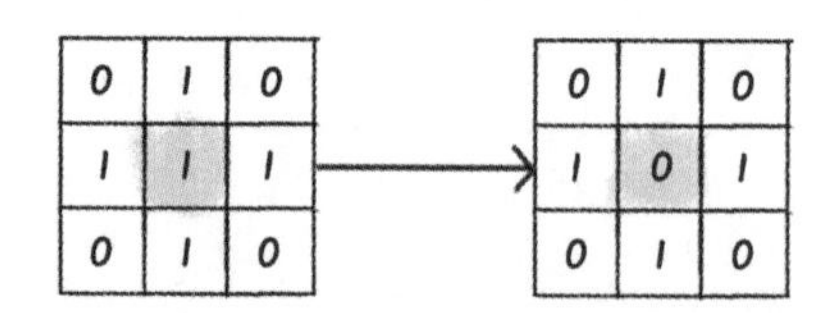

- 规则 4：如果死细胞周围 8 个位置正好有 3 个活细胞（以周围只有 3 个细胞的右下角格子为例），则该位置的**死细胞**复活。

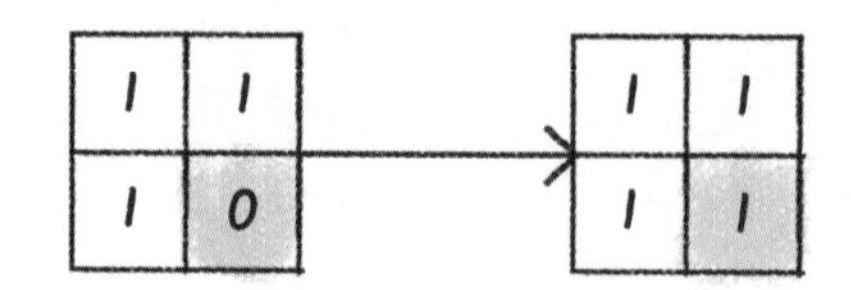

这 4 个规则理解起来并不复杂，现在考虑如何解决问题。最自然的想法是一个一个地更新细胞状态。

但是这样会遇到一个问题：假设每次更新完毕后都把结果填入数组，那么当前轮其他格子的更新会引用已经更新的结果，如下图所示。

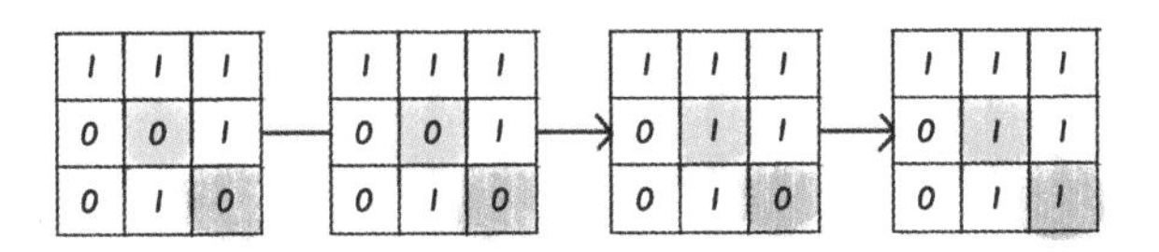

上图的**错误**之处在于，我们先依据规则 4 更新了绿色框处的状态，此时蓝色框周围同样满足规则 4，**已更新细胞的状态会影响周围未更新细胞状态的计算**。这明显不是我们想要的！

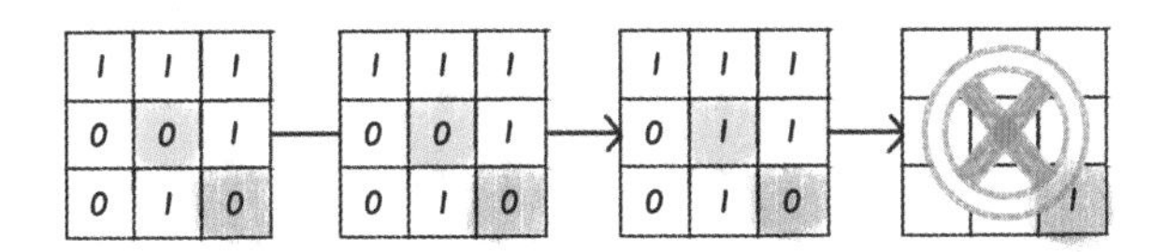

为了避免这种错误，我们需要一直获取原始数组的数据以保证更新一直正确。可以 copy 一个数组或使用 hashmap 存储数值。

03. 题目解答

本题比较简单，直接给出 LeetCode 官方题解的代码。

```
class Solution {
    public void gameOfLife(int[][] board) {

        int[] neighbors = {0, 1, -1};

        int rows = board.length;
        int cols = board[0].length;

        // 创建数组 copyBoard
        int[][] copyBoard = new int[rows][cols];

        //复制原数组到 copyBoard 中
        for (int row = 0; row < rows; row++) {
            for (int col = 0; col < cols; col++) {
                copyBoard[row][col] = board[row][col];
            }
        }
```

```
        // 遍历面板每个格子里的细胞
        for (int row = 0; row < rows; row++) {
            for (int col = 0; col < cols; col++) {

                //统计每个细胞 8 个相邻位置的活细胞数量
                int liveNeighbors = 0;

                for (int i = 0; i < 3; i++) {
                    for (int j = 0; j < 3; j++) {

                        if (!(neighbors[i] == 0 && neighbors[j] == 0)) {
                            int r = (row + neighbors[i]);
                            int c = (col + neighbors[j]);

                            // 查看相邻的细胞是否是活细胞
                            if ((r < rows && r >= 0) && (c < cols && c >= 0) && (copyBoard[r][c] ==
1)) {

                                liveNeighbors += 1;
                            }
                        }
                    }
                }

                // 规则 1 或规则 3
                if ((copyBoard[row][col] == 1) && (liveNeighbors < 2 || liveNeighbors > 3)) {
                    board[row][col] = 0;
                }
                // 规则 4
                if (copyBoard[row][col] == 0 && liveNeighbors == 3) {
                    board[row][col] = 1;
                }
            }
        }
    }
}
```

有没有能够节省空间的方法呢？

能不能在保存原数组状态的同时更新状态呢？我们一起分析一下。

- 对于状态的更新无非就是“生→死”和“死→生”两种。因此我们可以添加状态 2 代表“生→死”，添加状态 3 代表“死→生”。
- 如果一个节点的状态是 1 或者 2，就说明该节点上一轮是活的。
- 整体策略是完成原始状态→过渡状态→真实状态的过程。
- 从过渡状态到真实状态的过程就是把 0 和 2 变回 0、1 和 3 变回 1 的过程，用模只是代码技巧。
- 策略实现的第 1 步是计算出当前节点周围的存活节点数。

题解如下。

```
//Java
public class Solution {
    public void gameOfLife(int[][] board) {
        int m = board.length, n = board[0].length;
        // 原始状态 -> 过渡状态
        for(int i = 0; i < m; i++){
            for(int j = 0; j < n; j++){
                int liveNeighbors  = 0;
                // 判断上边
                if(i > 0){
                    liveNeighbors  += board[i - 1][j] == 1 || board[i - 1][j] == 2 ? 1 : 0;
                }
                // 判断左边
                if(j > 0){
                    liveNeighbors  += board[i][j - 1] == 1 || board[i][j - 1] == 2 ? 1 : 0;
                }
                // 判断下边
                if(i < m - 1){
                    liveNeighbors  += board[i + 1][j] == 1 || board[i + 1][j] == 2 ? 1 : 0;
                }
                // 判断右边
                if(j < n - 1){
                    liveNeighbors  += board[i][j + 1] == 1 || board[i][j + 1] == 2 ? 1 : 0;
                }
                // 判断左上角
                if(i > 0 && j > 0){
                    liveNeighbors  += board[i - 1][j - 1] == 1 || board[i - 1][j - 1] == 2 ? 1 : 0;
                }
                    //判断右下角
                    if(i < m - 1 && j < n - 1){
                    liveNeighbors  += board[i + 1][j + 1] == 1 || board[i + 1][j + 1] == 2 ? 1 : 0;
                }
                // 判断右上角
                if(i > 0 && j < n - 1){
                    liveNeighbors  += board[i - 1][j + 1] == 1 || board[i - 1][j + 1] == 2 ? 1 : 0;
                }
                // 判断左下角
                if(i < m - 1 && j > 0){
                    liveNeighbors  += board[i + 1][j - 1] == 1 || board[i + 1][j - 1] == 2 ? 1 : 0;
                }
                // 根据周边存活节点数量更新当前节点状态，对于结果是 0 和 1 的情况不用更新
                if(board[i][j] == 0 && liveNeighbors  == 3){
                    board[i][j] = 3;
                } else if(board[i][j] == 1){
                    if(liveNeighbors  < 2 || liveNeighbors  > 3) board[i][j] = 2;
```

```
                }
            }
        }
        // 过渡状态 -> 真实状态
        for(int i = 0; i < m; i++){
            for(int j = 0; j < n; j++){
                board[i][j] = board[i][j] % 2;
            }
        }
    }
}
```

细心的读者已经发现，这不就是卡诺图吗？是的。在大多数的矩阵状态变化类题目中，卡诺图、状态机等是常用的技巧。

总结一下通用的步骤。

（1）大部分遍历两次矩阵，第 1 遍引入中间值（中间状态），存储一些原矩阵不包含的信息。

（2）通过原始矩阵→过渡矩阵→真实矩阵的策略，在最后阶段将中间状态转换成真实状态。

（3）当遍历到某个位置时，需要查看它周边的位置，一般会用数组存储坐标的偏移量。

（4）对于 0 和 1 的状态切换，可以使用位运算。如果涉及状态过多，则考虑是否可以简化状态。

旋转图像(48)

01. 题目分析

第 48 题：旋转图像

给定一个 $n \times n$ 的二维矩阵表示一个图像。

说明：必须在原地旋转图像，这意味着需要直接修改输入的二维矩阵。请不要使用另一个矩阵来旋转图像。

示例 1：

```
给定 matrix =
[
  [1,2,3],
  [4,5,6],
  [7,8,9]
]
```

原地旋转输入矩阵，使其变为

```
[
  [7,4,1],
  [8,5,2],
  [9,6,3]
]
```

示例 2：

```
给定 matrix =
[
  [ 5, 1, 9,11],
  [ 2, 4, 8,10],
  [13, 3, 6, 7],
  [15,14,12,16]
]
```

原地旋转输入矩阵，使其变为

```
[
  [15,13, 2, 5],
  [14, 3, 4, 1],
  [12, 6, 8, 9],
  [16, 7,10,11]
]
```

题目理解起来还是很容易的，如下图所示。

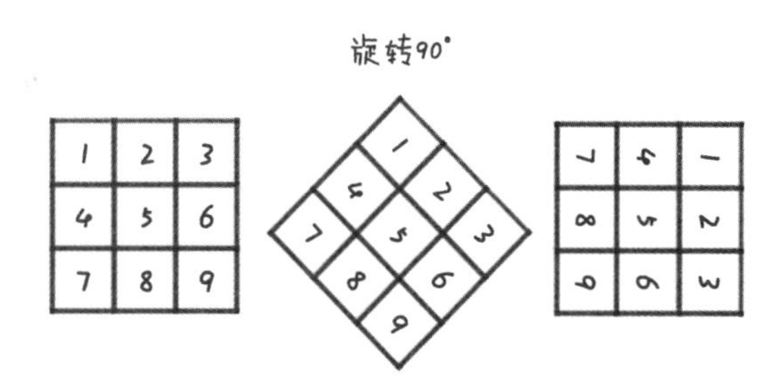

02. 题解分析

这是一道看起来容易，其实非常考查细心程度的题，有太多地方会出现失误。

常用的方法是，一层一层地从外到内旋转（也可以从内到外旋转），俗称找“框框”。

每层“框框”都有 4 个顶点。

交换这 4 个顶点的值。

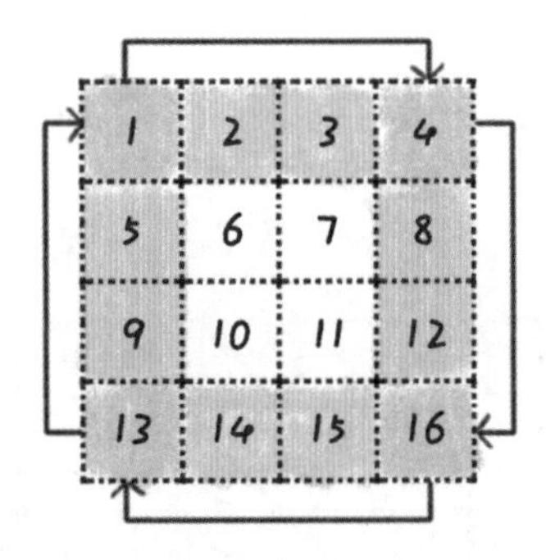

交换完毕后，再继续交换移动后的 4 个顶点。

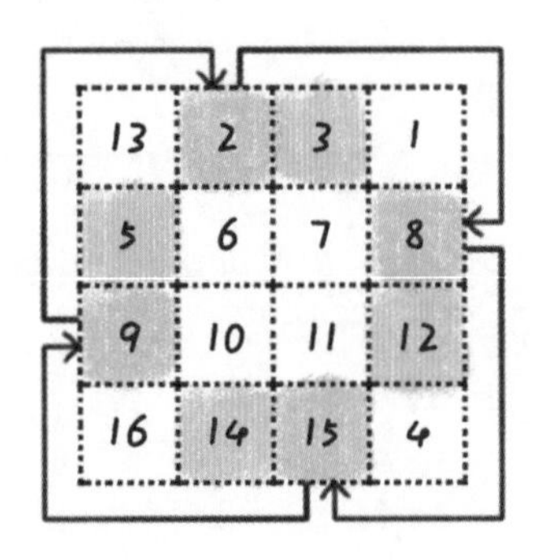

03. 题目解答

在代码实现的过程中需要注意以下问题。

（1）通过 x 和 y 定义“框框”的边界。

（2）找到“框框”后，再通过“框框”的边界定义出 4 个顶点。

（3）完成交换。

```
//Java
class Solution {
    public void rotate(int[][] matrix) {
        int temp;
        for (int x = 0, y = matrix[0].length - 1; x < y; x++, y--) {
            for (int s = x, e = y; s < y; s++, e--) {
                temp = matrix[x][s];
                matrix[x][s] = matrix[e][x];
                matrix[e][x] = matrix[y][e];
                matrix[y][e] = matrix[s][y];
                matrix[s][y] = temp;
            };
        };
    }
}
```

对于不是 $n \times n$ 的二维矩阵的解法是类似的，大家有兴趣可以回顾一下第 11 章中的题目：螺旋矩阵 I（54）。

除了找“框框”，还有别的解法么？当然，想想我们小时候通过对折来完成的填字游戏。

观察下面的矩阵，

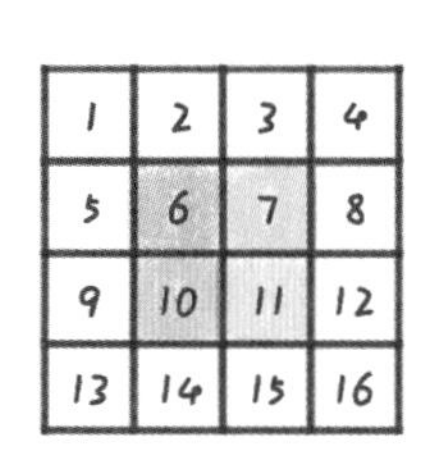

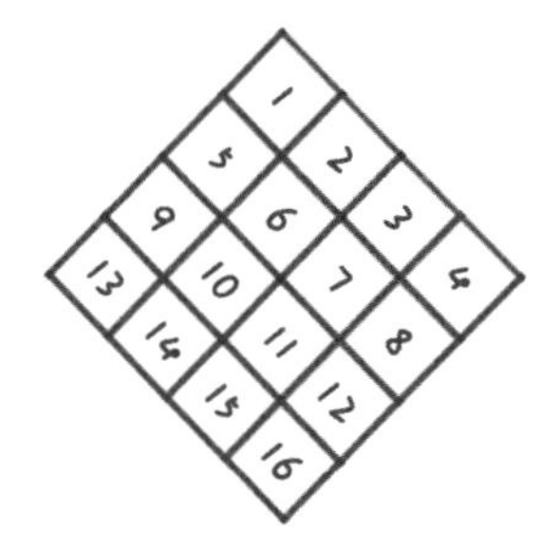

如果将矩阵向右旋转 90°，是不是就可以理解为**先上下翻转，再沿对角线翻转**？

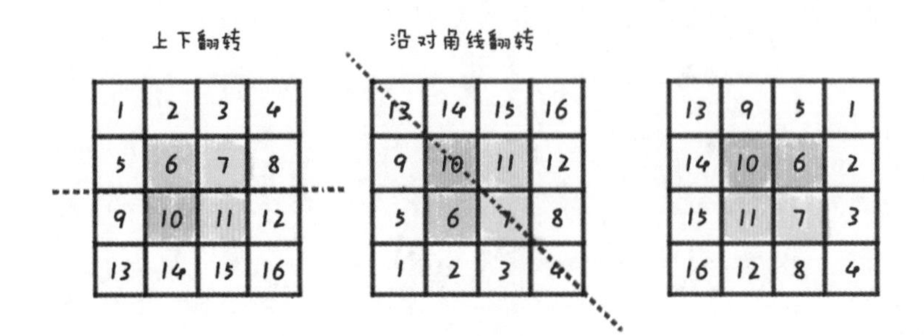

根据分析，完成以下代码。

```
//Java
class Solution {
    public void rotate(int[][] matrix) {
        int n = matrix.length;
        //上下反转
        for (int i = 0; i < n / 2; i ++){
            int[] tmp = matrix[i];
            matrix[i] = matrix[n - i - 1];
            matrix[n - i - 1] = tmp;
        }
        //沿对角线反转
        for (int i = 0; i < n; i ++){
            for (int j= i + 1; j < n; j++){
                int tmp = matrix[i][j];
                matrix[i][j] = matrix[j][i];
                matrix[j][i] = tmp;
            }
        }
    }
}
```

第 02 章 链表系列

删除链表倒数第 *N* 个节点(19)

01. 概念讲解

在链表的题目中，十道有九道会用到**哨兵节点**，所以我们先讲一下什么是哨兵节点。

哨兵节点其实就是一个附加在原链表最前面用来简化边界条件的节点，它的值域不存储任何东西，只是为了操作方便。

比如原链表为 a→b→c，

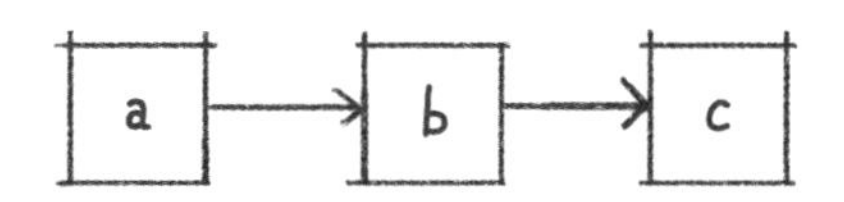

则加了哨兵节点的链表为 x→a→b→c。

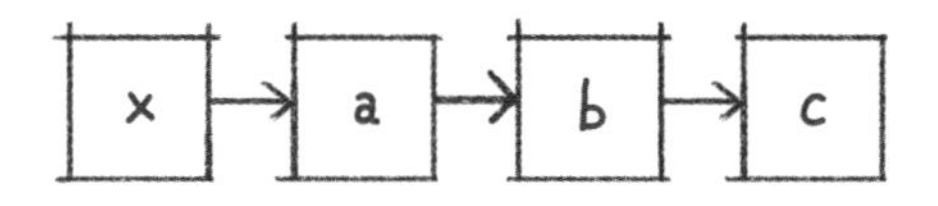

为什么要引入哨兵节点呢?举个例子，我们要删除某链表的第 1 个节点，**常见的删除链表的操作是找到要删除节点的前一个节点**，假设记为 pre。我们通过

```
pre.Next = pre.Next.Next
```

删除链表。但若要删除第 1 个节点，就很难进行了，因为按道理来讲，此时第 1 个节点的前一个节点是 nil（空的），如果使用 pre 就会报错。如果此时设置了哨兵节点，那么 pre 就是哨兵节点了。这样对于链表中的任何一个节点，都可以通过“pre.Next=pre.Next.Next”的方式删除，这就是哨兵节点的作用。

下面我们看一道题目。

02. 题目分析

第 19 题： 删除链表倒数第 N 个节点

给定一个链表，删除链表的倒数第 N 个节点，并且返回链表的头节点。

示例：

```
给定一个链表：1->2->3->4->5 和 n = 2。
当删除了倒数第 2 个节点后，链表变为 1->2->3->5。
```

说明：

给定的 N 一定是有效的。

进阶：

你能尝试使用一趟扫描实现吗？

思路分析：

首先我们思考，删除倒数第 N 个节点，只要找到倒数第 N 个节点就可以了。怎么找呢？我们只需要设置两个指针变量，中间间隔 N–1 节点。当后面的指针遍历完所有节点指向 nil 时，前面的指针就指向了我们要删除的节点。如下图所示。

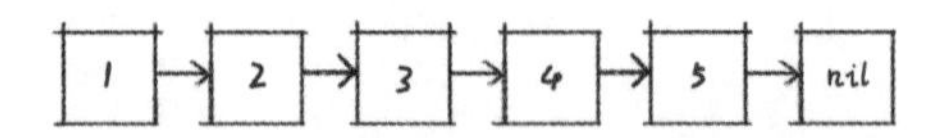

（1）假如我们要删除倒数第 4 个节点，此时 2 就是我们要删除的节点。

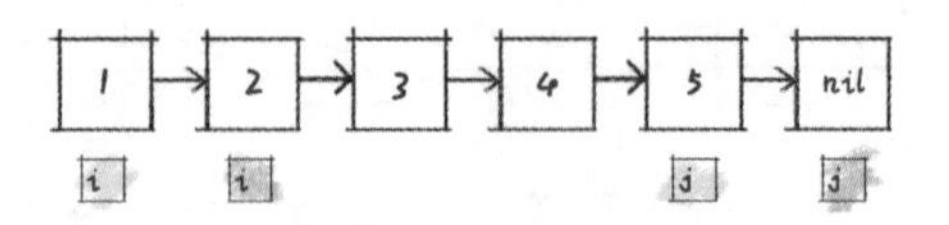

（2）假如我们要删除倒数第 2 个节点，此时 4 就是我们要删除的节点。

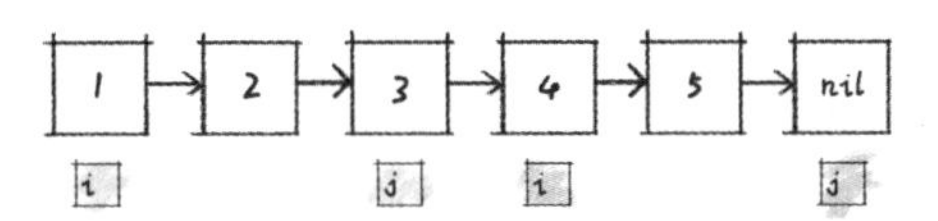

接下来，我们只要定位到要删除节点的前一个节点，使用前面讲过的方法将它删除，就可以很顺利地完成这道题目啦。

03. 题解分析

现在我们来梳理一遍完整的解题过程。

（1）定义好哨兵节点 result，指向哨兵节点的目标指针 cur，以及目标指针 cur 的前一个指针 pre，此时 pre 指向 nil。

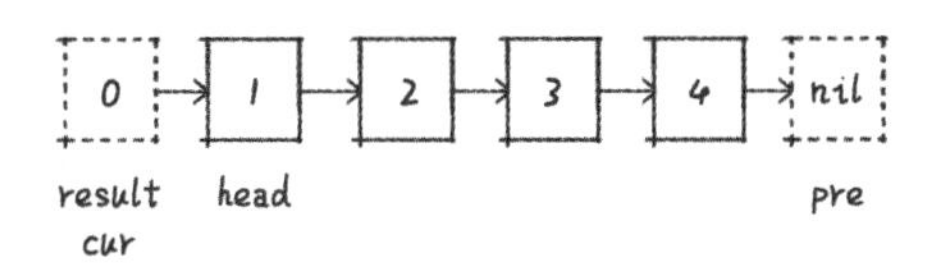

（2）遍历整个链表。当 head 遍历至第 N 个元素时，准备移动 cur。

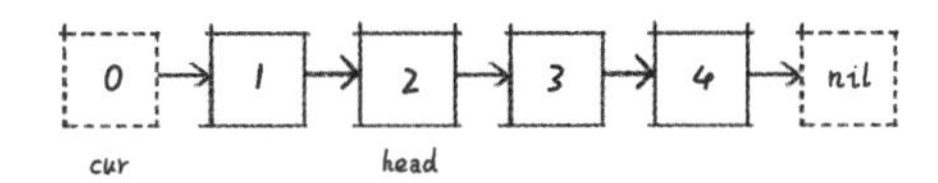

（3）当遍历完链表后，head 指向 nil，这时的 cur 就指向要删除的节点。

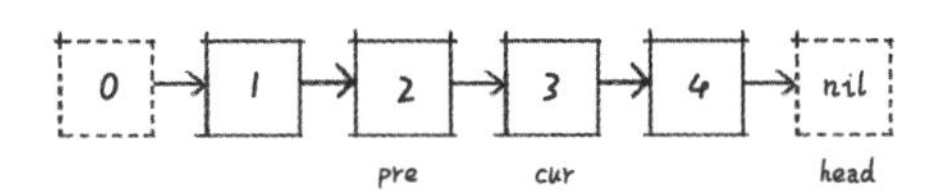

（4）通过“pre.Next = pre.Next.Next”完成删除操作，就完成了整个解题过程。

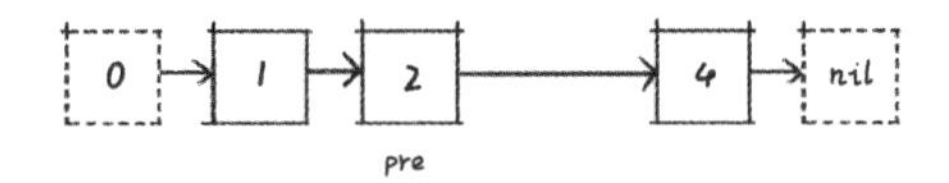

04. 题目解答

根据以上分析，我们可以得到下面的题解。

```
//Go
func removeNthFromEnd(head *ListNode, n int) *ListNode {
    result := &ListNode{}
```

```
    result.Next = head
    var pre *ListNode
    cur := result
    i := 1
    for head != nil {
        if i >= n {
            pre = cur
            cur = cur.Next
        }
        head = head.Next
        i++
    }
    pre.Next = pre.Next.Next
    return result.Next
}
```

合并两个有序链表(21)

01. 题目分析

第 21 题：合并两个有序链表

将两个有序链表合并为一个新的有序链表并返回，新链表是由拼接给定的两个链表的所有节点组成的。

示例：

```
输入：1->2->4, 1->3->4
输出：1->1->2->3->4->4
```

对于这类**链表的合并问题**，我们通常会想到**设置一个哨兵节点，以便最后比较容易地返回合并后的链表。**

假设给定的链表分别为

```
l1 = [1,2,4]
l2 = [1,3,4]
```

同时我们设定一个 prehead 哨兵节点，如图所示。

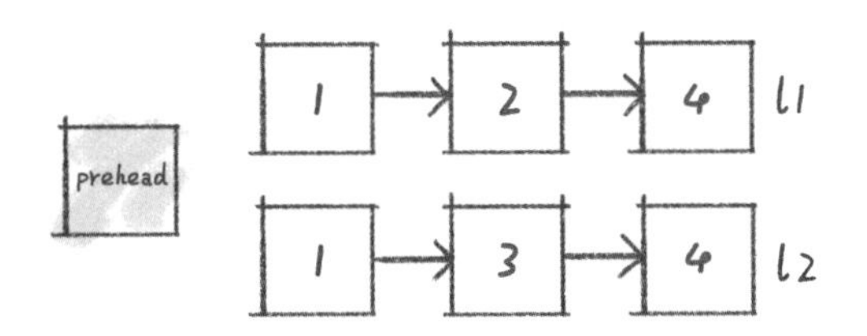

02. 题解分析

如上图所示，我们需要**维护一个 prehead 哨兵节点**，并**调整它的 next 指针**，让它总是**指向 l1 和 l2 中首节点较小的一个，直到 l1 或 l2 为 null**。这样到了最后，如果 l1 或 l2 中还有没有用到的节点，那么**这些节点一定大于已经合并完的链表中的节点（因为是有序链表）**。我们只需要将这些节点全部追加到合并完的链表后，就可以得到我们需要的链表，大概流程如下。

（1）将 prehead 指向 l1 和 l2 中首节点较小的一个，如果相等，则指向任何一个都可以。此时的 l1 为 [2,4]，l2 为 [1,3,4]。

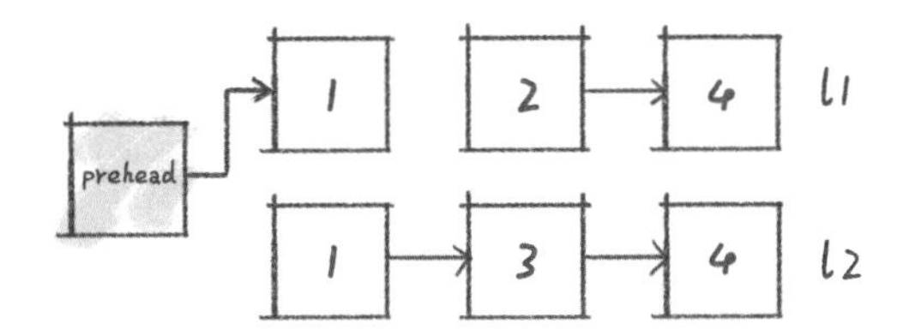

（2）将 prehead 的链表指向 l1 和 l2 中首节点较小的一个，这里是指向 1。

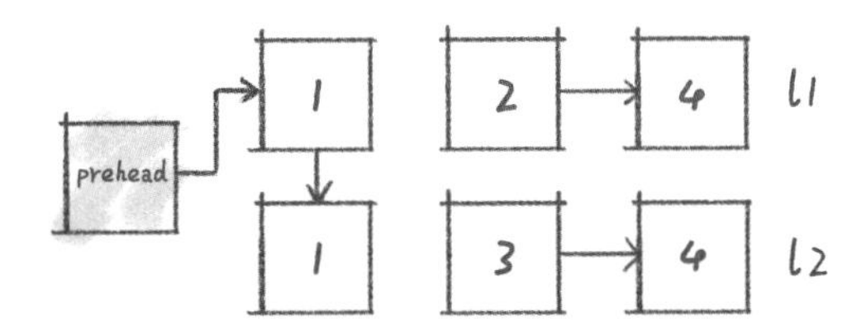

（3）反复执行步骤（2），就得到了我们需要的链表。

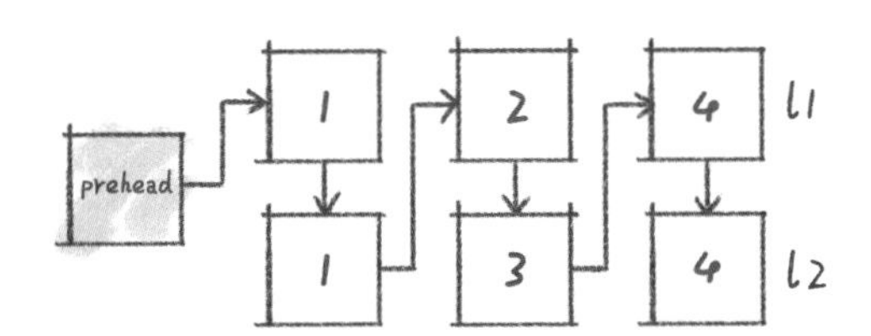

03. 题目解答

根据以上分析，我们可以得到下面的题解。

```
//Go
func mergeTwoLists(l1 *ListNode, l2 *ListNode) *ListNode {
    prehead := &ListNode{}
    result := prehead
    for l1 != nil && l2 != nil {
        if l1.Val < l2.Val {
            prehead.Next = l1
            l1 = l1.Next
        }else{
            prehead.Next = l2
            l2 = l2.Next
        }
        prehead = prehead.Next
    }
    if l1 != nil {
        prehead.Next = l1
    }
    if l2 != nil {
        prehead.Next = l2
    }
    return result.Next
}
```

环形链表(141)

这次是一道**链表检测成环**的经典题目。如果你觉得自己会了，请不妨耐心一些认真看下去，我相信会有意外的收获！

01. 题目分析

第 141 题： 环形链表

给定一个链表，判断链表中是否有环。为了表示给定链表中的环，我们使用整数 pos 来表示链表尾连接到链表中的位置（索引从 0 开始）。如果 pos 是-1，则该链表中没有环。

示例 1：

```
输入：head = [3,2,0,-4], pos = 1
输出：true
```

解释：链表中有一个环，其尾部连接到第 2 个节点。

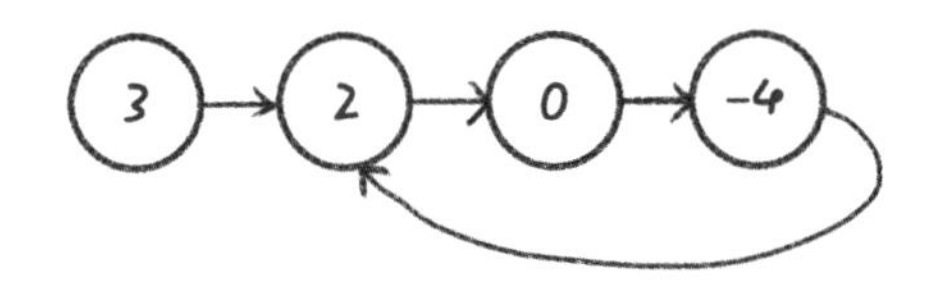

示例 2：

```
输入：head = [1,2], pos = 0
输出：true
```

解释：链表中有一个环，其尾部连接到第 1 个节点。

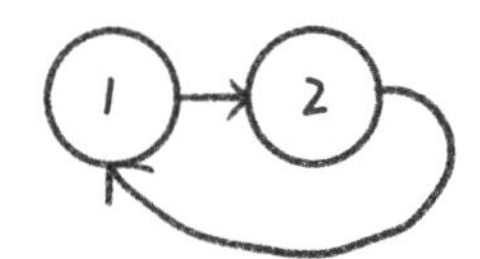

示例 3：

```
输入：head = [1], pos = -1
输出：false
```

解释：链表中没有环。

可能你会觉得题目过于简单，但是不妨耐心看完。

02. 题解分析

题解一：散列表判定

思路：**通过散列表来检测节点之前是否被访问过**，判断链表是否成环。

```
//Go
func hasCycle(head *ListNode) bool {
    m := make(map[*ListNode]int)
    for head != nil {
        if _,exist := m[head];exist {
            return true
        }
        m[head]= 1
```

```
        head = head.Next
    }
    return false
}
```

题解二：JavaScript 特殊解法

相信大家都用过 JavaScript 中的 JSON.stringify() 方法，该方法主要用于**将 JavaScript 对象转换为 JSON 字符串**，基本用法如下。

```
var car = {
  name: '小喵',
  age: 20,
}
var str = JSON.stringify(car);
console.log(str)
```

输出：{"name":"小喵","age":20}

大家想一下，如果自己实现这样一个函数，需要处理什么样的特殊情况？对，就是**循环引用**。对于循环引用，我们很难通过 JSON 的结构将其进行展示，如下所示。

```
 var a = {}
 var b = {
   a: a
 }
 a.b = b
 console.log(JSON.stringify(a))
```

输出：TypeError: Converting circular structure to JSON

那么环形链表是不是就是一个循环结构呢？当然是！因为只要是环形链表，一定存在类似于下面的代码。

```
a.Next = b
b.Next = a
```

所以我们可以通过 JSON.stringify() 的特性进行求解。

```
var hasCycle = function(head) {
    try{
        JSON.stringify(head)
    }catch(e){
        return true
    }
    return false
};
```

当然，这种解法并不是建议的标准题解，在此列出是为了拓宽思路。大家若有兴趣，可以去看

JSON.stringify 内部的实现是如何检测循环引用的。

题解三：双指针解法

这是本题的标准解法，非常重要，一定要**掌握**！

思路：想象一下，**两名运动员以不同速度在跑道上跑步**会怎么样？**相遇**！好了，这道题你会了。

解题方法：通过使用两个不同速度的指针遍历链表，空间复杂度可以降低至 $O(1)$。慢指针 a 每次移动一步，快指针 b 每次移动两步。

假设链表为 3-2-0-4，其步骤如下图所示。

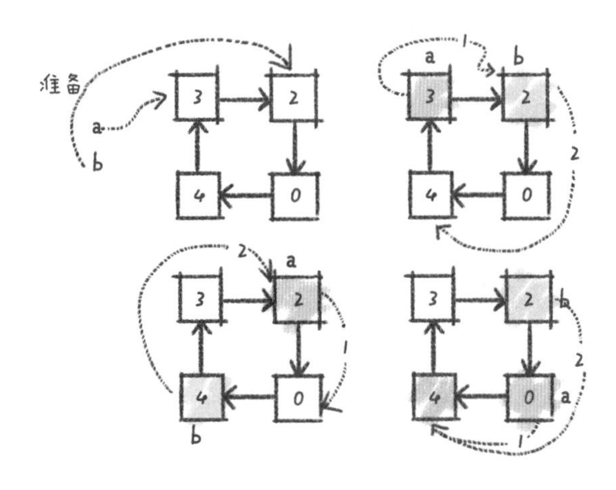

分析完毕，直接给出代码。

```
//Go
func hasCycle(head *ListNode) bool {
    if head == nil {
        return false
    }
    fast := head.Next       // 快指针，每次走两步
    for fast != nil && head != nil && fast.Next != nil {
        if fast == head {   // 快慢指针相遇，表示有环
            return true
        }
        fast = fast.Next.Next
        head = head.Next        // 慢指针，每次走一步
    }
    return false
}
```

这里我们要特别说明一下，为什么将慢指针的步长设置为 1 ，快指针的步长设置为 2。

慢指针步长为 1 很容易理解，因为我们需要让**慢指针（slow）经过每个元素**。而快指针（fast）步长为 2 ，可以理解为他们的**相对速度只差 1**，快指针只能一个一个格子地去追慢指针，它们必然在某个格子相遇。

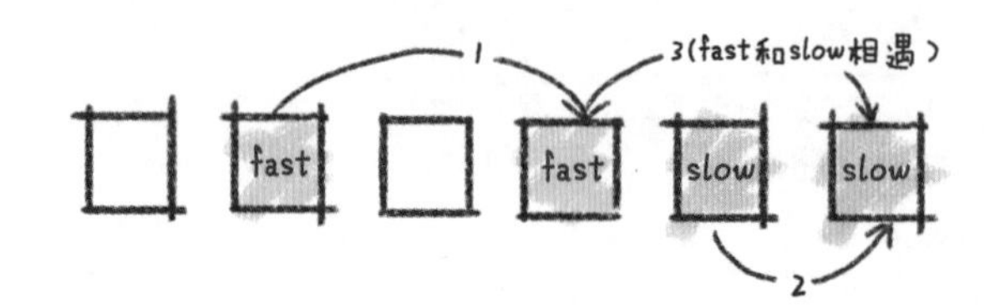

我们再进一步分析：在快指针快追上慢指针时，它们之间一定是只差 1 个或 2 个格子。快指针如果落后 1 个格子，那么下一次就追上了；如果落后 2 个格子，那么下一次就落后 1 个格子，再下一次就能追上。如下图所示。

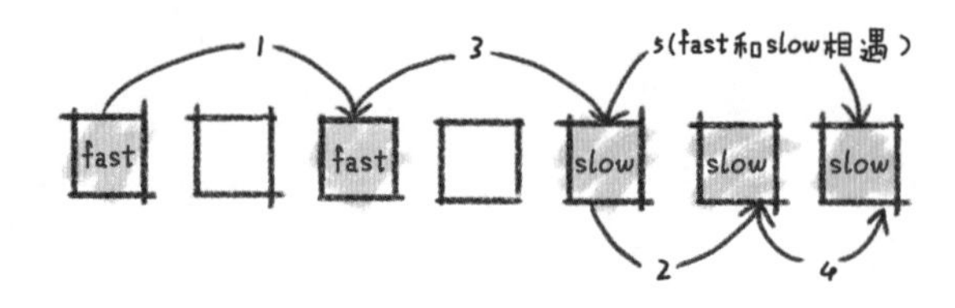

所以快指针的步长可以设置为 2。

我们常会遇到一些所谓的“简单题目”，然后使用前人留下来的“经典题解”迅速作答。在解题的过程中，追求公式化、模板化。我们也可以自己独立思考，纵然不是最优解，却是我们自己想到的、创造的，真正在算法题中收获快乐。

两数相加(2)

01. 题目分析

数据结构中的“加减乘除”问题是面试中很容易被考查的内容。

第 2 题：两数相加

给出两个非空的链表用来表示两个非负的整数。其中，每位数字都是按照逆序的方式存储的，并且每个节点只能存储一位数字。

如果我们将这两个数相加，则会返回一个新的链表来表示它们的和。

可以假设除了数字 0 ，这两个数都不会以 0 开头。

示例：

```
输入：(2 -> 4 -> 3) + (5 -> 6 -> 4)
输出：7 -> 0 -> 8
```

原因：342 + 465 = 807

02. 题解分析

我们还是先画图，假设给定的链表是 (2 -> 4 -> 3) + (5 -> 6 -> 4) ，如图所示（注意，这里我们其实是要计算 342 + 465）。

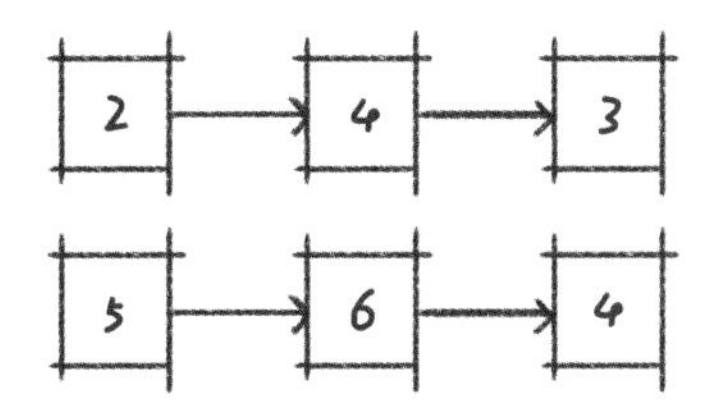

加法的规则是从最低位到最高位依次相加，也就是从**链表头到链表尾依次相加，所以需要遍历链表**。我们令 l1 和 l2 指向两个链表的头，用一个 tmp 值来存储同一位相加的结果，并用一个新的链表来存储 tmp 的值。

为什么不直接用新链表存储结果呢？

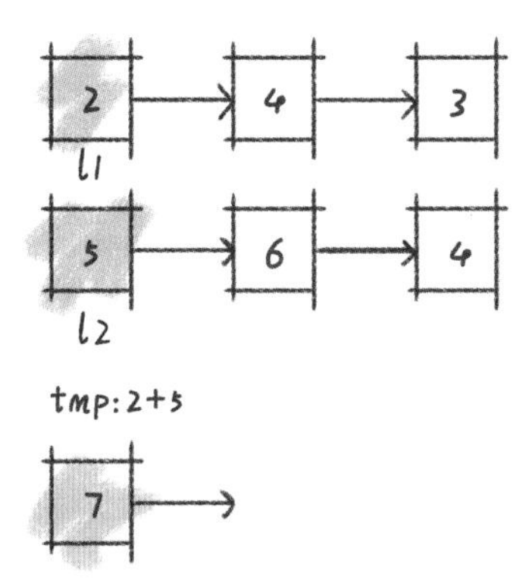

记住：**所有模拟运算的题目，都需要考虑进位**。因为本题个位不涉及进位，开始计算十位。

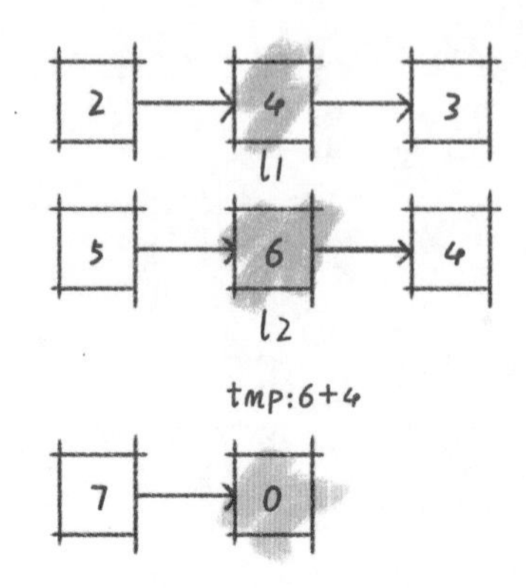

重复上面的操作，可以看到十位发生了进位。这时，刚才的 tmp 就有了用武之地。**我们使用 tmp 携带进位的值到下一位进行运算**，这里的链表不能直接存储 tmp 的值，而是要存储 tmp%10 的值。重复这个步骤，**直到两个链表都遍历完成，并且 tmp 没有进位值**。

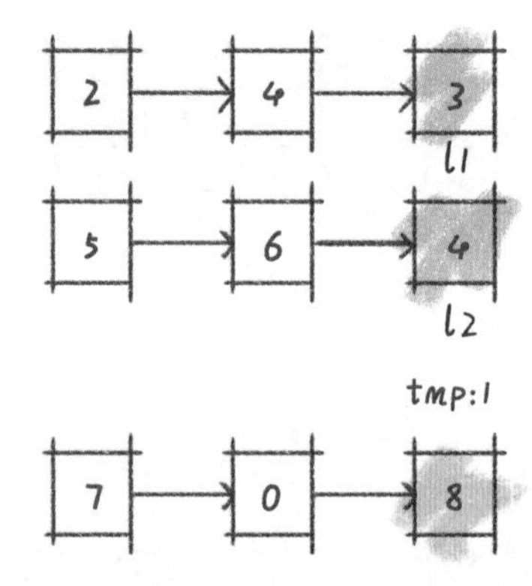

此时只需要返回新链表就可以了。然而，**因为我们没有构造哨兵节点，此时不太容易直接返回新链表**，所以在整个流程的第 1 步，还需要用一个哨兵节点指向新链表。

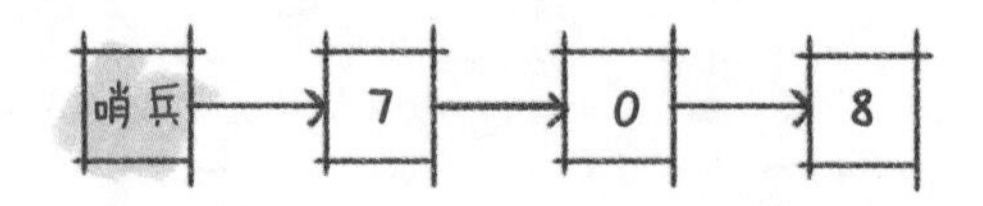

03. 题目解答

分析完毕，直接给出题解。

```
//Go
func addTwoNumbers(l1 *ListNode, l2 *ListNode) *ListNode {
    list := &ListNode{0, nil}
    //这里使用一个 result，只是为了便于返回节点
```

```
    result := list
    tmp := 0
    for l1 != nil || l2 != nil || tmp != 0 {
        if l1 != nil {
            tmp += l1.Val
            l1 = l1.Next
        }
        if l2 != nil {
            tmp += l2.Val
            l2 = l2.Next
        }
        list.Next = &ListNode{tmp % 10, nil}
        tmp = tmp / 10
        list = list.Next
    }
    return result.Next
}
```

LRU 缓存机制(146)

01. 题目分析

LRU 是 Least Recently Used 的缩写，译为最近最少使用。它的理论基础是**最近使用的数据会在未来一段时期内再次被使用，已经很久没有被使用的数据大概率在未来很长一段时间仍然不会被使用**。由于该思想非常契合业务场景，并且可以解决很多实际开发中的问题，所以我们经常利用它来设计缓存，并称它为 **LRU 缓存机制**。

第 146 题：LRU 缓存机制

运用你所掌握的数据结构，设计并实现一个 LRU 缓存机制。它应该支持获取数据（get）和写入数据（put）的操作。

获取数据：get(key)。如果密钥（key）存在于缓存中，则获取密钥的值（总是正数），否则返回 −1。

写入数据：put(key, value)。如果密钥不存在，则写入其数据。当缓存容量达到上限时，应该在写入新数据之前删除最近最少使用的数据，从而为新的数据留出空间。

进阶：你是否可以在 $O(1)$ 时间复杂度内完成这两种操作？

示例：

```
LRUCache cache = new LRUCache( 2 /* 缓存容量 */ );
cache.put(1, 1);
cache.put(2, 2);
cache.get(1);       // 返回  1
cache.put(3, 3);    // 该操作会使密钥 2 作废
cache.get(2);       // 返回 -1 (未找到)
cache.put(4, 4);    // 该操作会使密钥 1 作废
cache.get(1);       // 返回 -1 (未找到)
cache.get(3);       // 返回  3
cache.get(4);       // 返回  4
```

02. LRU 使用

首先解释一下上面的 LRUCache 的示例。

第 1 步，声明一个 LRUCache ，长度为 2。

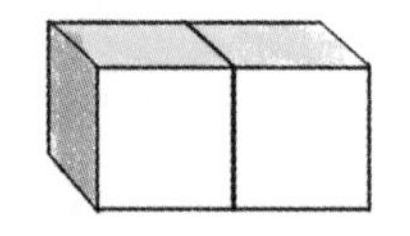

第 2 步：分别在 cache 里 put(1,1) 和 put(2,2)，这里最近使用的是 2，所以 2 在前、1 在后。

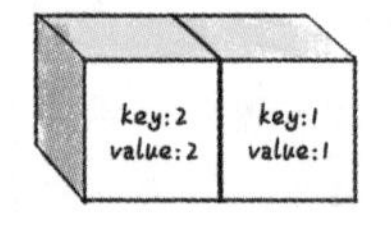

第 3 步：get(1)，也就是使用了 1，所以将 1 移到前面。

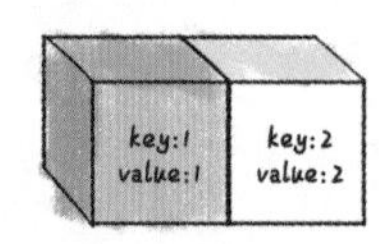

第 4 步：此时 put(3,3)，因为 2 是最近最少使用的，所以将 2 作废。此时如果再 get(2)，就会返回 −1。

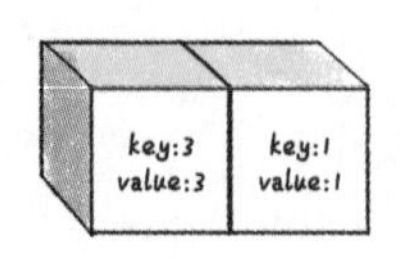

第 5 步：继续 put(4,4)，同理，将 1 作废。此时如果 get(1) ，就会返回 −1。

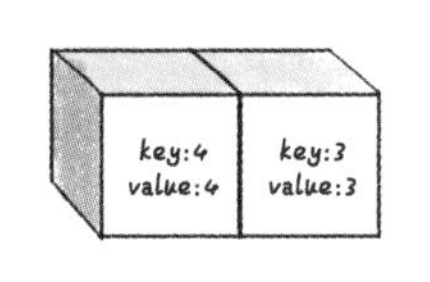

第 6 步：get(3) ，实际为调整 3 的位置。

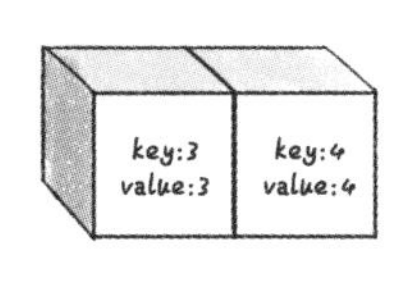

第 7 步：同理，get(4)，继续调整 4 的位置。

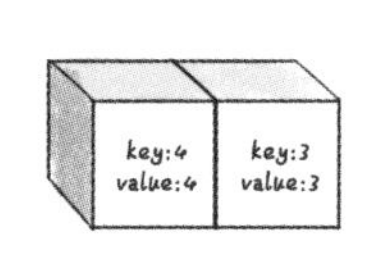

03. LRU 实现

一般来讲，LRU 使用**双向链表**实现。在面试时，如果能写出双向链表的实现，就已经可以打 9 分了。这里我要强调的是，其实在项目中，并不绝对是这样。比如在 Redis 源码里，LRU 的淘汰策略就没有使用双向链表，而是使用了一种模拟链表的方式。因为 Redis 是运行在内存中的，所以大多数时候，redis 被当做内存使用（我知道可以持久化），如果在内存中维护一个链表，就会变得复杂，同时会增加内存消耗。

观察前面的使用步骤图，可以发现，在整个过程中，我们**频繁地调整首尾元素的位置**，而双向链表的结构刚好满足这一点。

下面采用 hashmap+ 双向链表的方式实现。

首先定义一个 LinkNode 用以存储元素。因为要采用双向链表，我们自然要定义 pre 和 next，同时需要存储下元素的 key 和 value。为什么需要存储 key 呢？举个例子，如果整个 cache 的元素满了，就需要删除 map 中的数据，通过 LinkNode 中的 key 进行查询，否则无法获取到 key。

```
type LinkNode struct {
    key, val  int
    pre, next *LinkNode
}
```

现在有了 LinkNode ，自然需要一个 cache 来存储所有的 node。我们定义 cap 为 cache 的长度。用 m 来存储元素，将 head 和 tail 作为 cache 的首尾。

```
type LRUCache struct {
    m          map[int]*LinkNode
    cap        int
    head, tail *LinkNode
}
```

接下来对整个 cache 进行初始化，在初始化 head 和 tail 时将它们连接在一起。

```
//Go
func Constructor(capacity int) LRUCache {
    head := &LinkNode{0, 0, nil, nil}
    tail := &LinkNode{0, 0, nil, nil}
    head.next = tail
    tail.pre = head
    return LRUCache{make(map[int]*LinkNode), capacity, head, tail}
}
```

如下图所示。

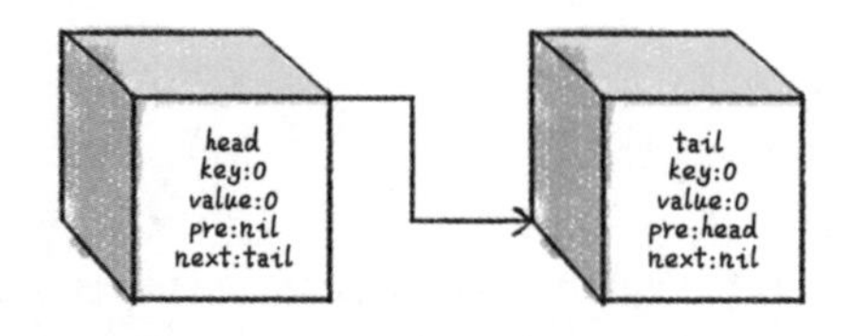

现在已经完成了 cache 的构造，剩下的就是添加它的 API 了。因为 get 方法比较简单，所以我们先完成 get 方法。这里分两种情况考虑，如果没有找到元素，就返回 -1；如果元素存在，就把这个元素移动到首位。

```
func (this *LRUCache) Get(key int) int {
    head := this.head
    cache := this.m
    if v, exist := cache[key]; exist {
        v.pre.next = v.next
        v.next.pre = v.pre 7
        v.next = head.next
```

```
        head.next.pre = v          v.pre = head
        head.next = v
        return v.val
    } else {
         return -1
    }
}
```

假设 2 是 get 的元素，则实现原理如下图所示。

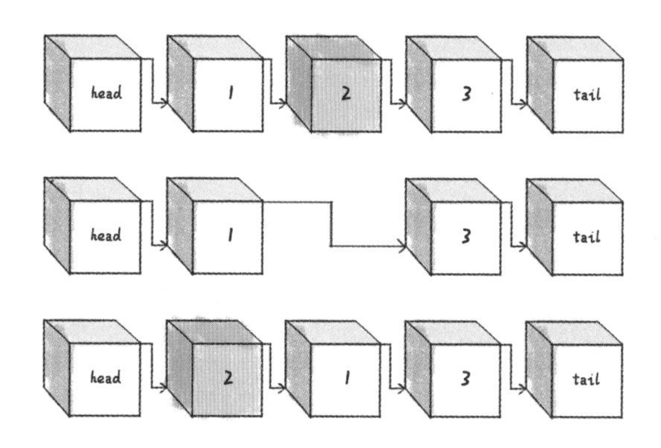

这个方法后面还会用到，所以将其抽出。

```
func (this *LRUCache) AddNode(node *LinkNode) {
    head := this.head
    //从当前位置删除
    node.pre.next = node.next
    node.next.pre = node.pre
    //移动到首位置
    node.next = head.next
    head.next.pre = node
    node.pre = head
    head.next = node
}

func (this *LRUCache) Get(key int) int {
    cache := this.m
    if v, exist := cache[key]; exist {
        this.MoveToHead(v)
        return v.val
    } else {
        return -1
    }
}
```

在实现 put 方法时，有两种情况需要考虑。如果元素存在，则相当于做一个 get 操作，将其移动到最前面。**但是需要注意的是，这里多了一个更新值的步骤。**

```
func (this *LRUCache) Put(key int, value int) {
    head := this.head
    tail := this.tail
    cache := this.m
    //假若元素存在
    if v, exist := cache[key]; exist {
        //1.更新值
        v.val = value
        //2.移动到最前面
        this.MoveToHead(v)
    } else {
        //TODO
    }
}
```

如果元素不存在，则将新元素插入头部，并把该元素值放入 map 中。

```
func (this *LRUCache) Put(key int, value int) {
    head := this.head
    tail := this.tail
    cache := this.m
    //存在
    if v, exist := cache[key]; exist {
        //1.更新值
        v.val = value
        //2.移动到最前面
        this.MoveToHead(v)
    } else {
        v := &LinkNode{key, value, nil, nil}
        v.next = head.next
        v.pre = head
        head.next.pre = v
        head.next = v
        cache[key] = v
    }
}
```

但是我们漏掉了一种情况，**如果恰好此时 cache 中的元素满了，那么需要删除最后的元素。**处理完毕，附上 put 方法的完整代码。

```
func (this *LRUCache) Put(key int, value int) {
    head := this.head
    tail := this.tail
    cache := this.m
    //存在
    if v, exist := cache[key]; exist {
```

```
            //1.更新值
            v.val = value
            //2.移动到最前面
            this.MoveToHead(v)
        } else {
            v := &LinkNode{key, value, nil, nil}
            if len(cache) == this.cap {
                //删除最后的元素
                delete(cache, tail.pre.key)
                tail.pre.pre.next = tail
                tail.pre = tail.pre.pre
            }
            v.next = head.next
            v.pre = head
            head.next.pre = v
            head.next = v
            cache[key] = v
        }
}
```

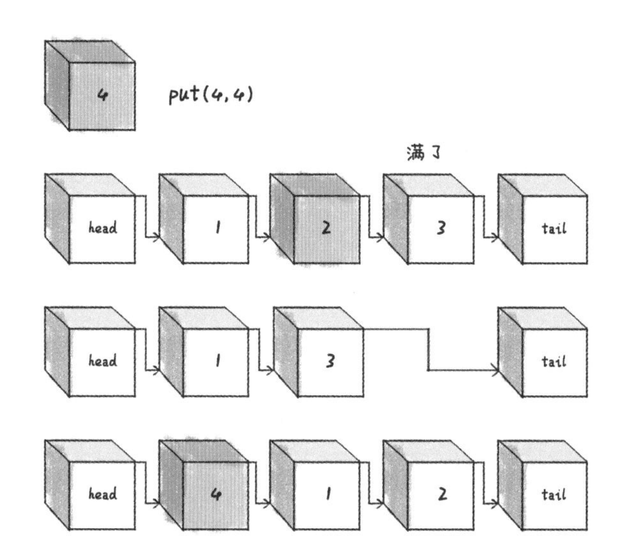

最后，完成所有代码。

```
type LinkNode struct {
    key, val  int
    pre, next *LinkNode
}

type LRUCache struct {
    m          map[int]*LinkNode
      cap        int
```

```
    head, tail *LinkNode
}

func Constructor(capacity int) LRUCache {
    head := &LinkNode{0, 0, nil, nil}
    tail := &LinkNode{0, 0, nil, nil}
    head.next = tail
    tail.pre = head
    return LRUCache{make(map[int]*LinkNode), capacity, head, tail}
}

func (this *LRUCache) Get(key int) int {
    cache := this.m
    if v, exist := cache[key]; exist {
        this.MoveToHead(v)
        return v.val
    } else {
        return -1
    }
}
func (this *LRUCache) AddNode(node *LinkNode) {
    head := this.head
    //从当前位置删除
    node.pre.next = node.next
    node.next.pre = node.pre
    //移动到首位
    node.next = head.next
    head.next.pre = node
    node.pre = head
    head.next = node
}
func (this *LRUCache) Put(key int, value int) {
    head := this.head
    tail := this.tail
    cache := this.m
    //存在
    if v, exist := cache[key]; exist {
        //1.更新值
        v.val = value
        //2.移动到最前面
        this.MoveToHead(v)
    } else {
        v := &LinkNode{key, value, nil, nil}
        if len(cache) == this.cap {
            //删除最后的元素
            delete(cache, tail.pre.key)
            tail.pre.pre.next = tail
            tail.pre = tail.pre.pre
```

```
        }
        v.next = head.next
        v.pre = head
        head.next.pre = v
        head.next = v
        cache[key] = v
    }
}
```

优化后的代码如下。

```
type LinkNode struct {
    key, val  int
    pre, next *LinkNode
}

type LRUCache struct {
    m          map[int]*LinkNode
    cap        int
    head, tail *LinkNode
}

func Constructor(capacity int) LRUCache {
    head := &LinkNode{0, 0, nil, nil}
    tail := &LinkNode{0, 0, nil, nil}
    head.next = tail
    tail.pre = head
    return LRUCache{make(map[int]*LinkNode), capacity, head, tail}
}

func (this *LRUCache) Get(key int) int {
    cache := this.m
    if v, exist := cache[key]; exist {
        this.MoveToHead(v)
        return v.val
    } else {
        return -1
    }
}

func (this *LRUCache) RemoveNode(node *LinkNode) {
    node.pre.next = node.next
    node.next.pre = node.pre
}

func (this *LRUCache) AddNode(node *LinkNode) {
    head := this.head
    node.next = head.next
    head.next.pre = node
```

```
    node.pre = head
    head.next = node
}

func (this *LRUCache) MoveToHead(node *LinkNode) {
    this.RemoveNode(node)
    this.AddNode(node)
}

func (this *LRUCache) Put(key int, value int) {
    tail := this.tail
    cache := this.m
    if v, exist := cache[key]; exist {
        v.val = value
        this.MoveToHead(v)
    } else {
        v := &LinkNode{key, value, nil, nil}
        if len(cache) == this.cap {
            delete(cache, tail.pre.key)
            this.RemoveNode(tail.pre)
        }
        this.AddNode(v)
        cache[key] = v
    }
}
```

因为该算法过于重要，再给一个 Java 版本的实现代码。

```
//Java
import java.util.Hashtable;
public class LRUCache {
  class DLinkedNode {
    int key;
    int value;
    LinkedNode prev;
    LinkedNode next;
  }

  private void addNode(DLinkedNode node) {
    node.prev = head;
    node.next = head.next;
    head.next.prev = node;
    head.next = node;
  }

  private void removeNode(DLinkedNode node){
    LinkedNode prev = node.prev;
    LinkedNode next = node.next;
    prev.next = next;
```

```
    next.prev = prev;
  }

  private void moveToHead(DLinkedNode node){
    removeNode(node);
    addNode(node);
  }

  private DLinkedNode popTail() {
    DLinkedNode res = tail.prev;
    removeNode(res);
    return res;
  }

  private Hashtable<Integer, DLinkedNode> cache =
    new Hashtable<Integer, DLinkedNode>();
  private int size;
  private int capacity;
  private DLinkedNode head, tail;

  public LRUCache(int capacity) {
    this.size = 0;
    this.capacity = capacity;
    head = new DLinkedNode();
    tail = new DLinkedNode();
    head.next = tail;
    tail.prev = head;
  }

  public int get(int key) {
    DLinkedNode node = cache.get(key);
    if (node == null) return -1;
    moveToHead(node);
    return node.value;
  }

  public void put(int key, int value) {
    DLinkedNode node = cache.get(key);

    if(node == null) {
      DLinkedNode newNode = new DLinkedNode();
      newNode.key = key;
      newNode.value = value;
      cache.put(key, newNode);
      addNode(newNode);
      ++size;
      if(size > capacity) {
        DLinkedNode tail = popTail();
```

```
        cache.remove(tail.key);
        --size;
      }
    } else {
      node.value = value;
      moveToHead(node);
    }
  }
}
```

04. Redis 中的近似 LRU

当数据量较大时，真实 LRU 需要过多的内存，所以 Redis 使用随机抽样的方式实现近似 LRU 的效果。换言之，LRU 只是一个**预测访问顺序的模型**。

在 Redis 中有一个参数 maxmemory-samples，它是干什么的呢？

我们已经知道，**近似 LRU 用随机抽样的方式实现近似的 LRU 效果**。这个参数其实就是提供了一种方式，可以人为干预样本数大小，样本数越大，就越接近真实 LRU 的效果，当然也就意味着消耗更多的内存（5 是默认的最佳初始值）。

下图中绿色的点代表新增加的元素，深灰色的点代表没有被删除的元素，浅灰色的点代表被删除的元素。其中，从上至下第 1 幅图是真实 LRU 的效果，第 2 幅图是默认该参数为 5 的效果，可以看到浅灰色部分的还原度还是不错的。第 3 幅图是将该参数设置为 10 的效果，已经接近真实 LRU 的效果了。

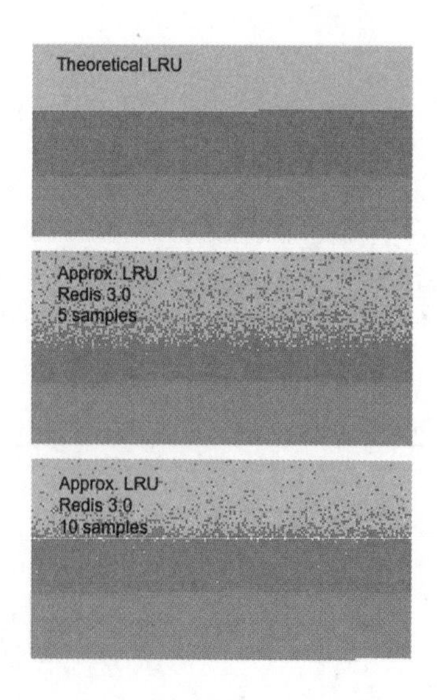

第 03 章 动态规划系列

爬楼梯(70)

01. 概念讲解

动态规划（Dynamic Programming，DP）指把多阶段问题转化为一系列单阶段问题，利用各阶段之间的关系，逐个求解。概念中各阶段之间的关系指状态转移方程。很多人觉得 DP 难，根本原因是 **DP 与一些固定形式的算法**（例如 DFS、二分法、KMP）**不同**，DP 没规定具体的步骤，所以**其实是一种解决问题的思想**。

这种思想的本质是：**一个规模比较大的问题**（需要用两三个参数表示的问题），可以**转化为若干规模较小的问题**（通常可以寻求到一些特殊的计算逻辑，如求最值等），如下图所示，一个大规模的问题由若干子问题组成。

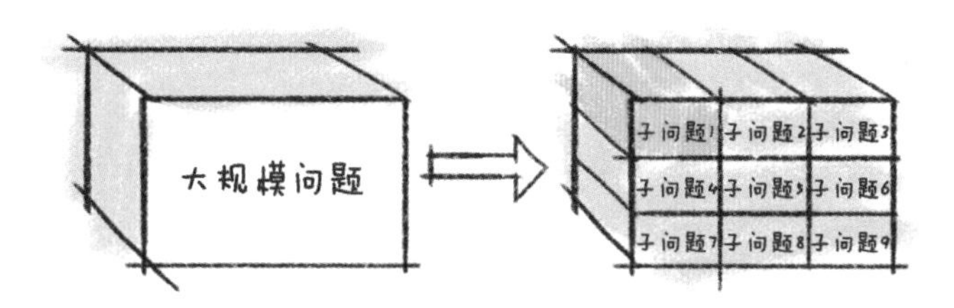

那么我们应该如何通过子问题得到大规模问题呢？这就用到了**状态转移方程**，如下所示。

`opt` ：指代特殊的计算逻辑，通常为 `max` 或者 `min`。

i、j、k 都是在定义状态转移方程时用到的参数。

```
dp[i] = opt(dp[i-1])+1

dp[i][j] = w(i,j,k) + opt(dp[i-1][k])

dp[i][j] = opt(dp[i-1][j] + xi, dp[i][j-1] + yj, ...)
```

各个状态转移方程之间都有一些细微的差别，不可能抽象出完全可以套用的公式。所以我个人其实**不建议死记硬背各种类型的状态转移方程**。但是 DP 问题真的无法进行归类分析吗？我认为不是的。在本系列中，我将由浅入深地为大家讲解 DP 问题。

02. 题目分析

我们先看一道最简单的 DP 问题，熟悉 DP 的概念。

第 70 题：爬楼梯

假设你正在爬楼梯，需要爬 n 阶才能到达楼顶，每次可以爬 1 阶或 2 阶，那么有多少种不同的方法可以爬到楼顶呢？ **注意：**给定 n 是一个正整数。

示例 1：

```
输入： 2
输出： 2
```

解释：有两种方法可以爬到楼顶。

（1）1 阶 +1 阶。

（2）2 阶。

示例 2：

```
输入： 3
输出： 3
```

解释：有三种方法可以爬到楼顶。

（1）1 阶 +1 阶 +1 阶。

（2）1 阶 +2 阶。

（3）2 阶 +1 阶。

03. 题解分析

通过分析我们可以明确，该题可以被分解为一些包含最优子结构的子问题，即它的**最优解可以通过其子问题的最优解来有效构建**。满足“**将规模较大的问题分解为若干规模较小的问题**”的条件。所我们令 **dp[*n*] 表示能到达第 *n* 阶**的方法总数，可以得到如下状态转移方程。

```
dp[n]=dp[n-1]+dp[n-2]
```

- 到达第 1 阶台阶：有 1 种方法。
- 到达第 2 阶台阶：有 1+1 和 2 两种方法。
- 到达第 3 阶台阶：到达第 3 阶台阶的方法总数就是到达第 1 阶台阶和第 2 阶台阶的方法数之和。
- 到达第 n 阶台阶：到达第 n 阶台阶的方法总数就是到达第 (n-1) 阶台阶和第 (n-2) 阶台阶的方法数之和。

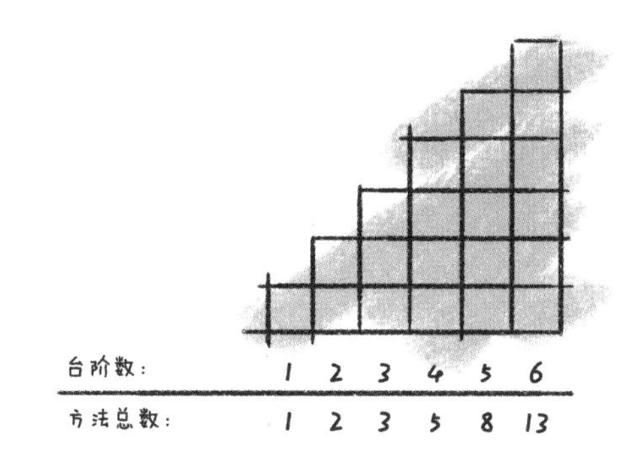

04. 题目解答

根据以上分析，可以得到如下题解。

```
//Go
func climbStairs(n int) int {
    if n == 1 {
        return 1
    }
    dp := make([]int, n+1)
    dp[1] = 1
    dp[2] = 2
    for i := 3; i <= n; i++ {
        dp[i] = dp[i-1] + dp[i-2]
    }
    return dp[n]
}
```

最大子序和(53)

本节我们通过一道简单的题进一步学习动态规划问题。

01. 题目分析

第 53 题： 最大子序和

给定一个整数数组 nums ，找到一个具有最大和的连续子数组（子数组最少包含一个元素），返回其最大和。

示例:

```
输入: [-2,1,-3,4,-1,2,1,-5,4],
输出: 6
```

解释：连续子数组 [4,-1,2,1] 的和最大——6。

拿到题目请不要直接看题解，先自行思考 2～3 分钟。

02. 题解分析

我们先分析题目，**一个连续子数组一定要以一个数作为结尾**，那么可以将状态定义如下。

dp[i]：表示以 nums[i] 结尾的连续子数组的最大和。

这样定义是最容易想到的，在上一节中我们提到，状态转移方程通过 1～3 个参数的方程来描述小规模问题和大规模问题间的关系。

当然，想不到也非常正常。虽然该问题最早于 1977 年被提出，但是直到 1984 年才出现了线性时间的最优解法。

根据状态的定义，我们继续分析：如果要得到 dp[i]，那么 nums[i] 一定会被选取，并且 dp[i] 所表示的连续子序列与 dp[i-1] 所表示的连续子序列很可能就差一个 nums[i]。即

```
dp[i] = dp[i-1]+nums[i] , if (dp[i-1] >= 0)
```

但是这里我们遇到一个问题：很有可能 dp[i-1] 本身是一个负数。在这种情况下，如果通过 dp[i-1]+nums[i] 来推导 dp[i]，那么结果反而变小了，因为 dp[i] 要求的是最大和。所以在这种情况下，如果 dp[i-1] < 0，那么 dp[i] 就是 nums[i] 的值。即

```
dp[i] = nums[i] , if (dp[i-1] < 0)
```

综上，我们可以得到：

```
dp[i]=max(nums[i], dp[i-1]+nums[i])
```

得到了状态转移方程，我们还需要通过一个已有的状态进行推导，我们可以想到 **dp[0] 一定是以 nums[0] 结尾的**，所以，

```
dp[i] = dp[i-1]+nums[i] , if (dp[i-1] >= 0)   dp[0] = nums[0]
```

在很多题目中，因为 dp[i] 本身定义题目中的问题，所以它就是答案。但是这里状态中的定义，并不是题目中的问题，不能直接返回最后一个状态（这一步经常有初学者弄混）。所以最终的答案是寻找

```
max(dp[0], dp[1], ..., d[i-1], dp[i])
```

分析完毕，我们绘制成图（假定 nums 为 [-2, 1, -3, 4, -1, 2, 1, -5, 4]）。

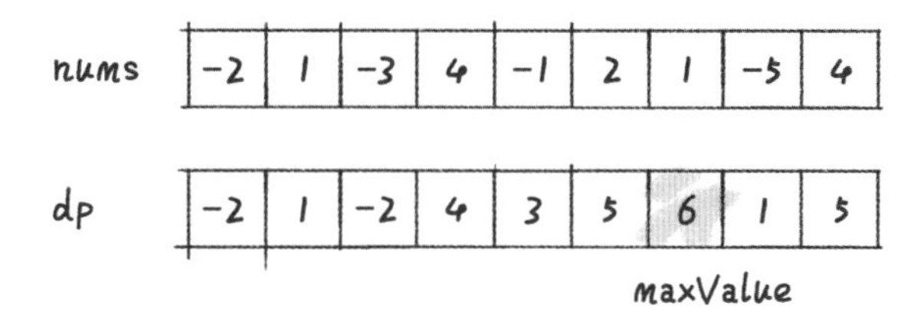

03. 题目解答

根据以上分析，可以得到如下题解。

```
//Go
func maxSubArray(nums []int) int {
    if len(nums) < 1 {
        return 0
    }
    dp := make([]int, len(nums))
    //设置初始值
    dp[0] = nums[0]
    for i := 1; i < len(nums); i++ {
        //处理 dp[i-1] < 0 的情况
        if dp[i-1] < 0 {
            dp[i] = nums[i]
        } else {
            dp[i] = dp[i-1] + nums[i]
        }
    }
    result := -1 << 31
```

```
    for _, k := range dp {
        result = max(result, k)
    }
    return result
}

func max(a, b int) int {
    if a > b {
        return a
    }
    return b
}
```

我们可以进一步将代码精简如下。

```
//Go
func maxSubArray(nums []int) int {
    if len(nums) < 1 {
        return 0
    }
    dp := make([]int, len(nums))
    result := nums[0]
    dp[0] = nums[0]
    for i := 1; i < len(nums); i++ {
        dp[i] = max(dp[i-1]+nums[i], nums[i])
        result = max(dp[i], result)
    }
    return result
}

func max(a, b int) int {
    if a > b {
        return a
    }
    return b
}
```

复杂度分析：时间复杂度为 $O(N)$，空间复杂度为 $O(N)$。

最长上升子序列(300)

我们已经了解什么是 DP，并通过 DP 中的经典问题“最大子序和”学习了**状态转移方程**应该如何定义。在本节中，我们将沿用之前的分析方法，通过一道例题，进一步巩固所学。

01. 题目分析

第 300 题：最长上升子序列

给定一个无序的整数数组，找到其中最长上升子序列的长度。

示例：

```
输入: [10,9,2,5,3,7,101,18]
输出: 4
```

解释：最长的上升子序列是 [2, 3, 7, 101]，它的长度是 4。

说明：可能有多种最长上升子序列的组合，只需要输出对应的长度即可。

这道题有一定难度，如果没有思路，那么请回顾上一节的学习内容，不建议直接看题解。

02. 题解分析

首先分析题目，我们要找的是**最长上升子序列**（Longest Increasing Subsequence，LIS）。因为题目中没有要求连续，所以 **LIS 可能是连续的，也可能是非连续的。**同时，**LIS 可以从其子问题的最优解来构建**。所以我们可以尝试用动态规划求解。首先定义状态。

dp[i] ：表示以 nums[i]结尾的最长上升子序列的长度

我们假定 nums 为[1，9，5，9，3]，如下图。

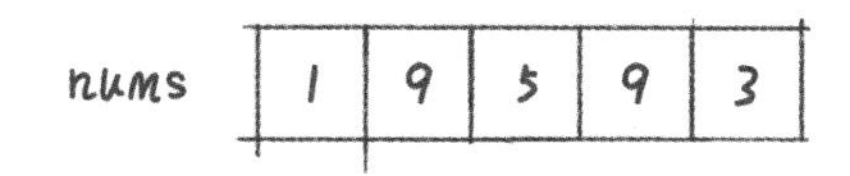

然后分两种情况进行讨论。

- 如果 nums[i]比前面的所有元素都小，那么 dp[i]等于 1（它本身）。前述结论正确。
- 如果 nums[i]前面存在比它小的元素 nums[j]，那么 dp[i]等于 dp[j]+1。前述结论错误（例如 nums[3]>nums[0]，即 9>1，但是 dp[3]并不等于 dp[0]+1）。

在得出上面的结论后，我们又发现了一个问题：**dp[i]前面比它小的元素不一定只有一个。**

可能除了 nums[j]，还包括 nums[k]、nums[p]，**等等**。所以 dp[i] 除了可能等于 dp[j]+1，还有可能等于 dp[k]+1、dp[p]+1，**等等**。所以我们求 dp[i]，需要找到 dp[j]+1、dp[k]+1、dp[p]+1，**等等**中的最大值（我在 3 个等等上都进行了加粗，主要是因为初学者非常容易在这里“摔跟头”，强调是希望读者能记住这种题型）。即

dp[i] = max(dp[j]+1，dp[k]+1，dp[p]+1，…)需要满足，nums[i] > nums[j]，nums[i] > nums[k]，nums[i] > nums[p]，…

最后，找到 dp 数组中的最大值，即为本题答案。

分析完毕，绘制成图。

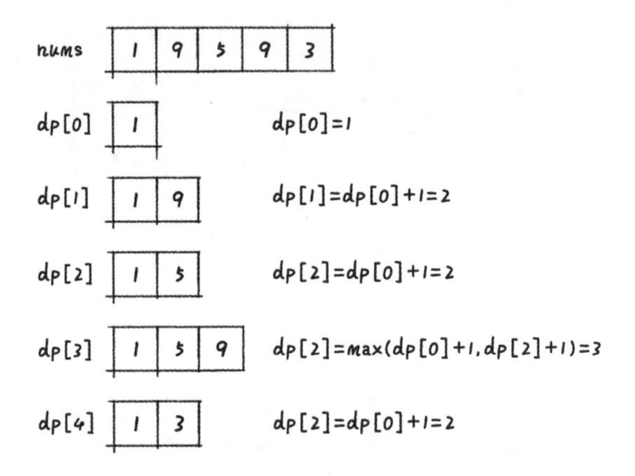

03. 题目解答

根据以上分析，可以得到如下题解。

```
//Go
func lengthOfLIS(nums []int) int {
    if len(nums) < 1 {
        return 0
    }
    dp := make([]int, len(nums))
    result := 1
    for i := 0; i < len(nums); i++ {
        dp[i] = 1
        for j := 0; j < i; j++ {
            if nums[j] < nums[i] {
                dp[i] = max(dp[j]+1, dp[i])
            }
        }
        result = max(result, dp[i])
    }
    return result
}

func max(a, b int) int {
    if a > b {
```

```
        return a
    }
    return b
}
```

三角形最小路径和(120)

我们已经通过题目**“最大子序和”**以及**“最长上升子序列”**学习了 DP 在**线性关系**中的分析方法。这种分析方法在运筹学中被称为“线性动态规划”，具体指目标函数为特定变量的线性函数，约束是这些变量的线性不等式或等式，目的是求目标函数的最大值或最小值。这点大家了解即可，不需要死记，更不要生搬硬套！

在本节中，我们将继续分析一道与之前稍有区别的题目，希望读者可以进行对比，顺利求解。

01. 题目分析

第 120 题：三角形最小路径和

给定一个三角形，找出自顶向下的最小路径和。每一步只能移动到下一行中相邻的节点上。

例如，给定如下三角形。

```
[
     [2],
    [3,4],
   [6,5,7],
  [4,1,8,3]
]
```

则自顶向下的最小路径和为 11（2 + 3 + 5 + 1 = 11）。

这道题有一定难度，如果没有思路，那么请回顾上一节的内容，不建议直接看题解。

02. 题解分析

我们先分析题目，要找的是**三角形最小路径和**，这是什么意思呢？假设我们有一个三角形：

```
[[2], [3,4], [6,5,7],
[4,1,8,3]]
```

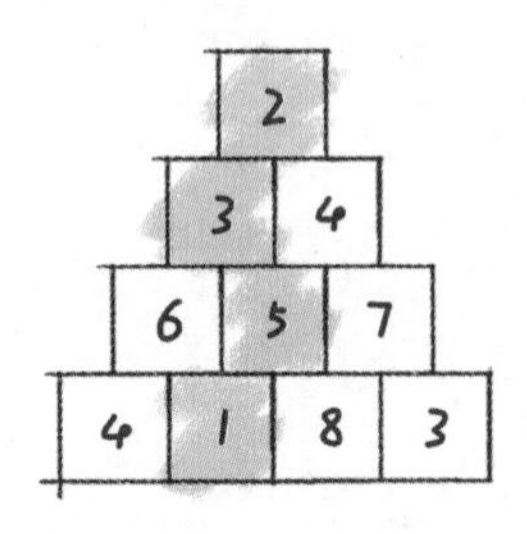

那么从上到下的最小路径和就是 2+3+5+1，等于 11。

我们使用数组来定义一个三角形，为了便于分析，我们将三角形稍做改动，如下图所示。

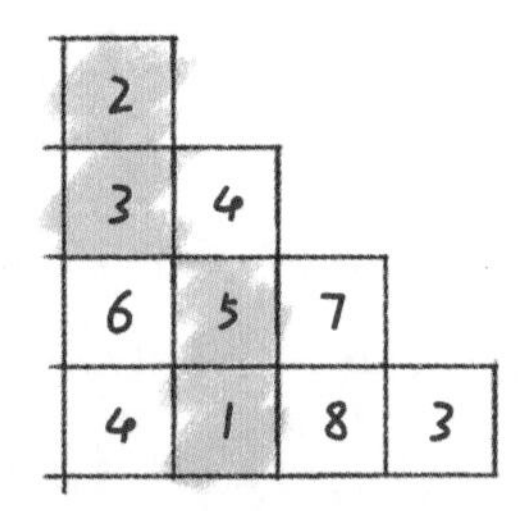

这样相当于将整个三角形进行了拉伸。我们再看题目中给出的条件：每步只能移动到下一行中相邻的节点上，相当于**每步只能向下或者向右下移动一格**。将其转化成代码，假设 2 所在的位置为[0, 0]，那么只能移动到[1, 0]或者[1, 1]的位置上；假如 5 所在的位置为[2, 1]，同样只能移动到[3, 1]或者[3, 2]的位置上。如下图所示。

明确题目之后，我们开始进行分析。很明显，这是**一个找最优解的问题，并且可以通过子问题的最优解构建**。所以我们通过动态规划进行求解。首先定义状态：

```
dp[i][j]: 表示包含第 i 行第 j 列元素的最小路径和
```

我们很容易想到可以自顶向下进行分析。无论最后的路径是哪一条，它都要经过顶部的元素，即 [0, 0]。所以我们需要对 dp[0][0] 进行初始化。

```
dp[0][0] = [0][0]位置所在的元素值
```

继续分析，dp[i][j]一定是从其上面的两个元素之一移动而来的。

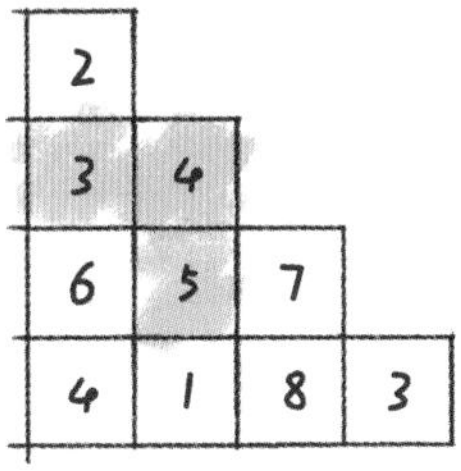

如位置 5 的最小路径和，要么是 2+3+5，要么是 2+4+5，取这两个路径和中较小的一个即可。

进而得到状态转移方程。

```
dp[i][j] = min(dp[i-1][j-1],dp[i-1][j]) + triangle[i][j]
```

但是这里会遇到一个问题，除了顶部的元素，

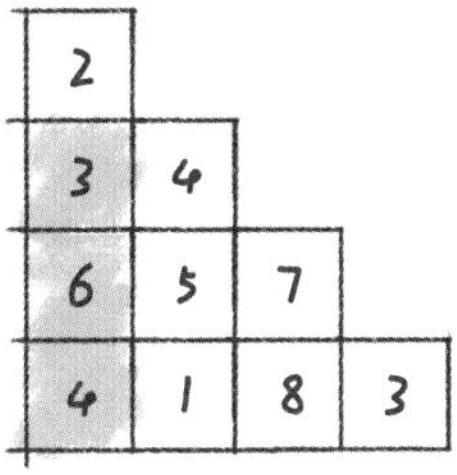

最左侧的元素只能从其上部移动而来（上图中的 2→3→6→4）。

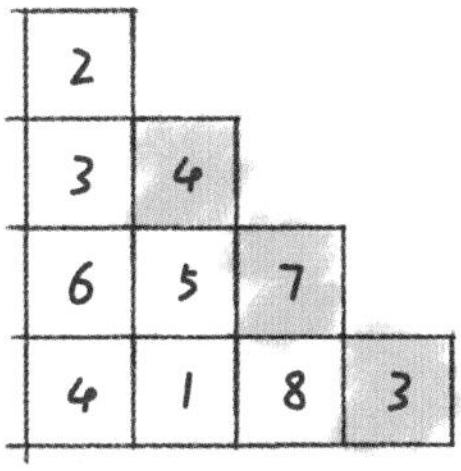

最右边的元素只能从其左上角移动而来（上图中的 2→4→7→3）。

通过观察可以发现，位于第 2 行的元素都是特殊元素（因为都只能从[0, 0]位置移动而来）。

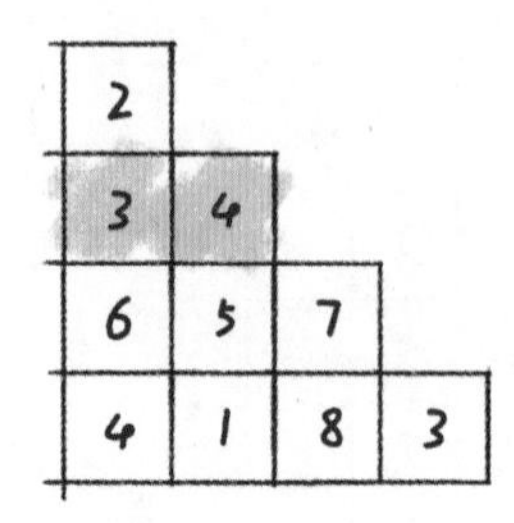

可以将其进行特殊处理，得到

```
dp[1][0] = triangle[1][0] + triangle[0][1]
dp[1][1] = triangle[1][1] + triangle[0][0]
```

最后，只要找到**最后一行元素中路径和最小的一个**，就得到了我们想要的答案。即

```
l：dp 数组长度
result = min(dp[l-1,0], dp[l-1,1], dp[l-1,2], …)
```

综上，我们一共进行了以下 4 步分析。

（1）定义状态。

（2）总结状态转移方程。

（3）分析状态转移方程不能满足的特殊情况。

（4）得到最终解。

03. 题目解答

根据以上分析，可以得到如下题解。

```go
//Go
func minimumTotal(triangle [][]int) int {
    if len(triangle) < 1 {
        return 0
    }
    if len(triangle) == 1 {
        return triangle[0][0]
    }
    dp := make([][]int, len(triangle))
    for i, arr := range triangle {
        dp[i] = make([]int, len(arr))
    }
    result := 1<<31 - 1
    dp[0][0] = triangle[0][0]
    dp[1][1] = triangle[1][1] + triangle[0][0]
```

```
    dp[1][0] = triangle[1][0] + triangle[0][0]

    for i := 2; i < len(triangle); i++ {
        for j := 0; j < len(triangle[i]); j++ {
            if j == 0 {
                dp[i][j] = dp[i-1][j] + triangle[i][j]
            } else if j == (len(triangle[i]) - 1) {
                dp[i][j] = dp[i-1][j-1] + triangle[i][j]
            } else {
                dp[i][j] = min(dp[i-1][j-1], dp[i-1][j]) + triangle[i][j]
            }
        }
    }
    for _,k := range dp[len(dp)-1] {
        result = min(result, k)
    }
    return result
}

func min(a, b int) int {
    if a > b {
        return b
    }
    return a
}
```

运行上面的代码，我们发现占用的内存过大，那么有没有办法可以压缩内存呢？通过观察可以发现，在自顶向下移动的过程中，只会使用到上一层中已经累积计算完毕的数据，不会再次访问之前的数据，如下图所示。

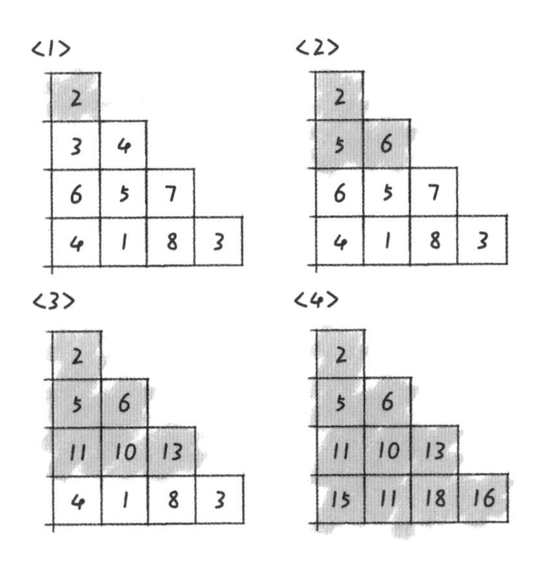

优化后的代码如下。

```
//Go
func minimumTotal(triangle [][]int) int {
    l := len(triangle)
    if l < 1 {
        return 0
    }
    if l == 1 {
        return triangle[0][0]
    }
    result := 1<<31 - 1
    triangle[0][0] = triangle[0][0]
    triangle[1][1] = triangle[1][1] + triangle[0][0]
    triangle[1][0] = triangle[1][0] + triangle[0][0]
    for i := 2; i < l; i++ {
        for j := 0; j < len(triangle[i]); j++ {
            if j == 0 {
                triangle[i][j] = triangle[i-1][j] + triangle[i][j]
            } else if j == (len(triangle[i]) - 1) {
                triangle[i][j] = triangle[i-1][j-1] + triangle[i][j]
            } else {
                triangle[i][j] = min(triangle[i-1][j-1], triangle[i-1][j]) + triangle[i][j]
            }
        }
    }
    for _,k := range triangle[l-1] {
        result = min(result, k)
    }
    return result
}

func min(a, b int) int {
    if a > b {
        return b
    }
    return a
}
```

最小路径和(64)

在上一节中，我们顺利完成了**“三角形最小路径和”**的动态规划题解。在本节中，我们继续看一道相似的题目，以求完全掌握这类“路径和”的问题。

01. 题目分析

第 64 题： 最小路径和

给定一个包含非负整数的 $m \times n$ 格的矩形网格，请找出一条从左上角到右下角的路径，使得路径上的数字总和最小。

说明：每次只能向下或者向右移动一步。

示例：

```
输入:
[
  [1,3,1],
  [1,5,1],
  [4,2,1]
]
输出: 7
```

解释：路径 1→3→1→1→1 的总和最小。

这道题有一定难度，如果没有思路，那么请回顾上一节的学习内容，不建议直接看题解。

02. 题解分析

假设有一个 $m \times n$ 格的矩形网格：[[1, 3, 1],[1, 5, 1],[4, 2, 1]]。

1	3	1
1	5	1
4	2	1

我们可以很容易看出从**左上角到右下角**的最小路径和是 1+3+1+1+1=7。

明确题目后，我们继续进行分析。与“求三角形最小路径和”问题一样，该题可以**通过子问题的最优解进行构建**，所以我们考虑使用动态规划求解。首先定义状态，

```
dp[i][j] : 表示包含第 i 行 j 列元素的最小路径和
```

同样，因为任何一条到达右下角的路径，都会经过 [0, 0] 这个元素。所以我们需要对 dp0 进行初始化。

```
dp[0][0] = [0][0]位置所在的元素值
```

继续分析，根据题目给出的条件，dp[i][j]一定是从其上方或者左方移动而来的。如下图所示。

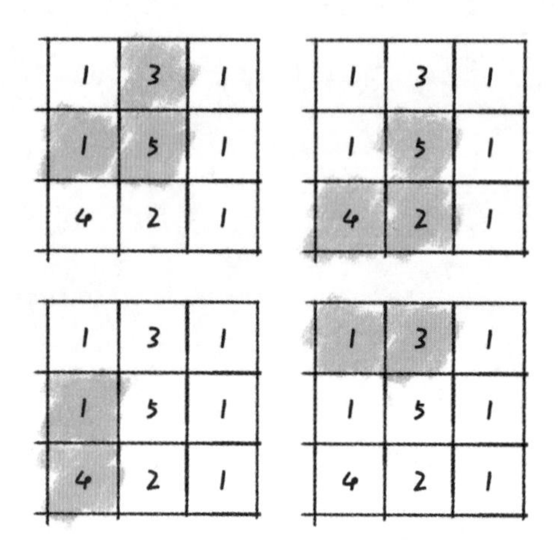

5 只能从 3 或者 1 移动而来；2 只能从 5 或者 4 移动而来；4 只能从 1 移动而来；3 只能从 1 移动而来（红色位置只能从蓝色位置移动而来）。

进而得到状态转移方程：

```
dp[i][j] = min(dp[i-1][j],dp[i][j-1]) + grid[i][j]
```

同样，我们需要考虑以下两种特殊情况。

- 最上面一行，只能由其左方移动而来（1→3→1）。
- 最左边一列，只能由其上方移动而来（1→1→4）。

最后，因为我们的目标是从左上角走到右下角，整个网格的最小路径和其实就是包含右下角元素的最小路径和。即：

```
设：dp 的长度为 l
最终结果就是：dp[l-1][len(dp[l-1])-1]
```

综上，我们一共进行了以下 4 步分析。

（1）定义状态。

（2）总结状态转移方程。

（3）分析状态转移方程不能满足的特殊情况。

（4）得到最终解。

03．题目解答

根据以上分析，可以得到如下题解。

```
//Go
func minPathSum(grid [][]int) int {
    l := len(grid)
    if l < 1 {
        return 0
    }
    dp := make([][]int, l)
    for i, arr := range grid {
        dp[i] = make([]int, len(arr))
    }
    dp[0][0] = grid[0][0]
    for i := 0; i < l; i++ {
        for j := 0; j < len(grid[i]); j++ {
            if i == 0 && j != 0 {
                dp[i][j] = dp[i][j-1] + grid[i][j]
            } else if j == 0 && i != 0 {
                dp[i][j] = dp[i-1][j] + grid[i][j]
            } else if i !=0 && j != 0 {
                dp[i][j] = min(dp[i-1][j], dp[i][j-1]) + grid[i][j]
            }
        }
    }
    return dp[l-1][len(dp[l-1])-1]
}

func min(a, b int) int {
    if a > b {
        return b
    }
    return a
}
```

运行上面的代码，我们发现占用的内存过大，通过观察可以发现，**在自左上角到右下角计算最小路径和的过程中，只会使用到之前已经计算完毕的数据，并且不会再次访问之前的数据**。如下图所示（大家看这个过程像不像扫雷，在扫雷的核心算法中，就有类似的分析方法）。

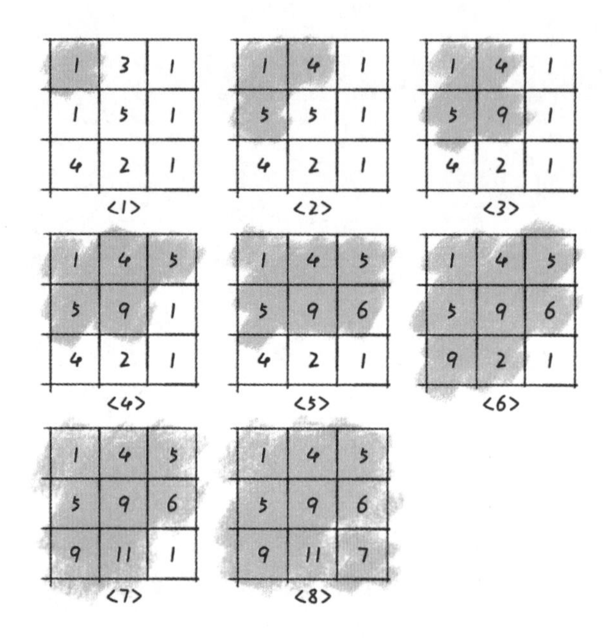

优化后的代码如下。

```
//Go
func minPathSum(grid [][]int) int {
    l := len(grid)
    if l < 1 {
        return 0
    }
    for i := 0; i < l; i++ {
        for j := 0; j < len(grid[i]); j++ {
            if i == 0 && j != 0 {
                grid[i][j] = grid[i][j-1] + grid[i][j]
            } else if j == 0 && i != 0 {
                grid[i][j] = grid[i-1][j] + grid[i][j]
            } else if i !=0 && j != 0 {
                grid[i][j] = min(grid[i-1][j], grid[i][j-1]) + grid[i][j]
            }
        }
    }
    return grid[l-1][len(grid[l-1])-1]
}

func min(a, b int) int {
    if a > b {
```

```
        return b
    }
    return a
}
```

“打家劫舍”(198)

在前两节中，我们分别讲解了**“三角形最小路径和”**和**“矩形最小路径和”**问题，相信你已经掌握了这类题型的解题方式。我们只要**明确状态的定义**，基本上都可以顺利求解。

在本节中，我们将通过一道简单的题目剖析**状态定义的过程**，并且举例说明状态定义错误会给我们带来的困扰，希望大家不要轻视。

01. 题目分析

第 198 题：打家劫舍

一个小偷计划偷窃沿街的房屋。每间房屋内都藏有一定的现金，相邻的房屋装有相互连通的防盗系统，如果两间相邻的房屋在同一晚被小偷闯入，系统就会自动报警。

给定一个代表每间房屋存放金额的非负整数数组，计算小偷在不触动警报装置的情况下，能够偷窃到的最大金额。

示例 1：

```
输入：[1,2,3,1]
输出：4
```

解释：先偷窃 1 号房屋（金额 =1），再偷窃 3 号房屋（金额 =3）。偷窃到的最大金额 =1+3=4 。

示例 2：

```
输入：[2,7,9,3,1]
输出：12
```

解释：偷窃 1 号房屋（金额 =2），偷窃 3 号房屋（金额 =9），接着偷窃 5 号房屋（金额 =1）。偷窃到的最大金额 =2+9+1=12。

本题主要剖析状态定义的过程，强烈建议先学习前面 5 节的内容，以达到最好的学习效果。

02. 题解分析

假设有 *i* 栋房屋，我们可能会定义出两种状态：

- 状态一：偷窃**含**第 *i* 栋房屋时，所获取的最大金额。
- 状态二：偷窃**至**第 *i* 栋房屋时，所获取的最大金额。

如果我们定义为状态一，那么由于无法知道在**获取最大金额时**，小偷到底偷窃了哪些房屋，所以需要找到**所有状态中的最大值**，才能找到最终答案。即

```
max(dp[0],dp[1],...,dp[len(dp)-1])
```

如果我们定义为状态二，那么由于小偷一定会**从前向后偷窃**（强调：偷窃至第 *i* 栋房屋，不代表小偷要从第 *i* 栋房屋中获取财物），所以最终的答案很容易确定。即

```
dp[i]
```

现在我们分析在这两种状态下的状态转移方程。

在状态一下，计算偷窃含第 *i* 栋房屋时能获取的最大金额需要**找到偷窃每栋房屋时可以获取的最大金额**。如下图所示，我们要找到 dp[4] ，也就是偷窃“9”这栋房屋时，能获取的最大金额。

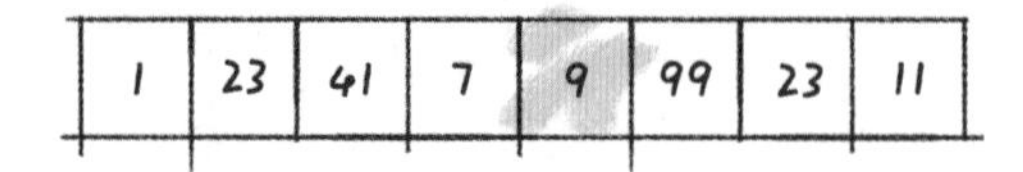

那么我们就需要找到与 9 不相邻的前后两段中能获取的最大金额。

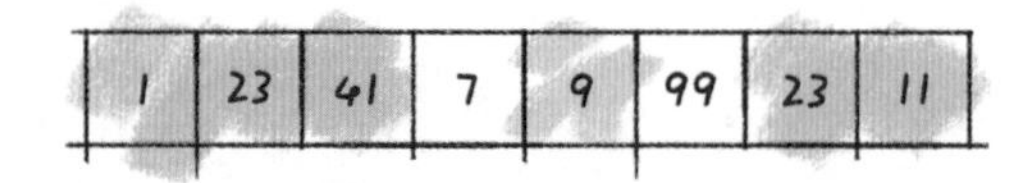

我们发现进入恶性循环，因为根据 dp[i] 的定义，若要找到与 9 不相邻的前后两段中能获取的最大金额，我们就需要分析在这两段中偷窃每栋房屋时所能获取的最大金额，想想都很可怕！所以我们放弃这种状态的定义。

在状态二下，计算偷窃至第 *i* 栋房屋时所能获取的最大金额，由于不可以在相邻的房屋偷窃，所以偷窃至第 *i* 栋房屋可偷窃的最大金额，要么就是偷窃至第 *i*–1 栋房屋可偷窃的最大金额，要么就是偷窃至第 *i*–2 栋房屋可能偷窃的最大金额加上当前房屋内的金额，在二者之间取较大者，即

```
dp[i] = max(dp[i-2]+nums[i], dp[i-1])
```

如果不能理解可以看下图（相当于小偷背了个背包，里边装了之前偷窃来的财物，每到达下一

栋房屋门口，都要选择偷还是不偷）。先看小偷偷窃的房屋，

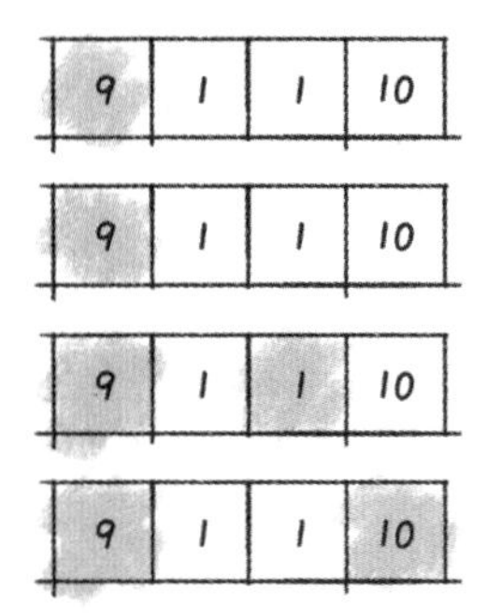

对应上图偷窃至每栋房屋所能获取的最大金额如下。

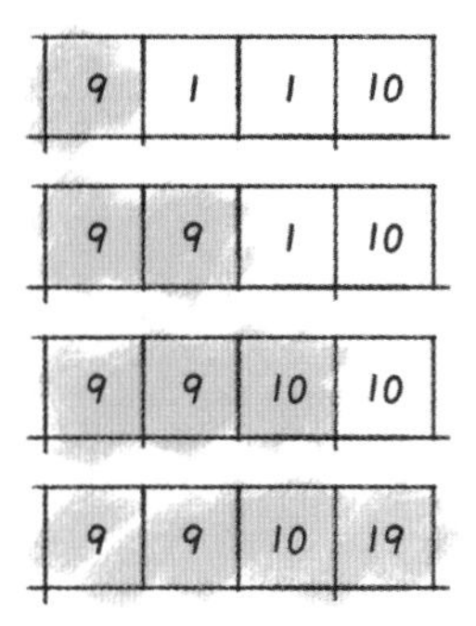


```
dp[0]=9
 dp[1]=MAX(DP[0],DP[1])=9
 dp[2]=MAX(DP[1],DP[0]+1)=10
 dp[3]=MAX(DP[2],DP[1]+10)=19
```

03. 题目解答

分析完毕，我们根据第 2 种状态定义进行求解。

```
//Go
func rob(nums []int) int {
    if len(nums) < 1 {
        return 0
    }
    if len(nums) == 1 {
        return nums[0]
    }
    if len(nums) == 2 {
        return max(nums[0],nums[1])
```

```
    }
    dp := make([]int, len(nums))
    dp[0] = nums[0]
    dp[1] = max(nums[0],nums[1])
    for i := 2; i < len(nums); i++ {
        dp[i] = max(dp[i-2]+nums[i],dp[i-1])
    }
    return dp[len(dp)-1]
}

func max(a,b int) int {
    if a > b {
        return a
    }
    return b
}
```

同样，运行上面的代码，我们发现占用的内存过大。很容易想到，在小偷偷窃的过程中，不可能回到已经偷窃过的房屋，只需要将每次偷窃所得搬到下一栋房屋就行！

根据以上思路，优化后的代码如下。

```
//Go
func rob(nums []int) int {
    if len(nums) < 1 {
        return 0
    }
    if len(nums) == 1 {
        return nums[0]
    }
    if len(nums) == 2 {
        return max(nums[0],nums[1])
    }
    nums[1] = max(nums[0],nums[1])
    for i := 2; i < len(nums); i++ {
        nums[i] = max(nums[i-2]+nums[i],nums[i-1])
    }
    return nums[len(nums)-1]
}

func max(a,b int) int {
    if a > b {
        return a
    }
    return b
}
```

不同路径

01. 题目分析

该题很容易出现在各大厂的面试题中，一般会要求手写，所以需要完整掌握。

不同路径

一个机器人位于一个 $m \times n$ 网格的左上角（Start）。并试图到达网格的右下角（Finish）。机器人每次只能向下或者向右移动一步。问：一共有多少条不同的路径？

例如，下图是一个 7 × 3 的网格。有多少条可能的路径？

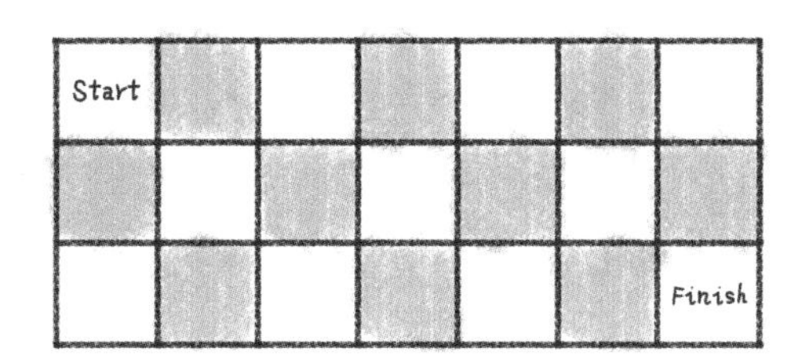

说明：m 和 n 的值均不超过 100。

示例 1：

```
输入: m = 3, n = 2
输出: 3
```

解释：从左上角开始，一共有 3 条路径可以到达右下角。

（1）向右→向右→向下。

（2）向右→向下→向右。

（3）向下→向右→向右。

示例 2：

```
输入: m = 7, n = 3
输出: 28
```

02. 题解分析

本题虽然还有公式法等其他解法，但面试一般是考查动态规划。

拿到题目先定义状态。因为有横纵坐标，所以本题明显属于二维 DP。我们定义 **DP[i][j]表示到达第 *i* 行第 *j* 列的路径数**。因为到达第 0 行和第 0 列所有位置都只有一条路径，所以需要将对应的格子初始化为 1。

状态转移方程一目了然，dp[i][j] = dp[i−1] [j]+ dp[i][j−1]。想象你站在一个十字路口，到达这个十字路口的路径数，就是 4 个方向可能出现的所有路径数。放在这道题里，相当于砍掉两个方向。

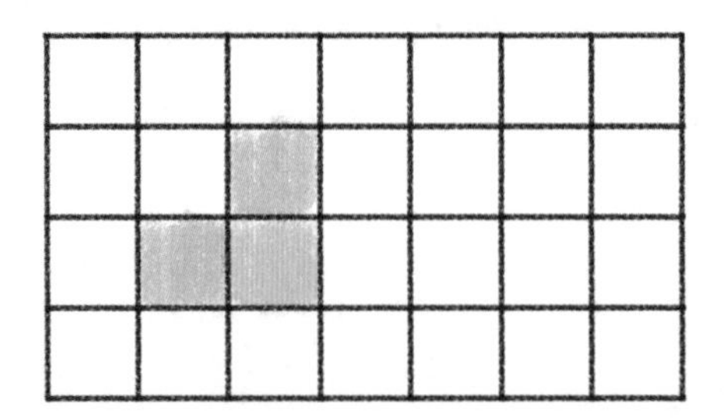

03. 题目解答

根据分析，完成题解。

```
//Go
func uniquePaths(m int, n int) int {
    dp := make([][]int, m)
    for i := 0; i < m; i   {
        dp[i] = make([]int, n)
    }
    for i := 0; i < m; i   {
        dp[i][0] = 1
    }
    for j := 0; j < n; j   {
        dp[0][j] = 1
```

```
    }
    for i := 1; i < m; i   {
        for j := 1; j < n; j   {
            dp[i][j] = dp[i-1][j]   dp[i][j-1]
        }
    }
    return dp[m-1][n-1]
}
```

如果在面试时给出上面的答案可以得到 7 分，那么剩下的 3 分怎么拿？我们真的需要用一个二维数组来存储吗？一起看一下！

在上文中，我们使用**二维数组**记录状态。但是这里到达每个格子的路径数**都是到达其左边的格子和上边的格子的路径数之和，之前的数据，其实已经用不到了**。如下图所示，在计算第 3 行时，已经用不到第 1 行的数据了。

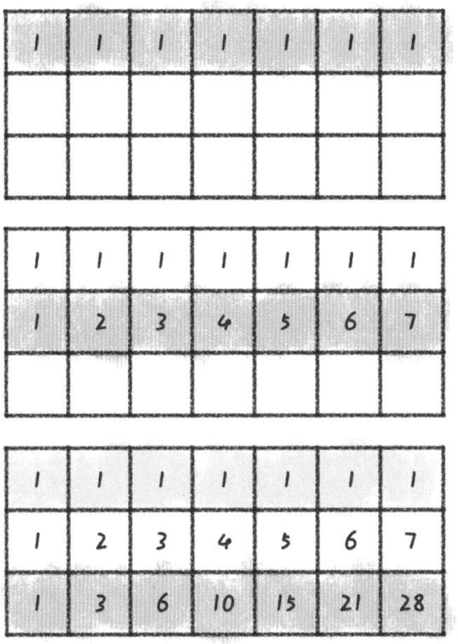

1	1	1	1	1	1	1

1	1	1	1	1	1	1
1	2	3	4	5	6	7

1	1	1	1	1	1	1
1	2	3	4	5	6	7
1	3	6	10	15	21	28

我们只要定义一个状态，可以同时表示左边的格子和上边的格子，是不是就可以解决问题了？所以我们定义状态 dp[j]，用来表示**当前行到达第 *j* 列的路径数**。这里的“当前行”三个字很重要，例如，我们要计算 dp[3]，因为还没有计算出，所以这时 dp[3]保存的其实是 4（上一行的数据），而 dp[2]由于已经计算出了，所以保存的是 6（当前行的数据）。理解了这个，就理解了压缩状态。

1	1	1	1	1	1	1
1	2	3	4	5	6	7
1	3	6	10	15	21	28

最后根据分析得出题解。

```
//Go
func uniquePaths(m int, n int) int {
    dp := make([]int, n)
    for j := 0; j < n; j   {
        dp[j] = 1
    }
    for i := 1; i < m; i   {
        for j := 1; j < n; j   {
            //注意，这里dp[j-1]已经是新一行的数据了，而dp[j]仍然是上一行的数据
            dp[j]  = dp[j - 1]
        }
    }
    return dp[n-1]
}
```

不同路径——障碍物

上一节为大家分享了不同路径的 DP 解法，也许有读者会说，用公式法一步就可以得到答案，确实是这样。我没有用公式法的原因是想层层推进难度，为大家分析不同路径类型题目。

01. 题目分析

增加一些障碍物之后，题目会有何不同？这可是困难题目哦。

不同路径——障碍物

一个机器人位于一个 $m \times n$ 网格的左上角（Start），试图达到网格的右下角（Finish）。机器人每次只能向下或者向右移动一步，网格中有若干障碍物。从左上角到右下角共有多少条不同的路径？

网格中的障碍物和空位置分别用 1 和 0 来表示。

说明：m 和 n 的值均不超过 100。

示例 1：

```
输入:
[
  [0,0,0],
  [0,1,0],
  [0,0,0]
]
输出: 2
```

解释：3×3 网格的正中间有一个障碍物。

从左上角到右下角一共有两条不同的路径：

（1）向右→向右→向下→向下。

（2）向下→向下→向右→向右。

02. 题解分析

本题的本质与上一题并没什么不同，只是多了一些障碍物，直接进行分析即可。

还是先定义状态，**用 DP[i] [j]表示到达第 *i* 行第 *j* 列的路径数**。同时，因为到达第 0 行和第 0 列中的所有格子都只有一条路径，所以需要将对应的格子初始化为 1。但有一点不一样的是：**如果在第 0 行或第 0 列中遇到障碍物，后面的格子对应的值就都是 0，意为此路不通**。

1	1	0	0	0	0	0
0						
0						

完成了初始化，下面定义状态转移方程。与没有障碍物的状态转移方程相比没有什么不同的，仍然是 dp[i] [j] = dp[i−1][j] +dp[i] [j−1]。唯一需要处理的是：如果恰好 i 位置上有障碍物，则 dp[i] 为 0。比如下图，有 dp[1]为 0。

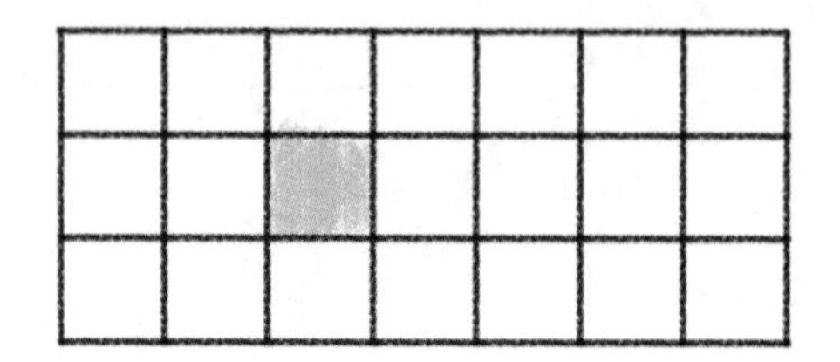

03. 题目解答

根据分析，得出如下题解。

```
//Java
class Solution {
    public int uniquePathsWithObstacles(int[][] obstacleGrid) {
        int m = obstacleGrid.length;
        int n = obstacleGrid[0].length;
        int[][] dp = new int[m][n];
        if (obstacleGrid[0][0] != 1) {
            dp[0][0] = 1;
        }
        for (int j = 1; j < n; j  ) {
            dp[0][j] = obstacleGrid[0][j] == 1 ? 0 : dp[0][j - 1];
        }
        for (int i = 1; i < m; i  ) {
            dp[i][0] = obstacleGrid[i][0] == 1 ? 0 : dp[i - 1][0];
        }
        for (int i = 1; i < m; i  ) {
            for (int j = 1; j < n; j  ) {
                dp[i][j] = obstacleGrid[i][j] == 1 ? 0 : dp[i - 1][j]   dp[i][j - 1];
            }
        }
        return dp[m - 1][n - 1];
    }
}
```

继续**优化**。

为了方便大家理解代码，我们还是采用图片说明。假设网格如下，其中蓝色表示障碍物。

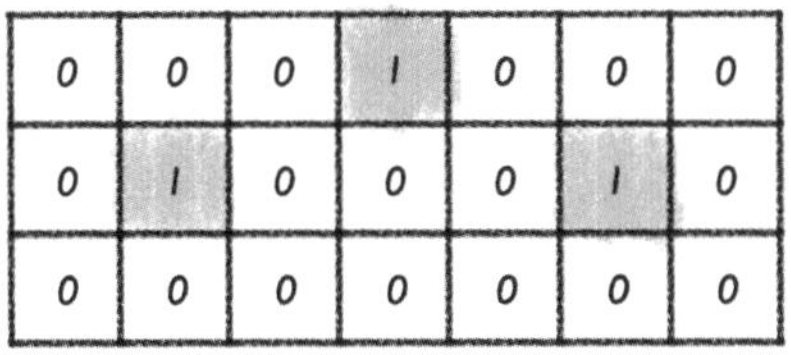

0	0	0	1	0	0	0
0	1	0	0	0	1	0
0	0	0	0	0	0	0

还是定义状态 **dp[j]表示到达当前行第 *j* 列的路径数**，并把 dp[0]初始化为 1，下面左图表示当前网格，右图表示网格中对应 dp 数组的值。

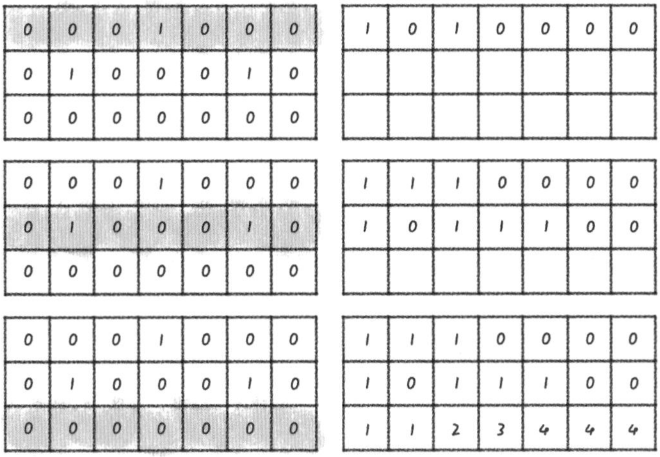

0	0	0	1	0	0	0
0	1	0	0	0	1	0
0	0	0	0	0	0	0

1	0	1	0	0	0	0

0	0	0	1	0	0	0
0	1	0	0	0	1	0
0	0	0	0	0	0	0

1	1	1	0	0	0	0
1	0	1	1	1	0	0

0	0	0	1	0	0	0
0	1	0	0	0	1	0
0	0	0	0	0	0	0

1	1	1	0	0	0	0
1	0	1	1	1	0	0
1	1	2	3	4	4	4

根据分析，得出题解。

```
//Java
class Solution {
    public int uniquePathsWithObstacles(int[][] obstacleGrid) {
        int m = obstacleGrid.length;
        int n = obstacleGrid[0].length;
        int[] dp = new int[n];
        dp[0] = 1;
        for (int[] ints : obstacleGrid) {
            for (int j = 0; j < n; j  ) {
                if (ints[j] == 1) {
                    dp[j] = 0;
                } else if (j > 0) {
                    dp[j]  = dp[j - 1];
                }
            }
        }
        return dp[n - 1];
    }
}
```

只有两个键的键盘(650)

本节为大家分享一道关于**复制 + 粘贴**的题目。

01. 题目分析

第 650 题：只有两个键的键盘

在一个记事本上只有一个字符 'A'，你可以对这个记事本进行两种操作：Copy All（C）——复制记事本中的所有字符，不允许部分复制；Paste（P）——粘贴上一次复制的字符。

给定一个数字 n，用**最少的次数**，在记事本中打印出恰好 n 个 'A'。输出能够打印出 n 个 'A' 的最少操作次数。

示例 1：

```
输入：3
输出：3
```

解释：最初，只有一个字符 'A'。

第 1 步，使用 Copy All 操作。

第 2 步，使用 Paste 操作获得 'AA'。

第 3 步，使用 Paste 操作获得 'AAA'。

说明：n 的取值范围是 [1, 1000]。

02. 题解分析

本题的关键在于**想明白复制和粘贴过程中的规律，找到组成 *N* 个 A 的最小操作数**。

（1）我们从最简单的情况开始分析，假设给定数字为 1，那么什么也不用做，因为面板上本来就有一个 A。

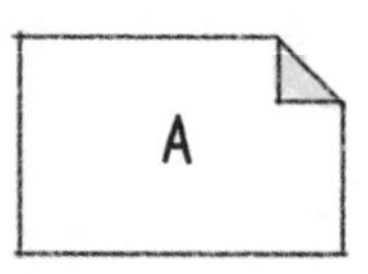

（2）假设给定数字为 2，那么需要做 C+P，共计 2 次操作。

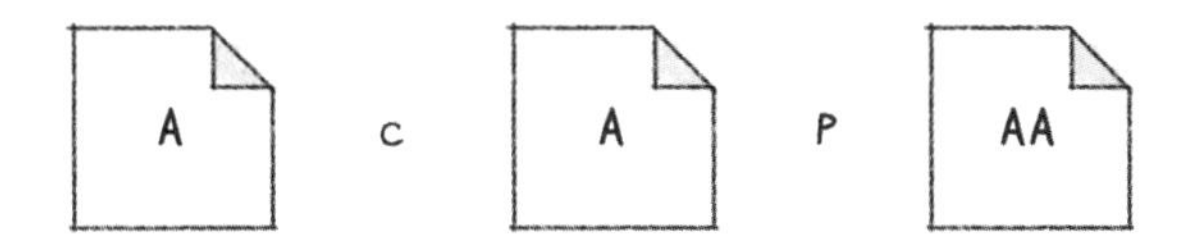

（3）假设给定数字为 3，那么需要做 C+P+P，共计 3 次操作。

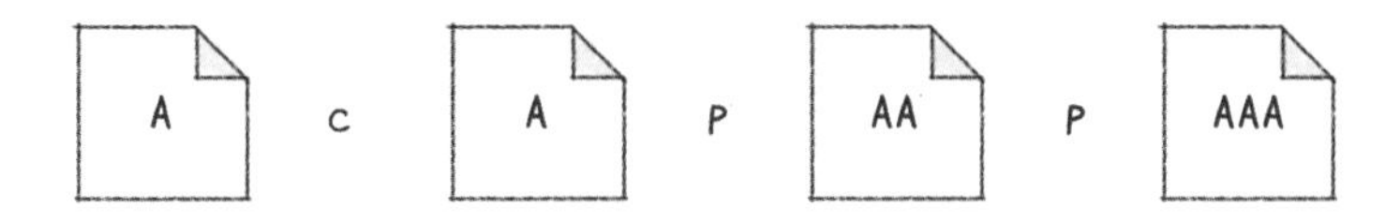

（4）假设给定数字为 4，我们发现好像变得不一样了。因为有两种方法可以实现目标：C+P+C+P，

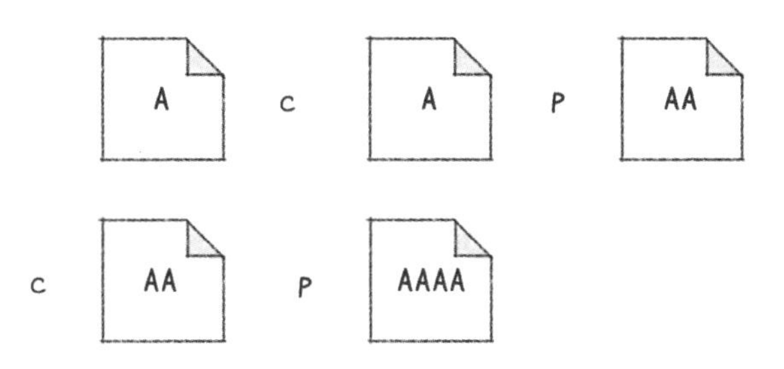

或者 C+P+P+P。

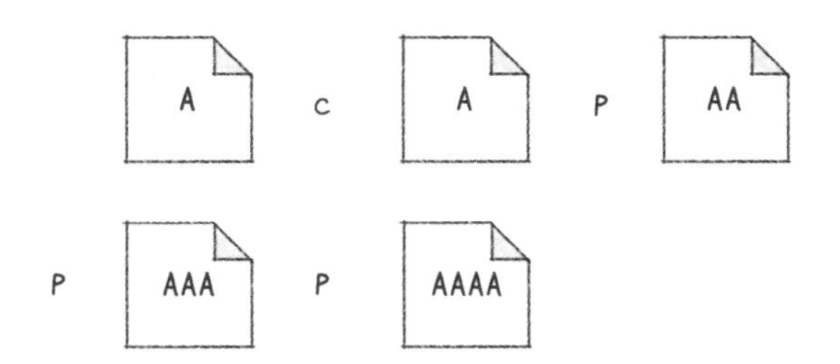

但是需要的操作次数一样。

通过上面的分析，我们可以观察出：**如果 *i* 为质数，那么 *i* 是多少，就需要粘贴多少次**。例如，2 个 A = 2，3 个 A = 3，5 个 A = 5。

那对于合数[①]又该如何分析呢？这里我们直接给出答案：对于合数的操作次数为**将其分解质因数后所有质数操作次数的和。**

① 除能被 1 和本身整除外，还能被其他的数整除的自然数称为合数。

例如，30 可以分解为 3×2×5。我们演示一遍：首先复制 1，进行 2 次粘贴得到 3（3 个 1）；然后复制 3，进行 1 次粘贴得到 6（2 个 3）；最后复制 6，进行 4 次粘贴得到 30（5 个 6）。操作步骤为 C+P+P+C+P+C+P+P+P+P，操作次数为 3+2+5=10。

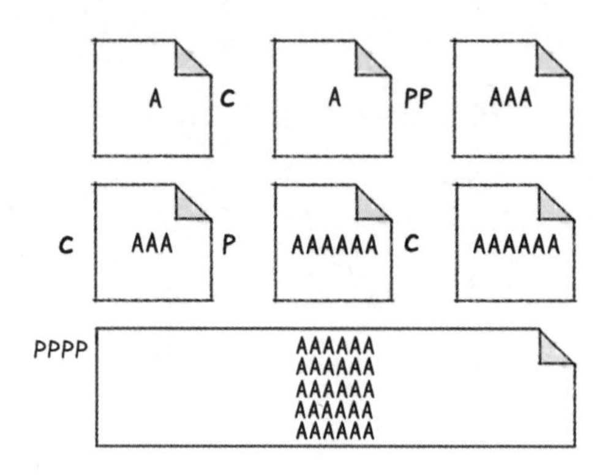

注意：由于每组粘贴操作前都需要复制，**所以操作次数等于分解质因数后所有质数操作次数的和**，分解的顺序不会影响结果。

综合上面的分析，我们得出如下结论。

（1）对质数的操作次数为其本身。

（2）对合数的操作次数为将其分解到**不能再分解时，对应的所有质数的操作次数的和。**

03. 题目解答

分析完毕，代码如下。

```go
//Go
func minSteps(n int) int {
    res := 0
    for i := 2; i <= n; i++ {
        for n%i == 0 {
            res += i
            n /= i
        }
    }
    return res
}
```

飞机座位分配概率(1227)

在乘坐汽车、火车、飞机时，不知道大家有没有想过这样一个问题：如果自己的票弄丢了，随机选择座位，那么坐到自己位置的概率有多大？今天就为大家分析一下这个问题。

01. 题目分析

第 1227 题： 飞机座位分配概率

有 n 位乘客即将登机，飞机正好有 n 个座位。第 1 位乘客的票丢了，他随便选了一个座位坐下。

剩下的乘客将会：

- 如果他们自己的座位还空着，就坐到自己的座位上。
- 如果他们自己的座位被占用，就随机选择其他座位。

第 n 位乘客坐在自己座位上的概率是多少？

示例 1：

```
输入：n = 1
输出：1.00000
```

解释：第 1 位乘客只会坐在自己的座位上。

示例 2：

```
输入：n = 2
输出：0.50000
```

解释：在第 1 位乘客选好座位坐下后，第 2 位乘客坐在自己的座位上的概率是 0.5。

02. 题解分析

一个位置对应一位乘客，乘客坐在自己座位上的概率是 100%，这很容易理解。

两个位置对应两位乘客，第 1 位乘客已经坐下，要么坐对了，要么坐错了。所以第 2 位乘客坐在自己座位上的概率是 50%。

重点来了，3 个位置对应 3 位乘客，第 1 位乘客随机坐下，有如下 3 种坐法。

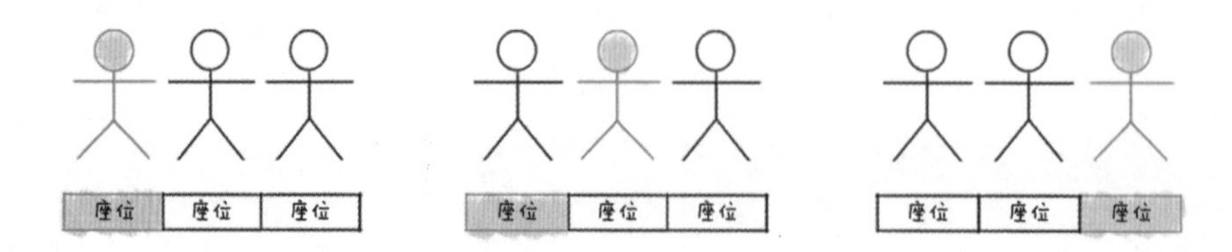

如果**第 1 位乘客恰好坐到了自己的座位**上（概率为 1/3），那么第 2 位乘客也就可以直接坐在自己的座位上，第 3 位乘客一样。所以此时第 3 位乘客坐在自己座位上的可能性是 100%。

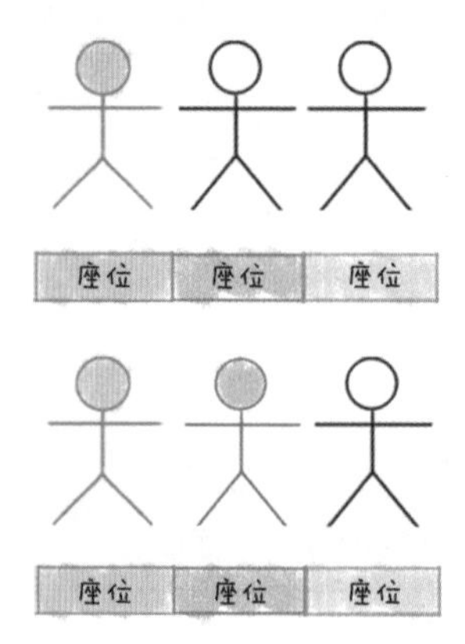

如果**第 1 位乘客占了第 2 位乘客的座位（概率为 1/3）**。那么第 2 位乘客上来之后，要么坐在第 1 位乘客的座位上，要么坐在第 3 位乘客的座位上（概率为 1/2）。所以，在这种情况下，第 3 位乘客的座位被占的可能性是 1/3×1/2=1/6。

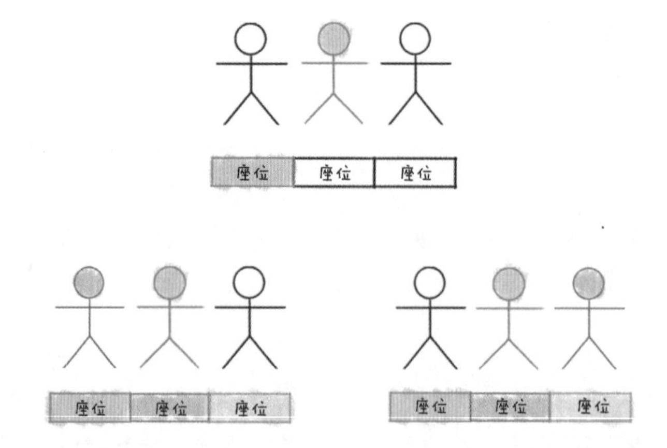

如果第 1 位乘客坐在第 3 位乘客的座位上，那么第 3 位乘客的座位被占的可能性就是第 1 位乘客选择第 3 位乘客座位的可能性（1/3）。

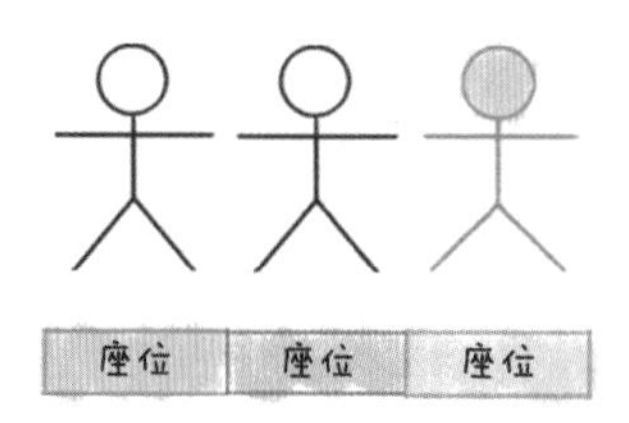

所以，如果 3 个座位对应 3 位乘客，第 3 位乘客坐到自己座位上的概率就是 1−1/6−1/3=1/2。当然，也可以通过 1/3+1/6=1/2 来正向计算。

而对于 n>3 的情况，我们参照 3 个座位的情况进行分析。

- 如果第 1 位乘客选择第 1 个座位，那么第 n 位乘客选择到第 n 个座位的可能性就是 100%（1/n）。
- 如果第 1 位乘客选择了第 n 个座位，那么第 n 位乘客选择第 n 个座位的可能性就是 0（0）。
- 如果**第 1 位乘客**选择除了第 1 个和第 n 个座位外的座位 k（1<k<n），就有前 n−1 位乘客占第 n 位乘客的座位的概率。

前两种情况比较简单。对于第 3 种情况，由于第 k 个座位被占用，所以第 k 位乘客会面临和第 1 位乘客一样的选择。**这个过程会一直持续到没有该选项。于是第 n 位乘客只有两个选项：坐在自己的座位上或坐在第 1 位乘客的座位上。**所以对于 n⩾3 的情况，等同于 n=2，所有乘客坐到自己座位上的概率都为 1/2。

如果还是不能理解那么可以这样想：**登机时座位被占的乘客，相当于和上一位坐错的乘客交换了身份。**除非完成终止条件（坐对座位或者坐到最后一个座位），否则该交换将一直进行下去。所以第 n 位乘客坐到自己座位上的概率自然还是 1/2。

03. 题目解答

根据分析，给出如下代码。

```
//Go
func nthPersonGetsNthSeat(n int) float64 {
    if n == 1 {
        return 1
    }
    return 0.5
}
```

看懂了吗？

这里留下一个疑问，假如共有 200 个座位，平均有多少人没有坐到自己的座位上呢？

整数拆分(343)

01. 题目分析

第 343 题： 整数拆分

给定一个正整数 n，将其拆分为至少两个正整数的和，并使这些整数的乘积最大。返回最大乘积。

示例 1：

```
输入：2
输出：1
```

解释：$2 = 1 + 1, 1 \times 1 = 1$。

示例 2：

```
输入：10
输出：36
```

解释：$10 = 3 + 3 + 4, 3 \times 3 \times 4 = 36$。

说明：可以假设 n 不小于 2 且不大于 58。

02. 题解分析

要对一个整数进行拆分，并使拆分后的因子的乘积最大。我们可以先通过拆分几个数值来测试一下。

n	拆分 1	拆分 2	拆分 3	拆分 4
2	1×1			
3	1×2			
4	2×2=4			
5	2×3=6			
6	2×4=8	2×2×2=8	3×3=9	
7	2×5=10	2×2×3=12	3×4=12	3×2×2=12
8	2×6=12	2×2×4=16	2×2×2×2=16	2×3×3=18
	3×5=15	3×2×3=18		
	4×4=16	2×2×2×2=16		

通过观察发现，**2 和 3 是拆分后的最小因子**。同时，

- 只要把 n 尽可能地拆分成包含 3 的组合，就可以得到最大值。
- 如果没办法把 n 拆成包含 3 的组合，就退一步拆成包含 2 的组合。
- 对于 3 和 2 ，没办法再进行拆分。

根据分析，我们尝试使用**贪心算法**进行求解。因为一个数（假设为 n）除以另一个数，总是包括整数部分和余数部分。我们也已知**最优因子是 3**，所以需要让 $n/3$，这样的话，余数可能是 1 或 2。

- 如果余数是 1 ，则退一步，将最后一次的 3 和 1 的拆分，用 2 和 2 代替。
- 如果余数是 2 ，则乘以最后的 2。

03. 题目解答

根据分析，得出以下解题。

```
//Java
public static int integerBreak(int n) {
    if (n <= 3) return n - 1;
    int x = n / 3, y = n % 3;
    //恰好是整除，直接为3^x
    if (y == 0) return (int) Math.pow(3, x);
    //余数为1，退一步 3^(x-1)*2*2
    if (y == 1) return (int) Math.pow(3, x - 1) * 4;
    //余数为2，直接乘以2
    return (int) Math.pow(3, x) * 2;
}
```

答案是碰出来了，但是我们是通过观察发现最优因子是 3 的。那么如何证明这个结论的正确性呢？

dp[i]代表 i 拆分之后得到的乘积最大的元素，比如 dp[4]就代表将 4 拆分后得到的最大的乘积。状态转移方程式为

```
dp[i]=max(dp[i],(i-j)*max(dp[j],j))
```

整体思路就是这样，将一个大问题分解成若干小问题，然后**自底向上**完成整个过程。举一个例子，可以将 10 拆分为 6 和 4 ，因为 6 的拆分值的最大乘积（3×3），以及 4 的拆分值的最大乘积（2×2）都已经得到，所以 10 的拆分值的最大乘积为 9×4=36。

代码如下。

```
//C++
class Solution {
    public:
```

```
    int integerBreak(int n)
    {
        vector<int> dp(n   1, 0);
        dp[1] = 1;
        for (int i = 2; i <= n; i  )
        {
            for (int j = 1; j < i; j  )
            {
                dp[i] = max(dp[i], max(dp[j], j) * (i - j));
            }
        }
        return(dp[n]);
    }
};
```

本节的题目有一定难度，需要大家自己写写画画，才能真正理解并掌握。

第 04 章 字符串系列

反转字符串(344)

01. 题目分析

第 344 题：反转字符串

编写一个函数，其作用是将输入的字符串反转过来，输入的字符串以字符数组 char[] 的形式给出。

不要给其他数组分配额外的空间，必须原地修改输入数组，空间复杂度为 $O(1)$。

示例 1：

```
输入：["h","e","l","l","o"]
输出：["o","l","l","e","h"]
```

示例 2：

```
输入：["H","a","n","n","a","h"]
输出：["h","a","n","n","a","H"]
```

02. 题解分析

这是一道经典题目，可以使用双指针反转字符串求解。

假设输入字符串为["h","e","l","l","o"]，定义 left 和 right 分别指向首元素和尾元素，步骤如下。

（1）如果 left < right，则交换。

（2）交换完毕，left++，right—。

（3）重复步骤（1）和步骤（2），直至 left = right。

具体过程如下图所示。

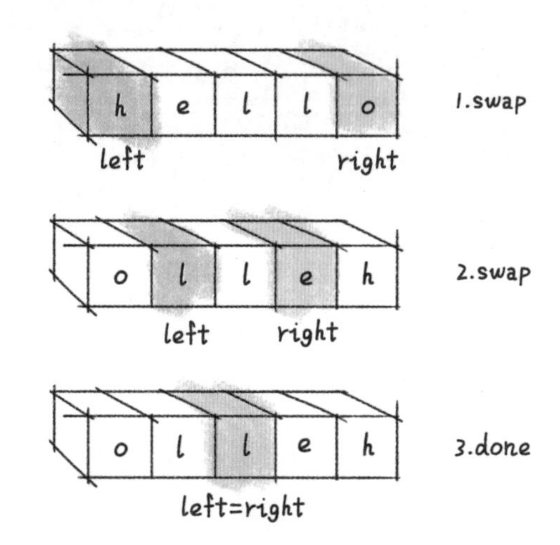

03. 题目解答

根据以上分析，我们可以得到如下题解。

```
//Go
func reverseString(s []byte) {
    left := 0
    right := len(s) - 1
    for left < right {
        s[left], s[right] = s[right], s[left]
        left++
        right--
    }
}
```

字符串中第 1 个不重复字符(387)

01. 题目分析

第 387 题： 字符串中第 1 个不重复字符

给定一个字符串，找到它的第 1 个不重复的字符，并返回它的索引。如果不存在，则返回 −1。

示例：

```
s = "LeetCode"
返回 0

s = "loveLeetCode",
返回 2
```

注意：可以假定该字符串只包含小写字母。

这是一道面试常见题目，建议先自行思考 1～2 分钟。

02. 题解分析

题目不难，直接进行分析，我们以单词 **people** 为例。

字母一共有 26 个，我们可以声明一个长度为 26 的数组（该方法在本类题型中很常用）。因为字符串中的字母可能有重复，所以我们可以先进行第 1 次遍历，在数组中记录**每个字母最后一次出现的位置**。

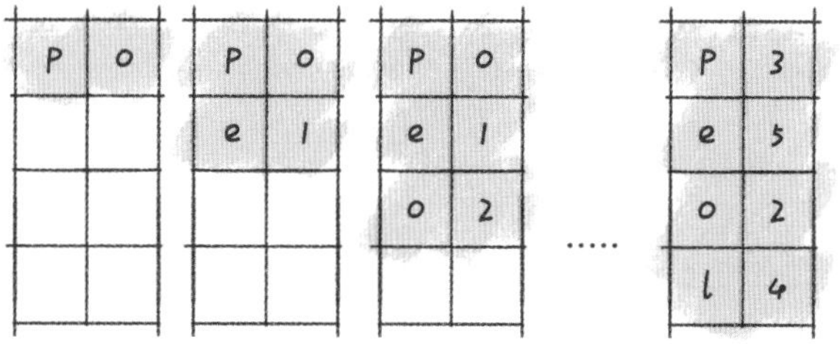

p	0

p	0
e	1

p	0
e	1
o	2

……

p	3
e	5
o	2
l	4

再通过一次循环**查看每个字母第 1 次出现的位置是否为最后一次出现的位置**。如果是，则找到了目标；如果不是，则将其设为 −1（**表示该元素非目标元素**）。如果第 2 次遍历没有找到目标，那么直接返回 −1 即可。如图，o 所在位置的元素即为目标元素。

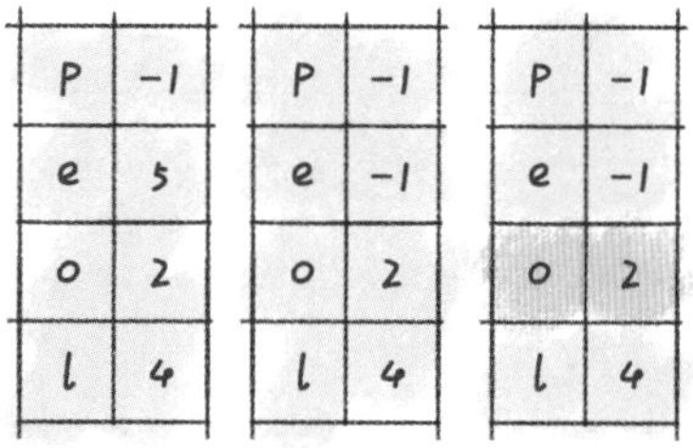

p	-1
e	5
o	2
l	4

p	-1
e	-1
o	2
l	4

p	-1
e	-1
o	2
l	4

03. 题目解答

根据以上分析，可以得到如下题解。

```
//Go
func firstUniqChar(s string) int {
    var arr [26]int
    for i,k := range s {
        arr[k - 'a'] = i
    }
    for i,k := range s {
        if i == arr[k - 'a']{
            return i
        }else{
            arr[k - 'a'] = -1
        }
    }
    return -1
}
```

实现 Sunday 匹配

01. 题目分析

字符串匹配是字符串类型的题目中占比很大的一个分支。

题目：实现 strStr()

给定一个 haystack 字符串和一个 needle 字符串，在 haystack 字符串中找出 needle 字符串出现的第 1 个位置（从 0 开始）。如果不存在，则返回 −1。

示例 1：

```
输入: haystack = "hello", needle = "ll"
输出: 2
```

示例 2：

```
输入: haystack = "aaaaa", needle = "bba"
输出: -1
```

说明：当 needle 是空字符串时，应该返回什么值呢？这是一个在面试中经常出现的问题。

对于本题而言，当 needle 是空字符串时我们应该返回 0。这与 C 语言中的 strstr() 以及 Java

中的 indexOf() 定义相符。

02. 题解分析

Sunday 匹配是 Daniel M.Sunday 于 1990 年提出的字符串模式匹配算法。其核心思想是：在匹配过程中，当发现模式串不匹配时，**跳过尽可能多的字符**以进行下一步匹配，从而提高匹配效率。

普及字符串匹配中的几个概念。

- 串：字符串的简称。
- 空串：长度为零的串。
- 主串：包含子串的串。
- 子串：串中任意连续字符组成的子序列称为该串的子串。
- 模式串：子串的定位运算又称为串的模式匹配，是一种求子串第 1 个字符在主串中序号的运算。被匹配的主串称为目标串，子串称为模式串。

了解了这些基本概念，再回到这个算法。

假设目标串为 Here is a little Hao，模式串为 little。

在一般情况下，字符串匹配算法的第 1 步**是把目标串和模式串对齐**。对于 KMP、BM、Sunday 都是这样。

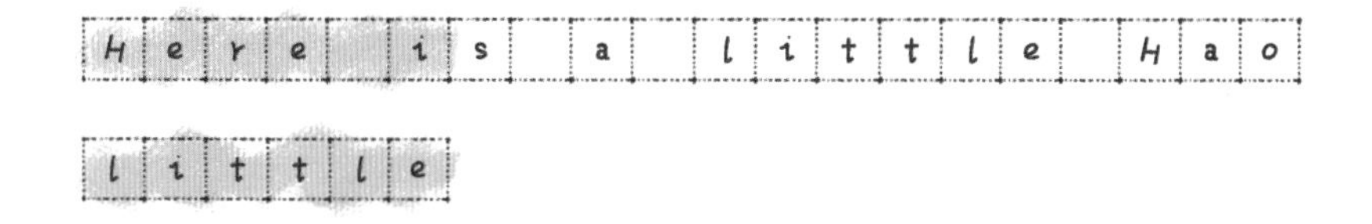

在 Sunday 算法中，**从头部开始比较，一旦发现不匹配，就直接找到主串中位于模式串后面的第 1 个字符**，即下图中绿色的 s。

这里说明一下，为什么要找模式串后面的第 1 个字符。在把模式串和目标串对齐后，如果发现不匹配，那么肯定需要移动模式串，问题是需要移动多少步。各字符串匹配的算法之间的差别就在这里：KMP 是建立部分匹配表；BM 是反向比较计算移动量；Sunday 是找到模式串后的第 1 个字符，因为无论模式串移动多少步，模式串后的第 1 个字符都要参与下一次比较，也就是下图中的 s。

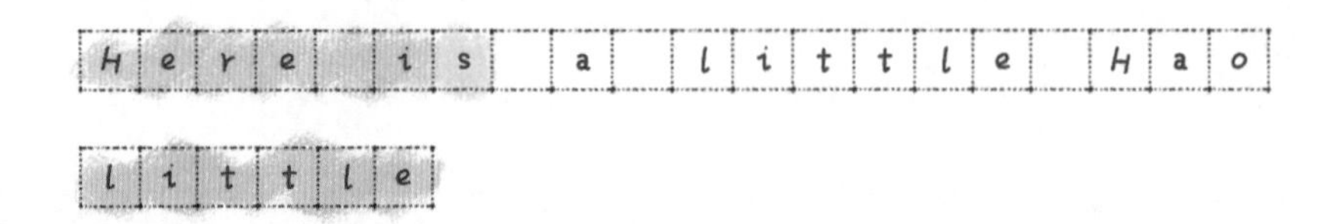

找到了模式串后的第 1 个字符 s，接下来该怎么做？我们需要查看模式串中是否包含这个元素，如果不包含就可以跳过一大片，从该字符的下一个字符开始比较。

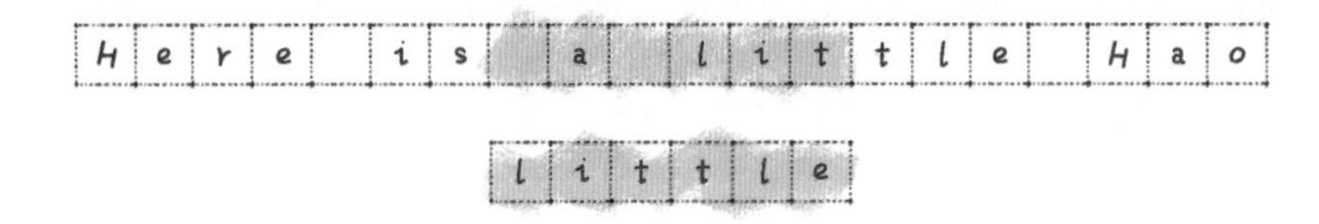

因为仍然不匹配（空格和 l），我们重复上面的过程，找到模式串的下一个元素 t。

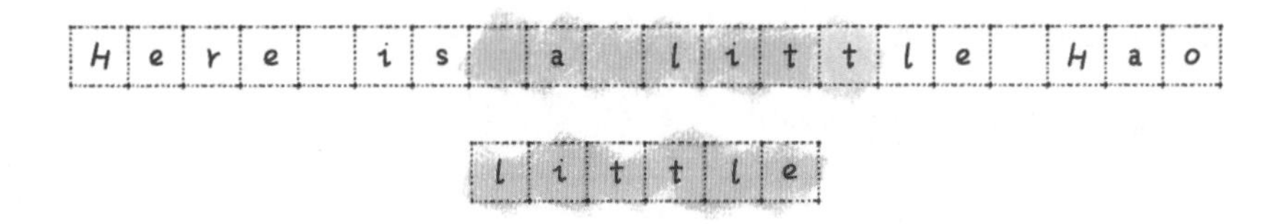

现在有意思了，我们发现 t 被包含于模式串中，并且 t 出现在模式串倒数第 3 个位置。所以我们把模式串向前移动 3 个字符。

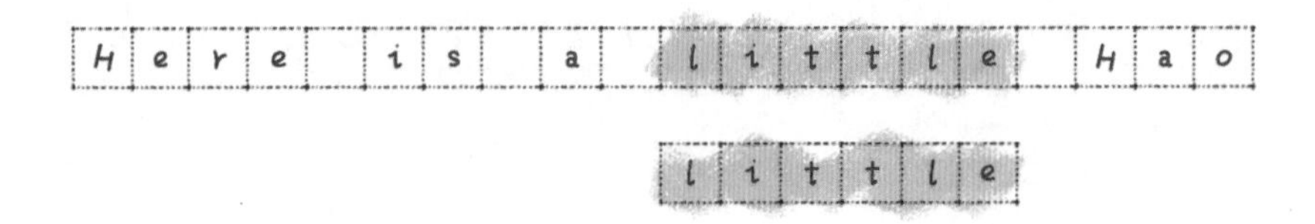

竟然匹配成功了，是不是很神奇？

在这个过程里我们执行了以下步骤。

（1）对齐目标串和模式串，从前向后匹配。

（2）关注主串中位于模式串后面的第 1 个元素（核心）。

（3）如果关注的字符没有在子串中出现则直接跳过。

（4）否则，开始移动模式串，移动位数 = 子串长度 − 该字符串最右端字符的位置数（以 0 开始）。

03. 题目解答

根据分析，得出以下题解。

```
//Java
class Solution {
    public int strStr(String origin, String aim) {
        if (origin == null || aim == null) {
            return 0;
        }
        if (origin.length() < aim.length()) {
            return -1;
        }
        //目标串匹配位置
        int originIndex = 0;
        //模式串匹配位置
        int aimIndex = 0;
        //匹配终止条件：所有 aim 均成功匹配
        while(aimIndex < aim.length()) {
            //针对 origin 匹配完，但 aim 未匹配完的情况进行处理，如 mississippi sippia
            if (originIndex > origin.length() - 1) {
                return -1;
            }
            if (origin.charAt(originIndex) == aim.charAt(aimIndex)) {
                //匹配则 index 均加 1
                originIndex++;
                aimIndex++;
            } else {
                //第 1 次计算值为 6，第 2 次计算值为 13
                int nextCharIndex = originIndex - aimIndex + aim.length();
                //判断下一个目标字符（图中绿框）是否存在
                if (nextCharIndex < origin.length()) {
                    //在模式串中匹配到目标字符，返回匹配的最后一个 index
                    int step = aim.lastIndexOf(origin.charAt(nextCharIndex));
                    if (step == -1) {
                        //如果不存在，则设置到下一个字符
                        originIndex = nextCharIndex + 1;
                    } else {
                        //如果存在，则移动对应的字符数
                        originIndex = nextCharIndex - step;
                    }
                    //模式串总是从第 1 个字符开始匹配
                    aimIndex = 0;
                } else {
                    return -1;
                }
            }
```

```
        }
        return originIndex - aimIndex;
    }
}
```

大数打印

再分享一道经典面试题，这道题本身很简单，可以作为很多中等甚至困难题目的基础，例如超级次方、实现 pow(x,n) 等，需要重视。

01. 题目分析

本题出自《剑指 Offer：名企面试官精讲典型编程题》，LeetCode 并没有进行很好的移植。当然，这道题本身也确实不太好移植，尤其是测试样例的构建，很容易导致系统“崩溃”。所以，将一些测试样例处理成内存溢出，也是情有可原的。

题目： 大数打印

输入数字 *n*，按顺序打印出从 1 到最大的 *n* 位十进制数。比如输入 3，则打印出 1、2、3 一直到最大的 3 位数 999。

示例 1：

```
输入: n = 1
输出: [1,2,3,4,5,6,7,8,9]
```

说明：

- 返回一个整数列表来代替打印。
- *n* 为正整数。

02. 题目解答

如果第 1 次看到本题，那么应该会想到下面的解法。

直接通过 Math.pow()，计算出最大的 *n* 位十进制数，并通过遍历求解。直接给出代码。

```
//Java
class Solution {
    public int[] printNumbers(int n) {
        int len = (int) Math.pow(10, n);
```

```
        int[] res = new int[len - 1];
        for (int i = 1; i < len; i++) {
            res[i - 1] = i;
        }
        return res;
    }
}
```

再给出一个 C++版的代码。

```
//C++
class Solution {
    public:
    vector<int> printNumbers(int n) {
        vector<int> res;
        if (n == 0) return res;
        //打印到数组中
        for (int i=1,max=pow(10,n);i<max;i++)
        {
            res.push_back(i);
        }
        return res;
    }
};
```

03. 题目进阶

如果不允许使用 Math.pow()，那么如何实现呢？

根据上面的题解，我们已经把握了关键：只要找到**最大的 *n* 位十进制数**，就可以解决问题。

```
//Go
func printNumbers(n int) []int {
    res := []int{}
    l := 0
    for 0 < n {
        n--
        l = l*10+9
    }
    for i := 1; i < l+1; i++ {
        res = append(res, i)
    }
    return res
}
```

再进一步，**这道题目的名字叫作大数打印，如果阈值超出 long 类型，该怎么办呢？请手动实现**（这才是本题的核心）。

到现在为止，本题才进入关键环节。因为如果一个数很大，就肯定没办法用单个变量类型表达，问题也发生了转化：**如何使用其他的数据类型模拟大数的表达？**

这里先复习一下大数加法：在进行加法运算时，如果有两个 10000 位的数相加，那么由于 int、long、double 型都装不下这么多位数，**一般采用 char 数组来实现，以解决精度问题**。我们用 1234567 和 1234 来模拟一下。

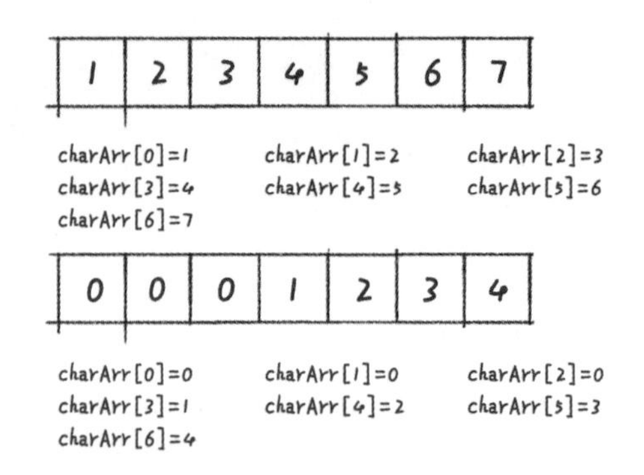

（1）按照两个数中位数较多的一个选取数组长度。

（2）对两个数建立 char 数组，保存每一位上的值。

（3）对于位数少的数，高位补 0。

（4）创建 sumArr，用来保存两数之和。

（5）考虑进位。

当然，我们还会使用**反转存储计算**之类的技巧，这里不再赘述。

对于本题，我们该如何模拟一个"最大的 n 位十进制数"呢？其实也是**采用 char 数组进行存储**，每次递增 1，相当于进行一次**字符串相加**的运算。这里需要额外说明的是，我把题解改为**使用打印输出，而不是通过返回数组的形式。**毕竟返回数组的形式只是 LeetCode 为了兼容平台测试而改编的。这里直接给出题解。

```
//Java
public void printNumbers(int n) {
        //声明字符数组，用来存放一个大数
        char[] number = new char[n];
        Arrays.fill(number, '0');
        while (!incrementNumber(number)) {
            saveNumber(number); //存储数值
        }
```

```
}

private boolean incrementNumber(char[] number) {
    //循环体退出标识
    boolean isBreak = false;
    //进位标识
    int carryFlag = 0;
    int l = number.length;
    for (int i = l - 1; i >= 0; i--) {
        //取第 i 位的数字转化位 int
        int nSum = number[i] - '0' + carryFlag;
        if (i == l - 1) {
            //最低位加 1
            ++nSum;
        }
        if (nSum >= 10) {
            if (i == 0) {
                isBreak = true;
            } else {
                //进位之后减 10，并把进位标识设置为 1
                nSum -= 10;
                carryFlag = 1;
                number[i] = (char) ('0' + nSum);
            }
        } else {
            number[i] = (char) (nSum + '0');
            break;
        }
    }
    return isBreak;
}
private void saveNumber(char[] number) {
    boolean isBegin0 = true;
    for (char c : number) {
        if (isBegin0 && c != '0') {
            isBegin0 = false;
        }
        if (!isBegin0) {
            //到这里并没有继续实现一个存储数组的版本，因为原题就是要求打印数值
            //这道题目在 LeetCode 上被改成返回 int 数组的形式，也只是为了测试方便
            //LeetCode 并没有提供对应的大数测试样例，也是担心内存溢出
            System.out.print(c);
        }
    }
    System.out.println();
}
```

这里强调两点：

- 对最低位 nSum 的值递增（也就是字符串加 1 运算），当其大于或等于 10 时，我们把进位标识改为 1，同时恢复对 nSum 减 10（29-31）。
- 通过判断首位是否进位来判断是否到达最大的 n 位数。例如 n=4，只有对 9999 加 1，才会对第 1 个字符进位。

同样，我也尝试了一下，如果硬性地把代码改成数组的形式，然后在 LeetCode 测试用例中构造 $n = 10$，就会出现**超出内存限制的情况**，所以还是建议大家在 IDE 里练习。

验证回文串(125)

01. 题目分析

见微知著。分享给大家一组很有趣的数据：LeetCode 第 1 题的通过次数为 993335，第 2 题的通过次数为 396160，第 3 题的通过次数为 69508。我想说什么？请自己思考。

第 125 题：验证回文串

给定一个字符串，验证它是否是回文串。只考虑字母和数字字符，可以忽略字母的大小写。

说明：在本题中，我们将空字符串定义为有效的回文串。

示例 1：

```
输入: "A man, a plan, a canal: Panama"
输出: true
```

示例 2：

```
输入: "race a car"
输出: false
```

02. 题目解答

这是一道经典题目，你需要像掌握反转字符串一样掌握本题。

回文串是正读和反读都一样的字符串，例如 level、noon，等等。

由于本题的原字符串还包含了除字母、数字外的其他字符，所以我们第 1 步可以考虑将其替换。直接使用正则替换。

```
//Java
s = s.toLowerCase().replaceAll("[^0-9a-z]", "");
```

假设原字符串为

```
A man, a plan, a canal: Panama
```

替换完的形式如下。

```
amanaplanacanalpanama
```

剩下的就很简单了，我们同时遍历两边的字符，如果不相等直接就返回 false，代码如下。

```
//Java
class Solution {
    public boolean isPalindrome(String s) {
        s = s.toLowerCase().replaceAll("[^0-9a-z]", "");
        char[] c = s.toCharArray();
        int i = 0, j = c.length - 1;
        while (i < j) {
            if (c[i] != c[j]) return false;
            i++;
            j--;
        }
        return true;
    }
}
```

上面的代码大家一定觉得非常简单，但是既然我们已经知道**除了字母和数字，其他字符都没用**，为什么不直接在遍历时跳过呢？这样就不用先做一次替换了。

```
//Java
class Solution {
    public boolean isPalindrome(String s) {
        s = s.toLowerCase();
        char[] c = s.toCharArray();
        int i = 0;
        int j = s.length() - 1;
        while(i < j) {
            if (!((c[i] >= '0' && c[i] <= '9') || (c[i] >= 'a' && c[i] <= 'z'))) {
                i++;
                continue;
            }
            if (!((c[j] >= '0' && c[j] <= '9') || (c[j] >= 'a' && c[j] <= 'z'))) {
                j--;
                continue;
            }
            if(c[i] != c[j]){
                return false;
            }
```

```
            i++;
            j--;
        }
        return true;
    }
}
```

既然我们可以跳过没用的字符，那有没有现成的跳过这些字符的 API 呢？我找了找，Java 中没有，但是我又不想重复造轮子，那就去别的语言里找一找。

```
//C++
class Solution {
public:
    bool isPalindrome(string s) {
        for (int i = 0, j = s.size() - 1; i < j; i++, j--)
        {
            while (!isalnum(s[i]) && i < j) i++;
            while (!isalnum(s[j]) && i < j) j--;
            if (toupper(s[i]) != toupper(s[j])) return false;
        }
        return true;
    }
};
```

提示：isalnum() 检测字符串是否由字母和数字组成，是 C++标准库函数（当然，C 库也有）。

但是这样感觉代码还是好长好难受，有没有更加简洁的写法？下面给出一段 Python 代码。

```
//Python
class Solution:
    def isPalindrome(self, s: str) -> bool:
        s = list(filter(str.isalnum, s.lower()))
        return s == s[::-1]
```

KMP

图解分析

KMP 算法**是一种由暴力匹配改进的字符串匹配算法**。什么是暴力匹配呢？我们假设目标串和模式串如下图所示。我们在 Sunday 匹配中讲过，**所有字符串匹配算法的第 1 步都是对齐**。

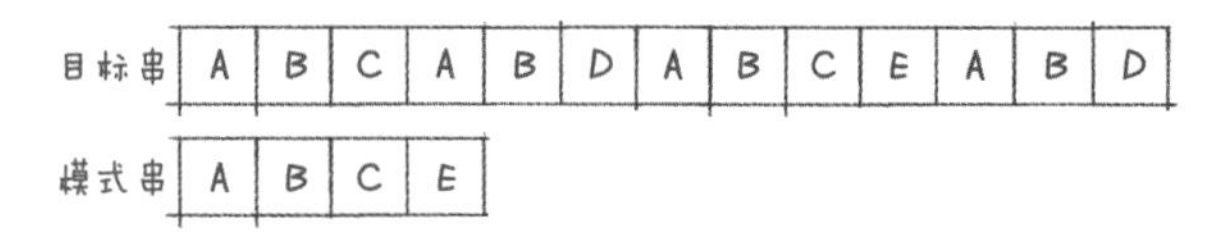

暴力匹配，就是将目标串和模式串一个字符一个字符地进行对比。

A 匹配成功，继续对比，直到发现不匹配的字符。

调整模式串，**从目标串的下一个字符开始匹配（注意，这里是核心）**。很遗憾，还是没有匹配成功（A 和 B）。

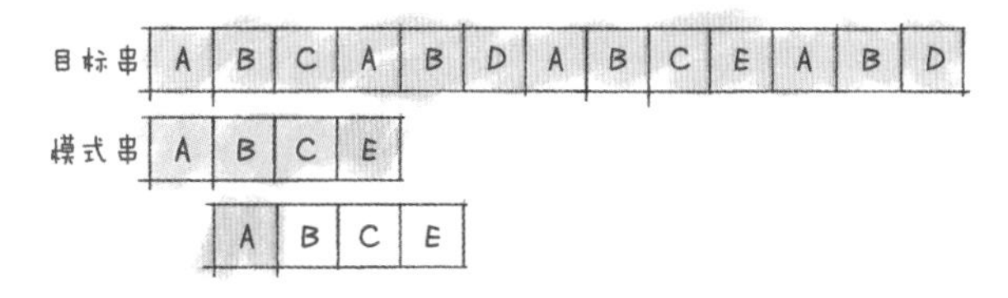

继续这个步骤。

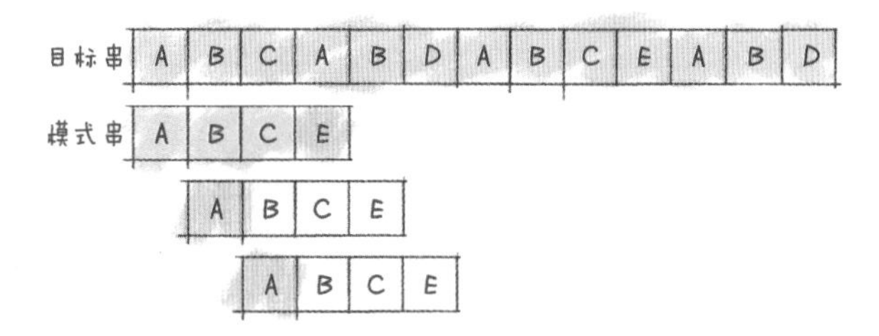

直到完成整个匹配过程。

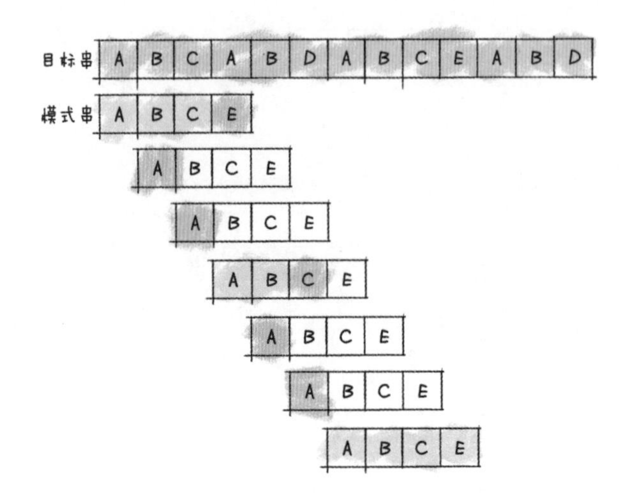

假设目标串长度为 m，模式串长度为 n。模式串与目标串至少要比较 m 次，又因其自身长度为 n，所以理论的时间复杂度为 $O(mn)$。但我们可以看到，**如果途中遇到不能匹配的字符，就可以停止，并不需要完全对比**。所以其实在大部分情况下并没有这么复杂。

暴力匹配又被称为 BF（暴风）算法。代码比较简单，如下所示。

```
//Go
func BFSearch(haystack string, needle string) int {
    l1 := len(haystack)
    l2 := len(needle)
    i, j := 0, 0
    for i < l1 && j < l2 {
        if haystack[i] == needle[j] {
            i++
            j++
        } else {
            i -= j - 1
            j = 0
        }
    }
    if j == l2 {
        return i - j
    }
    return -1
}
```

接下来我们开始说 KMP。假设还是上面的这个串，我们依次对比 A—A、B—B、C—C，直到遇见第 1 个无法匹配的字符 A—E。

现在开始不一样了，**在第 1 次匹配时，因为 B、C 匹配成功了，所以我们知道 B、C 不等于 A（注意这个逻辑关系）**。

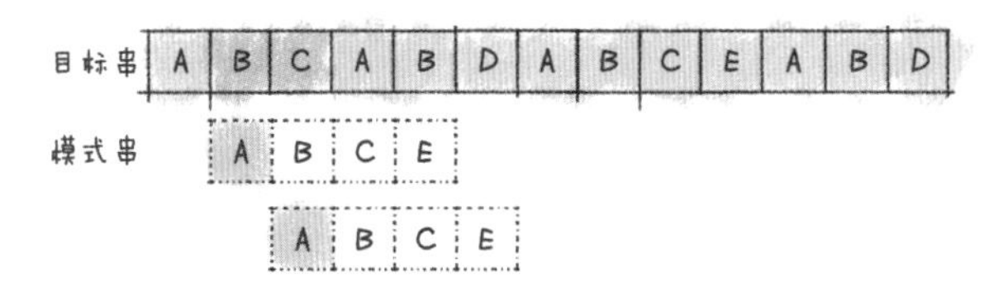

既然已知 B、C 不等于 A，就没必要用 A 和 B、C 进行匹配了，可以直接跳过不需要匹配的 B、C。

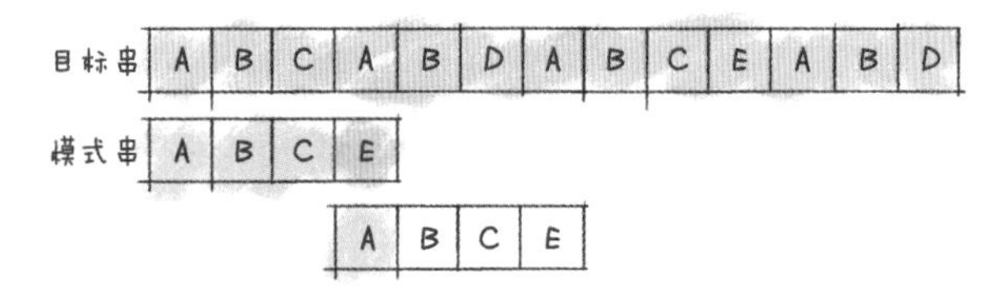

继续向下匹配，我们发现在 D—C 处，匹配不上了。

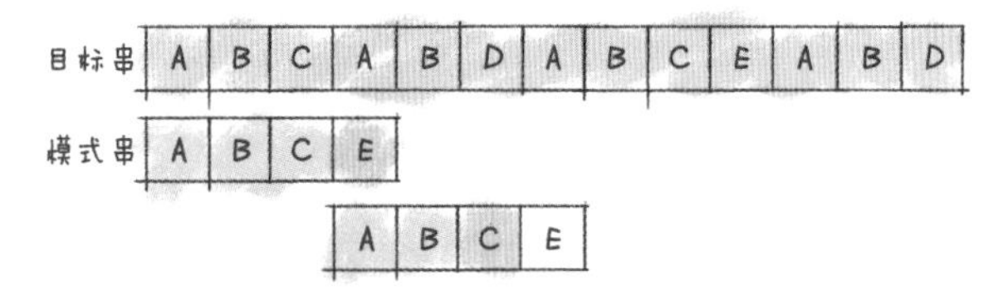

此时因为前面的 B 又匹配成功了，可以知道 B 不等于 A，所以又可以直接略过前面的 B。

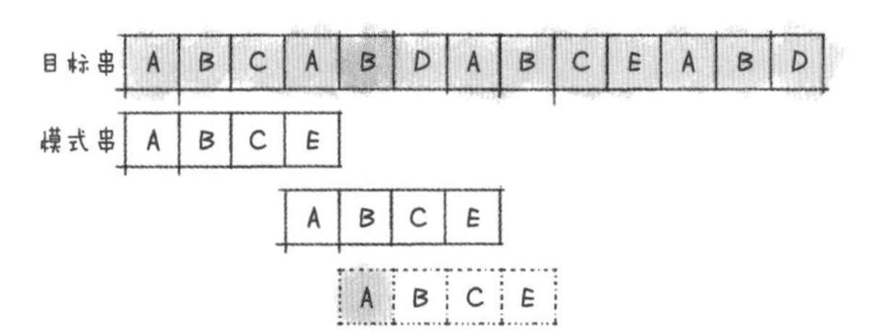

也就是说，我们可以直接从 D 处开始匹配。

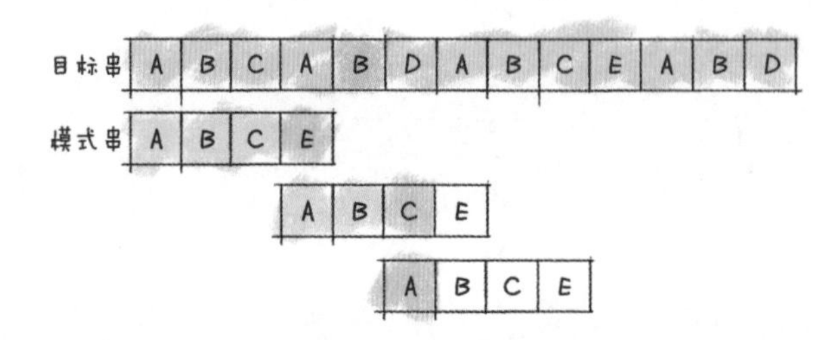

继续向下匹配。

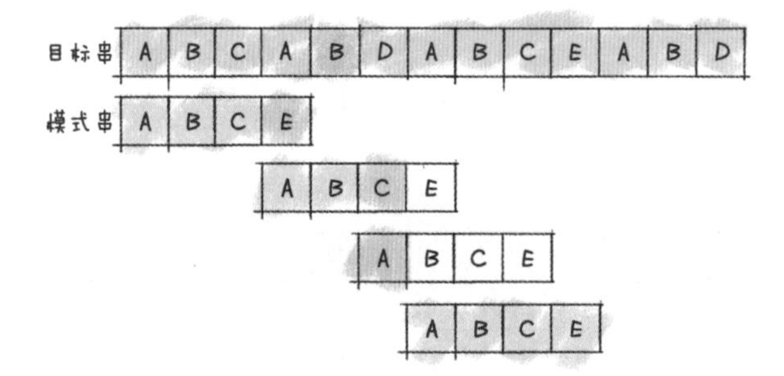

到现在为止，你已经掌握了 KMP 的前 50%：**在 KMP 中，如果模式串和目标串没有匹配成功，那么目标串不回溯**。现在我们需要换一个新串来讲解后 50%。

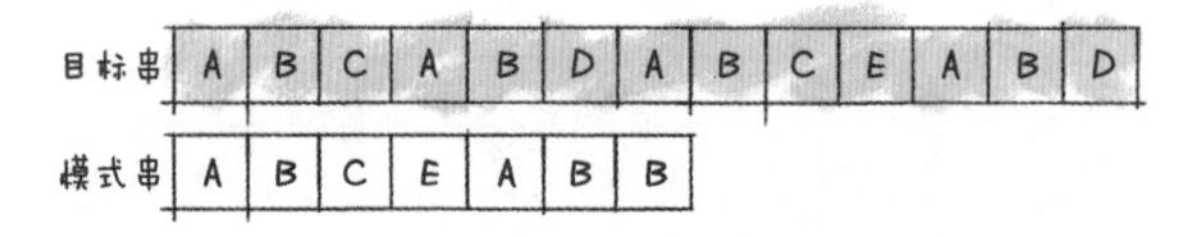

我们还是从头开始匹配，直到遇到第 1 个不匹配的字符。

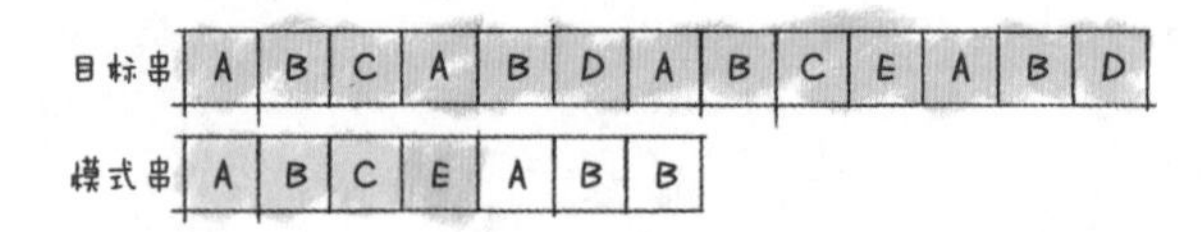

到这里和上面的例子一样，因为 B、C 匹配成功了，所以我们知道 B、C 不等于 A，可以跳过 B、C（注意这个逻辑）。

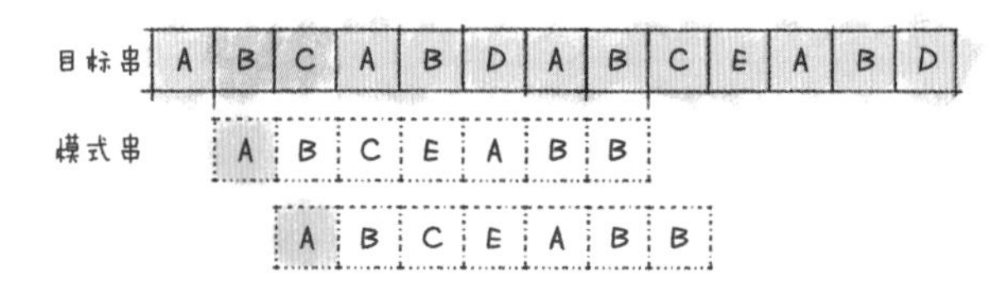

继续从 A 处开始匹配。

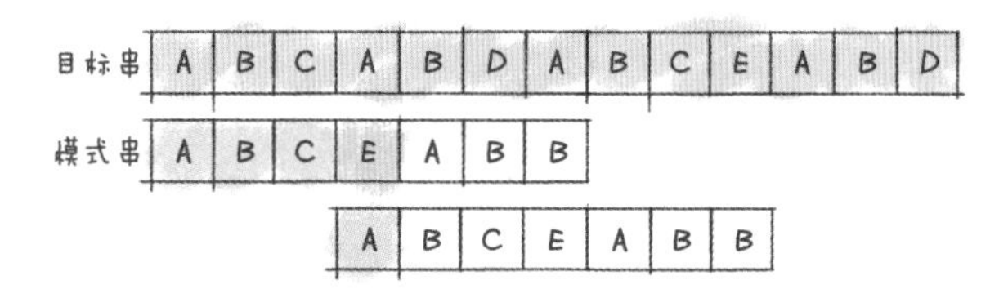

直到再次匹配失败。

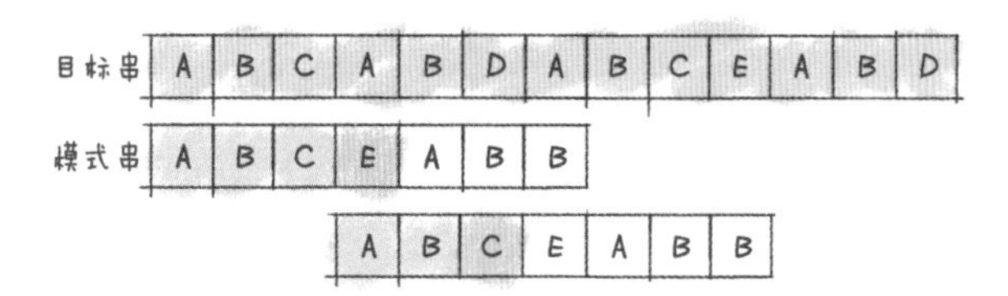

我想你已经知道怎么做了：**因为前面的 B 匹配成功了，所以可以知道 B 不等于 A，就可以跳过 B**。当然，跳过之后下一次的匹配直接失败了（A—D）。

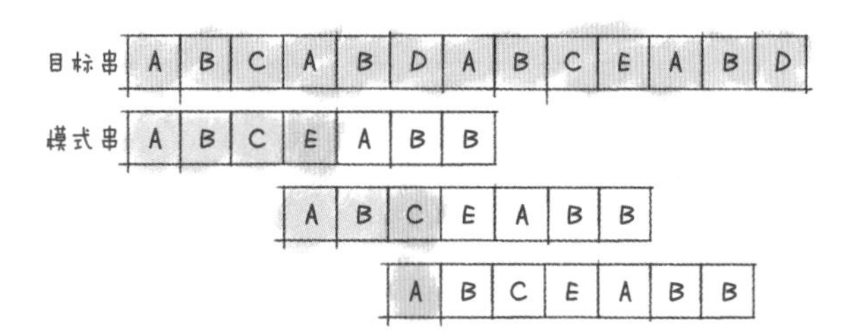

重点来了！我们继续匹配下一位。这一次马上就要匹配成功了，但是卡在了最后一步（D—B）。

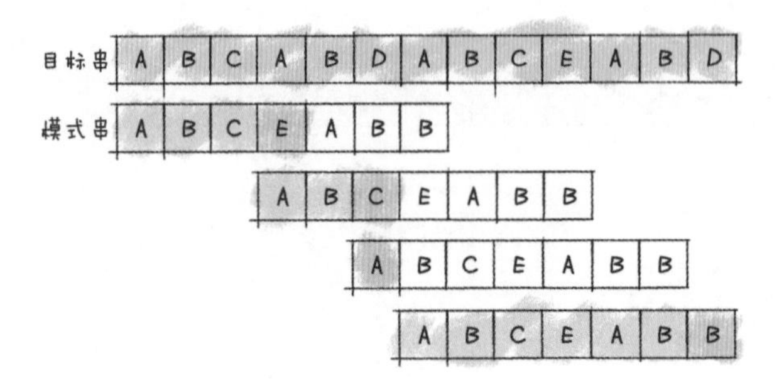

现在怎么办？如果我们把两个串修改一下（把里边的 A、B 修改成 X、Y），那么你一定知道接下来从哪里开始。

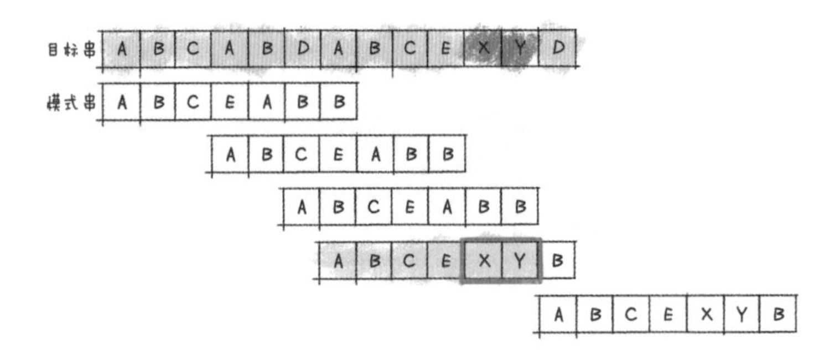

但是现在的问题是，在模式串中 A、B 重复出现了，那我们是不是可以在下一次比较时直接把 A、B “让”出来？

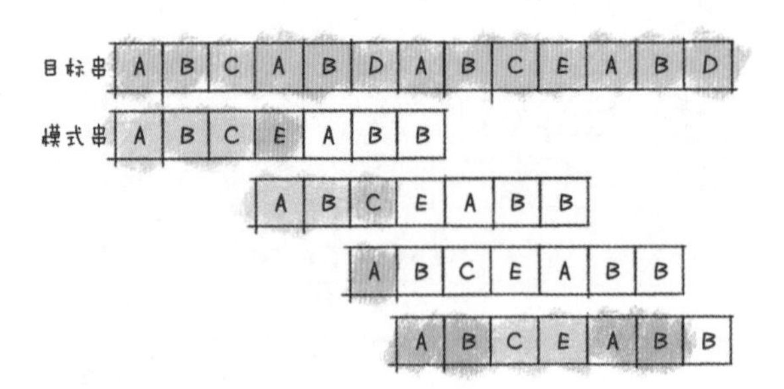

把 A、B“让”出来之后，相当于在模式串上又跳过了 2 个字符（也就是说模式串下一次匹配从 C 开始）。

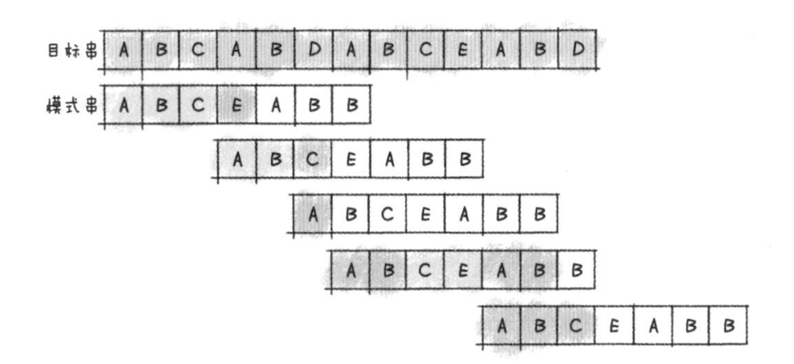

到这里 KMP 就基本讲解完毕了，我们可以总结一下。

- 如果模式串和目标串匹配成功，那么长串短串都加 1。
- 如果模式串和目标串没有匹配成功，那么：
  - 目标串不回溯。
  - 模式串回溯到匹配未成功的字符前的子串的相同的真前缀和真后缀的最大长度（本节中简称为最大长度）。

匹配成功后的第 2 种情况有点拗口，所以单独拿出来讲。

对于串 abbaab：

- a、ab、abb、abba、abbaa，都是它的真前缀。
- b、ab、aab、baab、bbaab，都是它的真后缀。

“真”字说白了就是不包含自己。

在上面的示例中，未匹配成功的字符前的子串是 ABCEAB，相同的最长的真前缀和真后缀就是 AB，最大长度是 2，所以我们把模式串回溯到第 2 个位置处（跳过 0、1 位置的 2 个字符）。

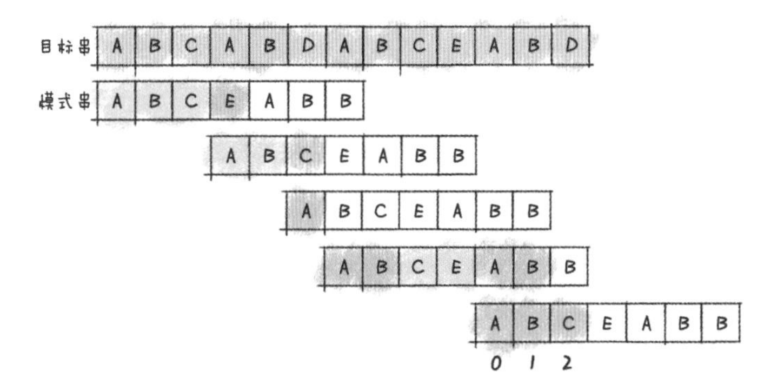

我猜有人要问，不是说模式串是回溯到最大长度位置处的吗？那为什么之前的步骤中回到了起始位置呢？

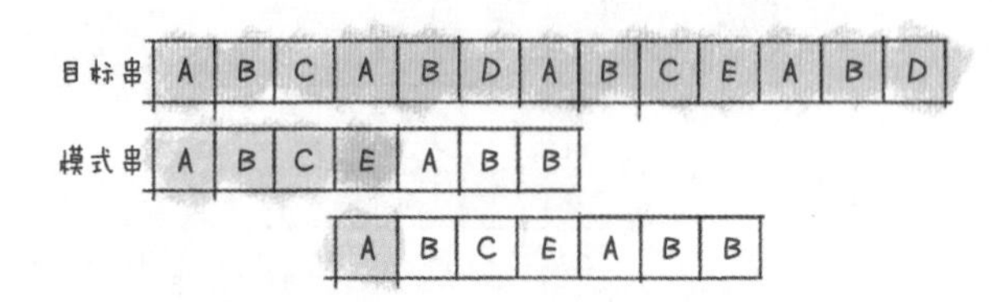

其实，不是我们没有回溯模式串，而是此时的最大长度是 0。

那么如何获取最大长度呢？答案是引入 next 表。不管你是把 next 表理解成用来描述最大长度的，还是理解成用来回溯模式串的，都是可以的。

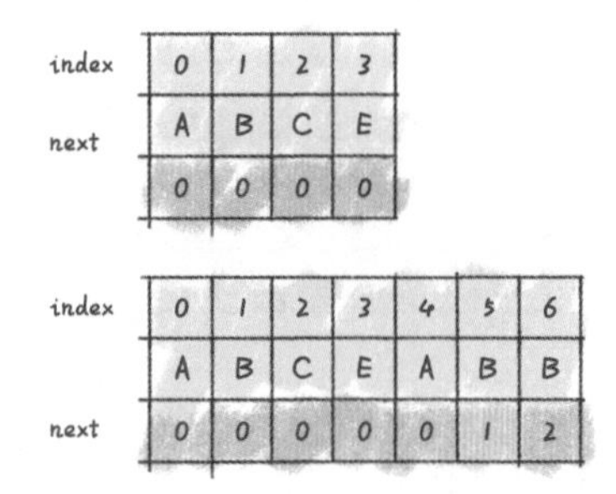

index	0	1	2	3
	A	B	C	E
next	0	0	0	0

index	0	1	2	3	4	5	6
	A	B	C	E	A	B	B
next	0	0	0	0	0	1	2

我们拿上面标黄色的字符解释一下，ABCEAB 不包含其本身，因此 ABCEA 的真前缀和真后缀分别为

- A、AB、ABC、ABCE。
- A、EA、CEA、BCEA。

所以最大长度是 1。这个 1 可以干什么用呢？我们在下次匹配时可以直接把字符 A“让”过去（跳过 1 个字符），从字符 B 开始。

index	0	1	2	3	4	5	6
	A	B	C	E	A	B	B
next	0	0	0	0	0	1	2

注意，如果我们将模式串修改为如下图所示，那么 F 的最大长度就是 0，而不是 2。初学者很容易把 A、B 误认为最长的相同真前缀和真后缀。

index	0	1	2	3	4	5	6	7
	A	B	C	E	A	B	B	F
next	0	0	0	0	0	1	2	0

到这里 KMP 的思路已经快讲完了，但是这个匹配表还得再改一改，不然会出问题。

index	0	1	2	3
next	A	B	C	E
	0	0	0	0

我们说过，对 KMP 而言，**如果没有匹配成功，那么目标串是不回溯的**。如果目标串不回溯，模式串一直是 0，是不是就意味着这个算法没办法继续？所以我们需要把这个 next 匹配表改一下，把 0 位置处的值改为 −1。

index	-1	0	1	2	3
next	万能	A	B	C	E
		-1	0	0	0

这个 −1 是干什么用的呢？**其实只是一个代码技巧**。大家注意下面的第 7 行代码，假设没有 j ==−1，如果 next[j] 等于 0，就会陷入死循环，而加上它相当于无论在什么情况下，模式串的第 1 个字符都可以匹配（对 j 而言，−1++是 0，模式串却向前走了，因此不会陷入死循环）。**请大家自行脑补当没有 j==−1 这行代码时，第 11 行陷入死循环的过程**。

```
//Go
func KmpSearch(haystack string, needle string, next []int) int {
    l1 := len(haystack)
    l2 := len(needle)
    i, j := 0, 0
    for i < l1 && j < l2 {
        if j == -1 || haystack[i] == needle[j] {
            i++
            j++
        } else {
            j = next[j]
        }
    }
    if j == l2 {
```

```
        return i - j
    }
    return -1
}
```

到这里 KMP 就讲得差不多了，代码还是比较简单的，麻烦的是我们并没有现成的 next 表。那 next 表又该如何生成呢？

其实 next 表的生成也可以看作字符串匹配的过程：**原模式串和原模式串自身前缀进行匹配的过程。**

我们用字符串 XXYXXYXXX 来讲一下。

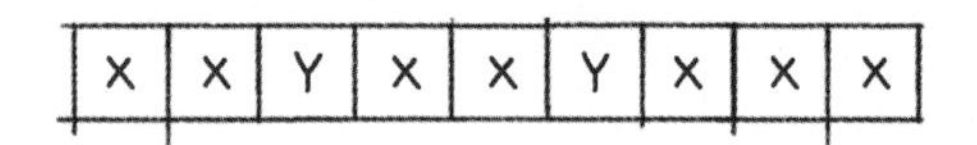

对于该字符串：

- 真前缀为 X,XX,XXY,XXYX,XXYXX……
- 真后缀为 X,XX,XXX,YXXX,XYXXX……

为了方便大家理解，我画了两种图，左图是真实的填表过程，右图是脑补过程。

（1）在 index[0] 中填写 0。

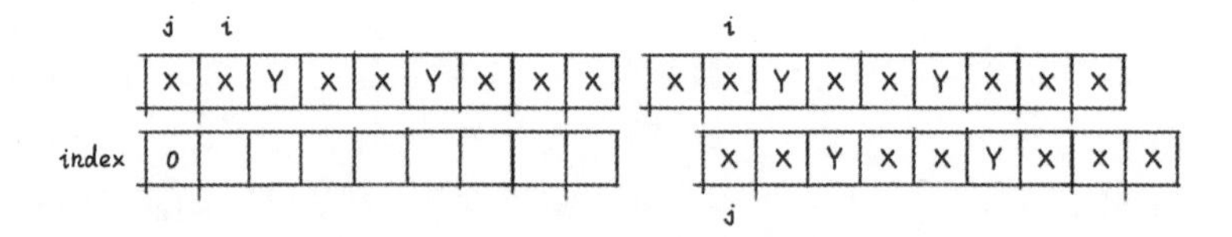

（2）填写 index[1]，如果匹配，则把 i 和 j 都加 1。

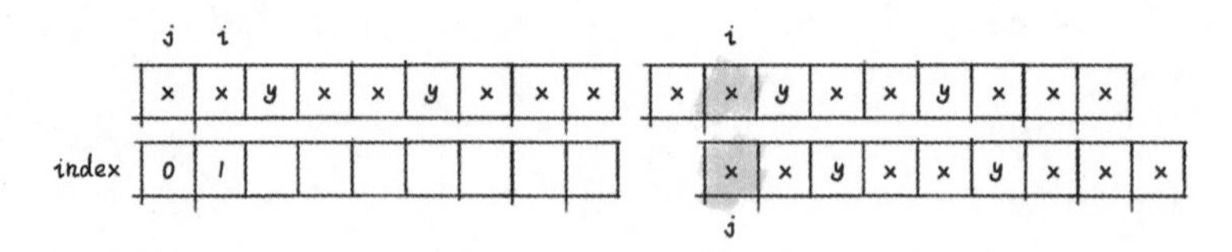

（3）填写 index[2]，如果不匹配，则把 j 回溯到 j 当前指向的前一个位置的 index 处，这里是 0。

（4）注意，回溯完成后才开始填表，此时 index[2] 为 0。

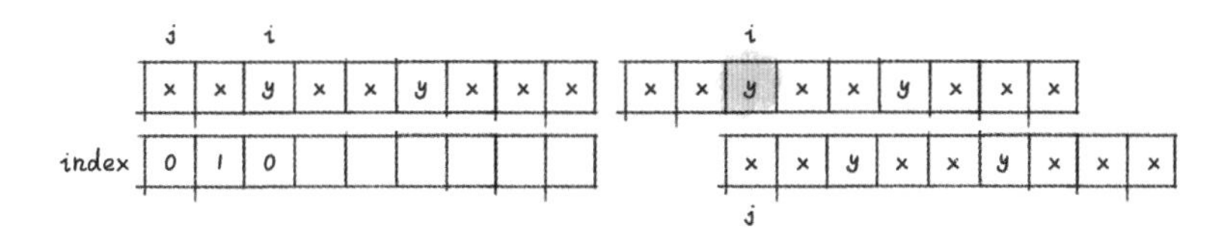

（5）移动 i，发现下一位匹配成功，i 和 j 同时加 1，并填表。

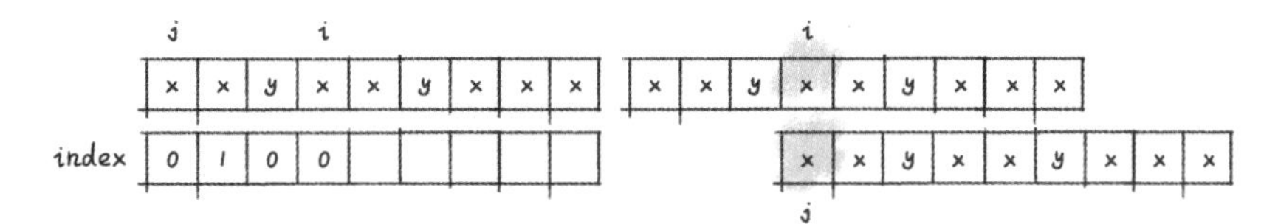

（6）发现下一位仍然匹配，继续移动 i 和 j。

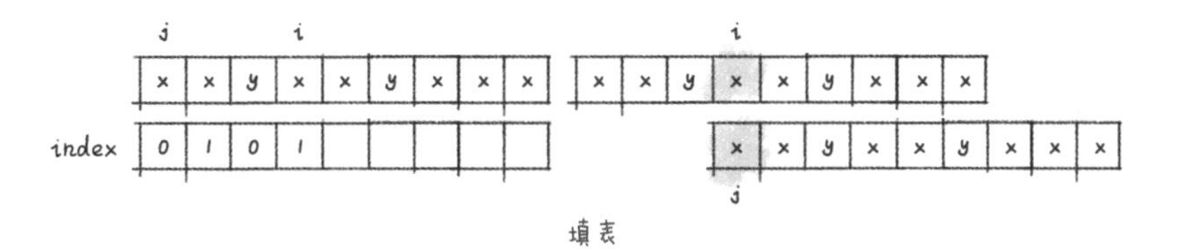

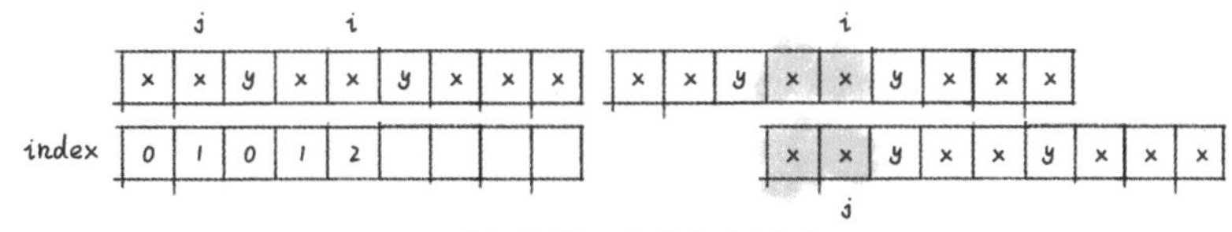

（7）仍然匹配成功，继续重复上面的操作。

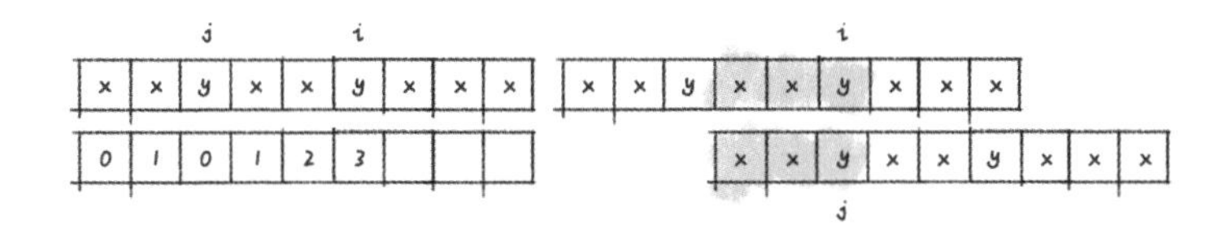

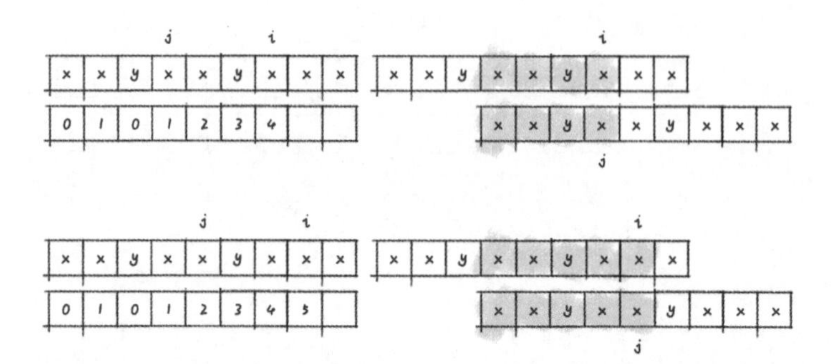

（8）注意，这里匹配失败了。前面说过，如果匹配不成功，则 j 回溯到 j 当前指向的前一个位置的 index 处，这里是 2。

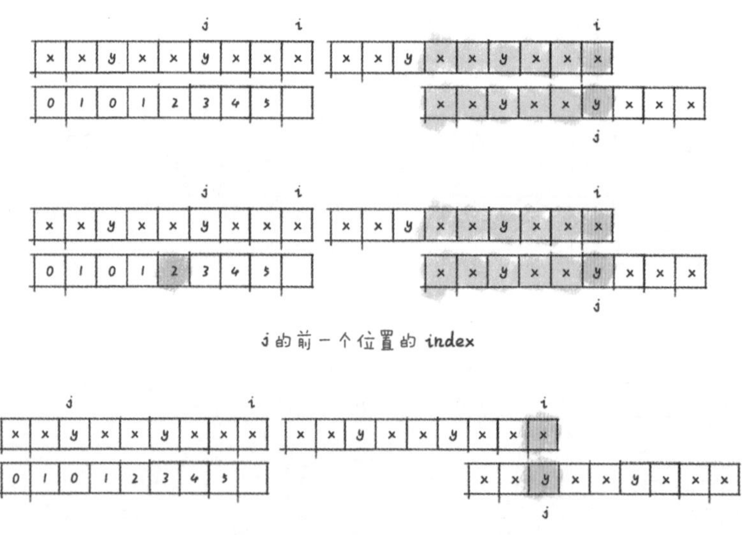

j的前一个位置的index

回溯后，我们发现仍然不匹配

（9）继续回溯的过程（这一步是整个 next 表构建的核心）。

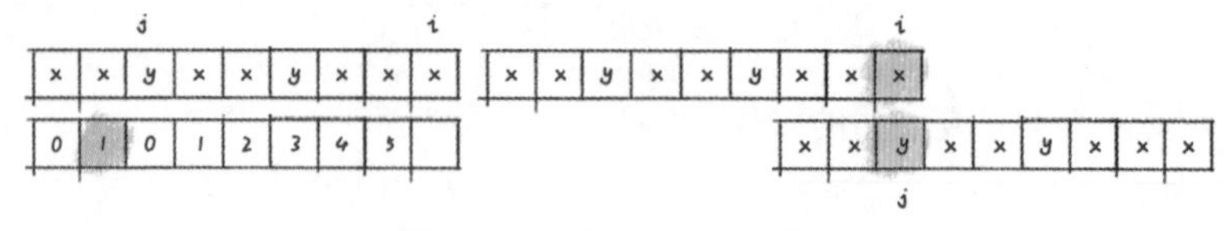

蓝色的小标是下次的回溯位置

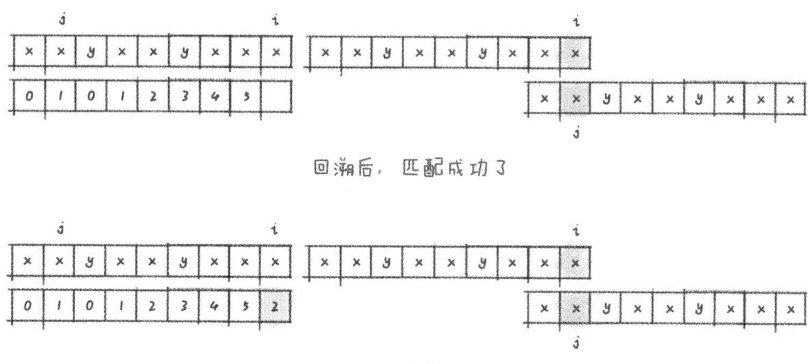

可以填表了

（10）注意，这里填 2，其实就是填写上次回溯到的那个匹配成功的位置的 index 值加 1。

细心的读者到这里会发现一个问题。我们把填完的表拿出来。

x	x	y	x	x	y	x	x	x
0	1	0	1	2	3	4	5	2

这个表和之前说的不太一样，之前说 next 表的首位是 −1，并且每个 index 位置对应的 next 值都是该元素前面所有子串的最大长度。这句话有点拗口，我们看下图。

index	0	1	2	3	4	5	6
	A	B	C	E	A	B	B
next	0	0	0	0	0	1	2

当 index 为 5 时，next 的值是 ABCEA 的最大长度（真后缀 A，真前缀 A，所以为 1）。**但是在下图的表中，记录的是当前索引位置处的最大长度**。这里要说一下，下图中的表一般被称为**部分匹配表**，或者 pmt。

x	x	y	x	x	y	x	x	x
0	1	0	1	2	3	4	5	2

那么这个表和 next 表有什么关系呢？我们发现把这个表向后移动 1 位，就得到了 next 表。

	x	x	y	x	x	y	x	x	x
pmt	0	1	0	1	2	3	4	5	2
next	-1	0	1	0	1	2	3	4	5

但是，并不是所有对于 KMP 的讲解都会提到部分匹配表的概念，有的讲解直接把 pmt 等同于 next 表。**这种属于错误讲解吗？其实不是的！**在 next 表的初始位置补 −1，或者把 pmt 的第 1 位补−1 当作 next 表都是可以的。**最关键的还是如何使用，毕竟 next 表也是人为定义的。**

如果没有在 next 表的首位补 −1，就可以在前面 KMP 的算法中去掉 −1 的逻辑，同时单独加一个 if 判断来解决死循环问题。

旋转字符串(796)

这道题虽然很简单，但是在笔试和面试中出现的频率非常高。

01. 题目分析

第 796 题：旋转字符串

给定字符串 A 和 B。A 的旋转操作就是将其中最左边的字符移动到最右边。例如，若 A = 'abcde'，旋转操作一次后的结果就是'bcdea'。如果在若干次旋转操作之后，A 能变成 B，那么返回 true。

示例 1：

```
输入：A = 'abcde', B = 'cdeab'
输出：true
```

示例 2：

```
输入：A = 'abcde', B = 'abced'
输出：false
```

注意：A 和 B 的长度不超过 100。

题意还是很容易理解的，说白了就是每次都把最前面的元素放到最后面。

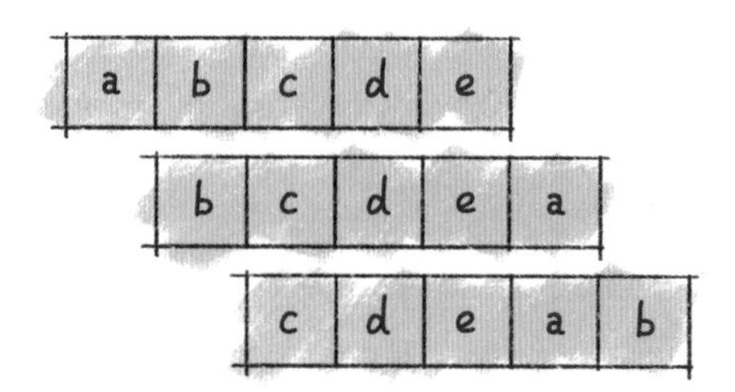

02. 题解分析

这道题看起来简单，其实很容易出错。最容易想到的解法就是跟着题意来，每次都将旋转后的 A 与目标串进行对比。

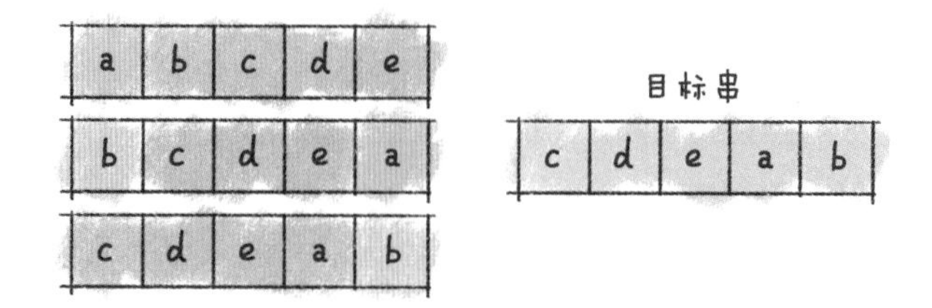


```java
//Java
class Solution {
    public boolean rotateString(String A, String B) {
        if (A.equals("") && B.equals("")) {
            return true;
        }
        int len = A.length();
        for (int i = 0; i < len; i++) {
            String first = A.substring(0, 1);
            String last = A.substring(1, len);
            A = last + first;
            if (A.equals(B)) {
                return true;
            }
        }
        return false;
    }
}
```

这样的代码其实并不优雅，我们继续观察这个字符串。

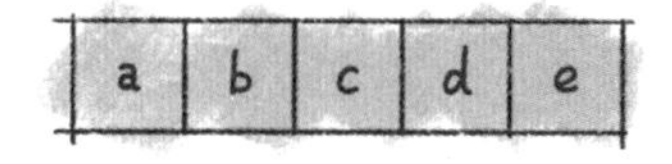

无论它怎样旋转，最终的 A+A 都包含了所有可以通过旋转操作从 A 得到的字符串。

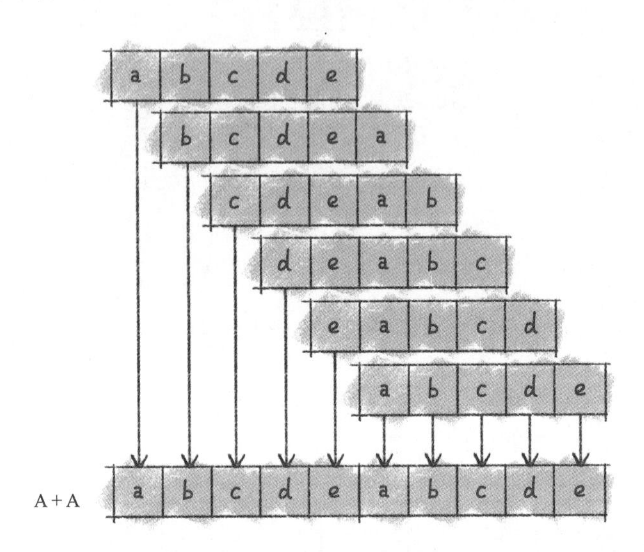

那我们是不是只需要判断 B 是否为 A+A 的子串就可以了？

```
//Java
class Solution {
    public boolean rotateString(String A, String B) {
        return A.length() == B.length() && (A + A).contains(B);
    }
}
```

在面试中，很多人会写到这个程度。但是这时面试官大概还会问一个问题：如何继续进行优化？

注意，其实上面的问题已经转化为**判断 B 是否为 A+A 的子串**，因此可以答出 KMP、BF 等字符串匹配策略。然后使用相应的匹配策略来解决转化后的问题。

03. 题目解答

这里附上一份 KMP 解题代码。

```
//Java
class Solution {
    public boolean rotateString(String A, String B) {
        int N = A.length();
        if (N != B.length()) return false;
        if (N == 0) return true;

        //Compute shift table
```

```
        int[] shifts = new int[N+1];
        Arrays.fill(shifts, 1);
        int left = -1;
        for (int right = 0; right < N; ++right) {
            while (left >= 0 && (B.charAt(left) != B.charAt(right)))
                left -= shifts[left];
            shifts[right + 1] = right - left++;
        }

        //Find match of B in A+A
        int matchLen = 0;
        for (char c: (A+A).toCharArray()) {
            while (matchLen >= 0 && B.charAt(matchLen) != c)
                matchLen -= shifts[matchLen];
            if (++matchLen == N) return true;
        }

        return false;
    }
}
```

这个代码是 LeetCode 官方给出的，有兴趣的读者可以看看。

KMP 算法是一种改进的字符串匹配算法，由 D.E.Knuth、J.H.Morris 和 V.R.Pratt 提出，因此人们称它为克努特—莫里斯—普拉特操作，又称 KMP 算法。KMP 算法的核心是利用匹配失败后的信息，尽量减少模式串与主串匹配的次数以达到快速匹配的目的。可以通过 next()函数实现，该函数本身包含了模式串的局部匹配信息。KMP 算法的时间复杂度为 $O(m+n)$。

最后一个单词的长度(58)

01. 题目分析

这是一道简单题，只需要通过普通的遍历就可以完成。不过会遇到一些“坑”，如果不注意，那么很容易出错。

第 58 题：最后一个单词的长度

给定一个仅包含大小写字母和空格 '' 的字符串 s，返回其最后一个单词的长度。如果字符串从左向右滚动显示，那么最后一个单词就是最后出现的单词。

示例：

```
输入："Hello World"
输出：5
```

说明：一个单词指仅由字母组成、不包含任何空格字符的最长子字符串。

02. 题解分析

我们要获取的是**最后一个单词的长度**，不难想到可以从尾部开始遍历。

题中的陷阱在于，尾部仍然可能有空格。

所以一般的解题思路为，先去掉尾部的空格，然后从尾部向前遍历，在遇到第 1 个空格时结束。

但这里可以取巧——通过 count 来记数，**从第 1 个不为空格的数记起**。换句话说，如果末尾处为空格，count 值就为 0，可以略过。

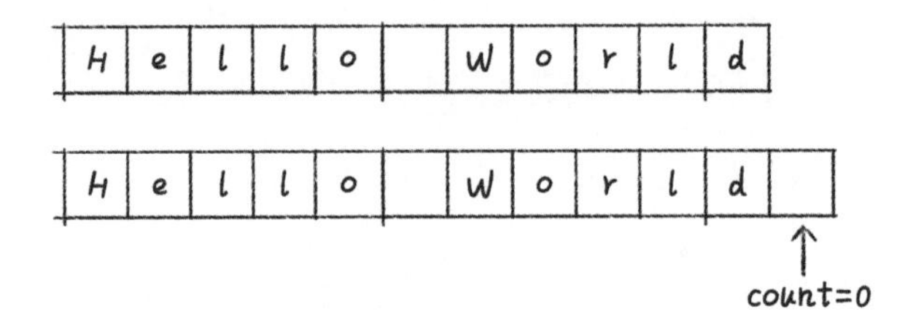

实现代码如下。

```
//Java
class Solution {
    public int lengthOfLastWord(String s) {
        if(s == null || s.length() == 0) return 0;
        int count = 0;
        for(int i = s.length()-1; i >= 0; i--){
            if(s.charAt(i) == ' '){
                if(count == 0) continue;
                break;
            }
            count++;
        }
        return count;
    }
}
```

有些人会使用 API 来“巧妙”地解题，我们来看一下有什么问题。

```
//Java
class Solution {
    public int lengthOfLastWord(String s) {
        s = s.trim();
        int start = s.lastIndexOf(" ") + 1;
        return s.substring(start).length();
    }
}
```

这段代码首先使用 trim() 去掉两边的空格，然后直接定位到最后一个单词，将其截取下来获取长度。

既然已经用了 trim，那为什么不直接使用 split() 得到最后一个单词的长度呢？

```
//Java
public class Solution {
    public int lengthOfLastWord(String s) {
        String[] words = s.split(" ");
        if (words.length < 1) return 0;
        return words[words.length - 1].length();
    }
}
```

注意，trim() 去除的可不只是两边的空格，一起来看一下 trim() 的源码。

```
//Java
public String trim() {
    int len = value.length;
    int st = 0;
    char[] val = value;    /* avoid getfield opcode */
    while ((st < len) && (val[st] <= ' ')) {
        st++;
    }
    while ((st < len) && (val[len - 1] <= ' ')) {
        len--;
    }
    return ((st > 0) || (len < value.length)) ? substring(st, len) : this;
}
```

可以看到，Java 中的 trim() 除了去除空格，还去除了所有在 ASCII 码表中排行小于或等于空格的字符。

0000 0000	00	0	0x00	NUL(null)	空字符
0000 0001	01	1	0x01	SOH(start of headline)	标题开始
0000 0010	02	2	0x02	STX (start of text)	正文开始
0000 0011	03	3	0x03	ETX (end of text)	正文结束
0000 0100	04	4	0x04	EOT (end of transmission)	传输结束
0000 0101	05	5	0x05	ENQ (enquiry)	请求
0000 0110	06	6	0x06	ACK (acknowledge)	收到通知
0000 0111	07	7	0x07	BEL (bell)	响铃
0000 1000	010	8	0x08	BS (backspace)	退格
0000 1001	011	9	0x09	HT (horizontal tab)	水平制表符
0000 1010	012	10	0x0A	LF (NL line feed, new line)	换行键
0000 1011	013	11	0x0B	VT (vertical tab)	垂直制表符
0000 1100	014	12	0x0C	FF (NP form feed, new page)	换页键
0000 1101	015	13	0x0D	CR (carriage return)	回车键
0000 1110	016	14	0x0E	SO (shift out)	不用切换
0000 1111	017	15	0x0F	SI (shift in)	启用切换
0001 0000	020	16	0x10	DLE (data link escape)	数据链路转义
0001 0001	021	17	0x11	DC1 (device control 1)	设备控制1
0001 0010	022	18	0x12	DC2 (device control 2)	设备控制2
0001 0011	023	19	0x13	DC3 (device control 3)	设备控制3
0001 0100	024	20	0x14	DC4 (device control 4)	设备控制4
0001 0101	025	21	0x15	NAK (negative acknowledge)	拒绝接收
0001 0110	026	22	0x16	SYN (synchronous idle)	同步空闲
0001 0111	027	23	0x17	ETB (end of trans. block)	结束传输块
0001 1000	030	24	0x18	CAN (cancel)	取消
0001 1001	031	25	0x19	EM (end of medium)	媒介结束
0001 1010	032	26	0x1A	SUB (substitute)	代替
0001 1011	033	27	0x1B	ESC (escape)	换码(溢出)
0001 1100	034	28	0x1C	FS (file separator)	文件分隔符
0001 1101	035	29	0x1D	GS (group separator)	分组符
0001 1110	036	30	0x1E	RS (record separator)	记录分隔符
0001 1111	037	31	0x1F	US (unit separator)	单元分隔符
0010 0000	040	32	0x20	(space)	空格

空格在 ASCII 码表中排第 32 位。可以看到，tab、换行、回车等都在 trim() 的去除范围内。

猜数字游戏(299)

01. 题目分析

第 299 题：猜数字游戏（又叫 Bulls and Cows）

写下一个数字让你的朋友猜。每次猜测后给他一个提示，告诉他有多少位数字和确切位置都猜对了（称为 Bulls，即公牛），有多少位数字猜对了但是位置不对（称为 Cows，即母牛）。你的朋友将会根据提示继续猜，直到猜出秘密数字。

请写出一个根据秘密数字（secret）和朋友猜测的数字（guess）返回提示的函数，用 A 表示公牛，用 B 表示母牛。

请注意秘密数字和朋友猜测的数字都可能含有重复数字。

示例 1：

```
输入: secret = "1807", guess = "7810"
输出: "1A3B"
```

解释：1 公牛和 3 母牛。公牛是 8，母牛是 0、1 和 7。

示例 2：

```
输入: secret = "1123", guess = "0111"
输出: "1A1B"
```

解释：朋友猜测数字中的第 1 个 1 是公牛，第 2 个或第 3 个 1 可视为母牛。

说明：你可以假设秘密数字和朋友猜测的数字的长度永远相等。

02. 题解分析

这道题虽然简单但非常有趣。可以使用 hashmap 求解，一起来分析一下。

因为 secret 和 guess 长度相等，所以遍历 secret。

如果 secret 和 guess 的当前索引相同，就将公牛数加 1。

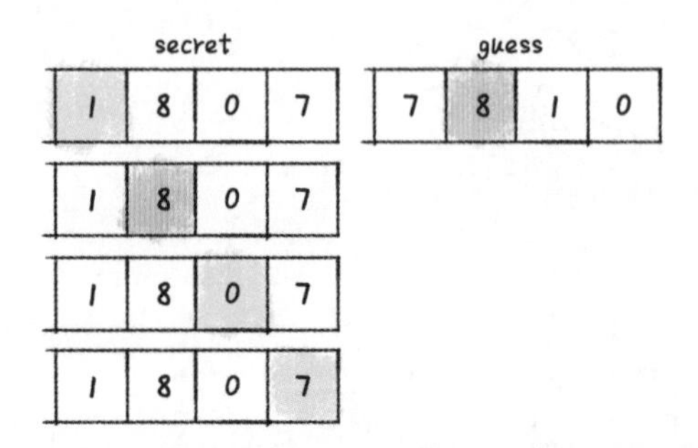

如果不相同就将 secret 和 guess 当前索引位置处的数字通过 map 记录下来，统计他们出现的次数。有限的 map，如数字 0～10、字母 a～z，都可以通过**数组**进行替换，以压缩空间。用 mapS 记录 secret 中不相等数字的出现次数，用 mapG 记录 guess 中不相等数字出现的次数。

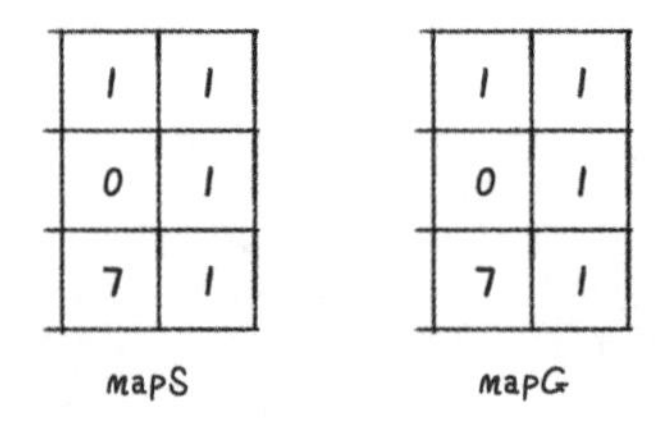

如果记录中的**数字出现重叠**（可以通过最小值来判断），则意味着该数字在两边都出现过，将母牛数加 1。

03. 题目解答

根据分析，给出如下题解。

```
//Go
func getHint(secret string, guess string) string {
    a, b := 0, 0
    mapS, mapG := make([]int, 10), make([]int, 10)
    for i := range secret {
        //注意：这里是获取对应数字的 ASCII 码
        tmp, charGuess := secret[i], guess[i]
        if tmp == guess[i] {
            a++
        } else {
            mapS[tmp-'0']++
            mapG[charGuess-'0']++
        }
    }
    for i := 0; i < 10; i++ {
        //找到重叠的
```

```
        b += min(mapS[i], mapG[i])
    }
    //strconv.Itoa : 整数转字符串
    return strconv.Itoa(a) + "A" + strconv.Itoa(b) + "B"
}

func min(a, b int) int {
    if a > b {
        return b
    }
    return a
}
```

整数转罗马数字(12)

01. 题目分析

本题难度中等，建议掌握。

第 12 题： 整数转罗马数字

罗马数字包含以下 7 种字符：I、V、X、L、C、D 和 M。

```
字符        数值
I           1
V           5
X           10
L           50
C           100
D           500
M           1000
```

例如，罗马数字 2 写作 II ，即并列的两个 I 。12 写作 XII ，即 X + II。27 写作 XXVII，即 XX + V + II。

在通常情况下，罗马数字中小的数字在大的数字的右边。但也存在特例，例如 4 不写作 IIII，而写作 IV。数字 1 在数字 5 的左边，表示大数 5 减小数 1 得到的数值 4。同样地，数字 9 写作 IX。这个特殊的规则只适用于以下 6 种情况。

- I 可以放在 V (5) 和 X (10) 的左边，表示 4 和 9。
- X 可以放在 L (50) 和 C (100) 的左边，表示 40 和 90。
- C 可以放在 D (500) 和 M (1000) 的左边，表示 400 和 900。

给定一个整数，将其转为罗马数字。输入范围为[1,3999]。

示例 1：

```
输入：3
输出："III"
```

示例 2：

```
输入：4
输出："IV"
```

示例 3：

```
输入：9
输出："IX"
```

示例 4：

```
输入：58
输出："LVIII"
```

解释：L = 50，V = 5，III = 3。

示例 5：

```
输入：1994
输出："MCMXCIV"
```

解释：M = 1000，CM = 900，XC = 90，IV = 4。

02. 题解分析

这道题目的核心是用特殊的规则凑数。**可以将罗马数字理解为一种特殊的数学规则。**

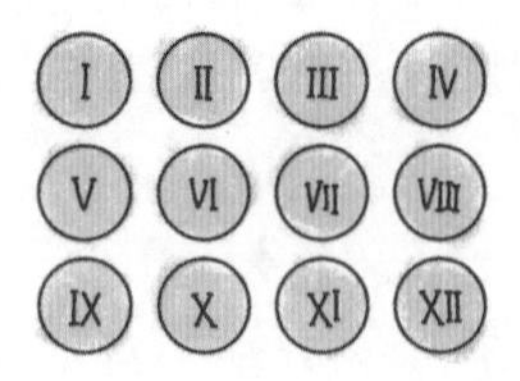

根据题意，2 通过 1+1 凑；3 通过 1+1+1 凑；6 通过 5+1 凑。同时，在凑数的过程中，需要满足一些规则。例如，4 不能通过 1+1+1+1 凑，而是通过 5−1 凑；9 不能通过 5+1+1+1+1 凑，而是通过 10-1 凑。

然后把题目中的所有字符列出来。

罗马数字	阿拉伯数字
I	1
V	5
X	10
L	50
C	100
D	500
M	1000

当然，除了这些还不够，因为我们还分析出了一些特殊的规则，也需要列出来。

罗马数字	阿拉伯数字
M	1000
CM	900
D	500
CD	400
C	100
XC	90
L	50
XL	40
X	10
IX	9
V	5
IV	4
I	1

然后利用上面的表格转化给出的数字。假设我们要找的数字为 2834，流程如下（其实是一种类似贪心的思想）。

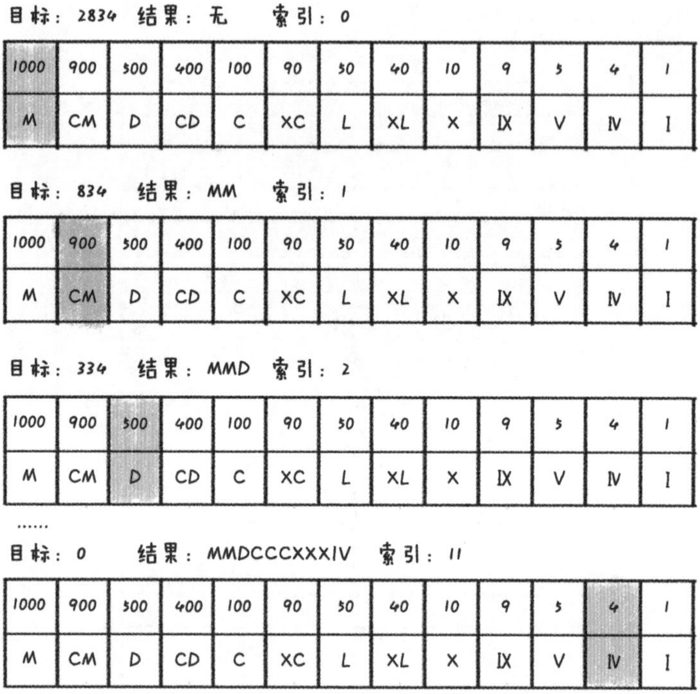

目标：2834 结果：无 索引：0

1000	900	500	400	100	90	50	40	10	9	5	4	1
M	CM	D	CD	C	XC	L	XL	X	IX	V	IV	I

目标：834 结果：MM 索引：1

1000	900	500	400	100	90	50	40	10	9	5	4	1
M	CM	D	CD	C	XC	L	XL	X	IX	V	IV	I

目标：334 结果：MMD 索引：2

1000	900	500	400	100	90	50	40	10	9	5	4	1
M	CM	D	CD	C	XC	L	XL	X	IX	V	IV	I

……

目标：0 结果：MMDCCCXXXIV 索引：11

1000	900	500	400	100	90	50	40	10	9	5	4	1
M	CM	D	CD	C	XC	L	XL	X	IX	V	IV	I

03. 题目解答

对比着代码看更为清晰。

```
//Java
class Solution {
    public String intToRoman(int num) {
        int[] nums = {1000, 900, 500, 400, 100, 90, 50, 40, 10, 9, 5, 4, 1};
        String[] romans = {"M", "CM", "D", "CD", "C", "XC", "L", "XL", "X", "IX", "V", "IV", "I"};
        int index = 0;
        StringBuilder result = new StringBuilder();
        while (index < 13) {
            if (num >= nums[index]) {
                result.append(romans[index]);
                num -= nums[index];
            } else {
                index ++;
            }
        }
        return result.toString();
    }
}
```

这道题目限制了最大数为 3999，时间复杂度也就被限制成 $O(1)$。

还有一个很有意思的 C++解法，是把每一位的情况都枚举出来。

```
//C++
class Solution {
public:
    string intToRoman(int num)
    {
        char* c[4][10] = {
            {"","I","II","III","IV","V","VI","VII","VIII","IX"},
            {"","X","XX","XXX","XL","L","LX","LXX","LXXX","XC"},
            {"","C","CC","CCC","CD","D","DC","DCC","DCCC","CM"},
            {"","M","MM","MMM"}
        };
        string roman;
        roman.append(c[3][num / 1000]);
        roman.append(c[2][num / 100 % 10]);
        roman.append(c[1][num / 10 % 10]);
        roman.append(c[0][num % 10]);

        return roman;
    }
};
```

第 05 章 二叉树系列

二叉树指**每个节点最多有两棵子树**的树结构，子树分为左子树（left subtree）和右子树（right subtree）。二叉树常被用于**实现二叉查找树**和**二叉堆**。树比链表复杂一些，因为链表是线性数据结构，而树不是。很多树的问题都可以使用**广度优先搜索**或**深度优先搜索解决**。

在本系列中，我们将讲解关于二叉树的经典例题。本系列内容均必须掌握。

最大深度与 DFS(104)

01. 题目分析

第 104 题：二叉树的最大深度

给定一棵二叉树，找出其最大深度。二叉树的深度为根节点到最远叶子节点的最长路径上的节点数。

说明：叶子节点指没有子节点的节点。

示例：

```
给定二叉树 [3,9,20,null,null,15,7]
    3
   / \
  9  20
    /  \
   15   7
```

02. 题解分析

我们知道，节点的深度与它左右子树的深度有关，等于其左右子树最大深度值加 1，即

```
maxDepth(root) = max(maxDepth(root.left),
maxDepth(root.right)) + 1
```

以 [3, 4, 20, null, null, 15, 7] 为例：

（1）我们要对根节点的最大深度求解，就要对其左右子树的深度进行求解。

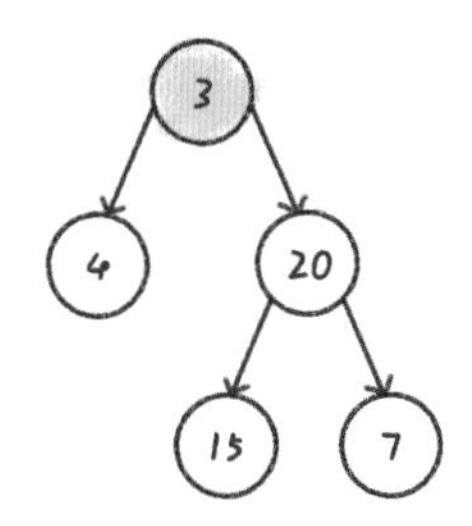

（2）可以看出，以 4 为根节点的子树没有左右节点，其深度为 1。而以 20 为根节点的子树的深度，同样取决于它的左右子树深度。

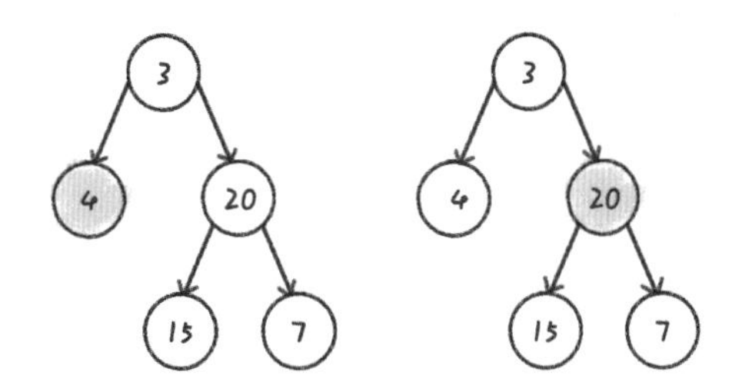

（3）以 15 和 7 为根节点的子树，我们可以一眼看出其深度为 1。

（4）由此可以得到根节点的最大深度为

```
maxDepth(root-3)
=max(**maxDepth**(sub-4),**maxDepth**(sub-20))+1
=max(1,max(**maxDepth**(sub-15),**maxDepth**(sub-7))+1)+1
=max(1,max(1,1)+1)+1
=max(1,2)+1
=3
```

根据分析，我们通过递归进行求解，代码如下。

```
//Go
func maxDepth(root *TreeNode) int {
    if root == nil {
```

```
        return 0
    }
    return max(maxDepth(root.Left), maxDepth(root.Right)) + 1
}

func max(a int, b int) int {
    if a > b {
        return a
    }
    return b
}
```

03. 概念讲解

上面用到的递归本质上是使用了深度优先搜索（Depth First Search，DFS）算法的思想，对于二叉树，沿着**树的深度遍历树的节点，尽可能深地搜索树的分支，这一过程一直进行到从源节点可达的所有节点**。

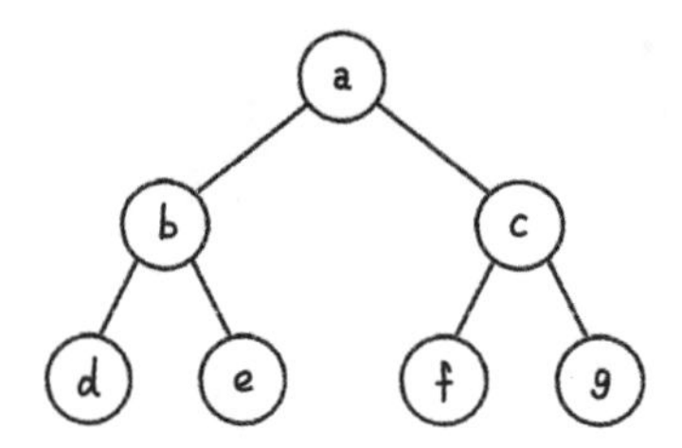

如上图二叉树，它的访问顺序为：

```
A-B-D-E-C-F-G
```

虽然我们用递归的方式根据 DFS 的思想顺利完成了题目，但是这种方式的缺点显而易见。**在递归中，如果层级过深，那么很可能保存过多的临时变量，导致栈溢出**。这也是我们一般不在后台代码中使用递归的原因。下面详细说明。

事实上，函数调用的参数是通过栈空间来传递的，在调用过程中会**占用线程的栈资源**。而在递归调用中，**只有走到最后的结束点后函数才能依次退出**，在到达最后的结束点前，占用的栈空间一直没有被释放，如果递归调用次数过多，就可能导致占用的栈资源超过线程的最大值，进一步导致栈溢出，使程序异常退出。

所以，我们引出下面的话题：如何将递归的代码转化成非递归的形式。这里请记住，**99%的递归问题转非递归问题，都可以通过栈来实现**。

非递归问题的 DFS 代码如下。

```
//Java
private List<TreeNode> traversal(TreeNode root) {     List<TreeNode> res = new ArrayList<>();
    Stack<TreeNode> stack = new Stack<>();
    stack.add(root);
    while (!stack.empty()) {
        TreeNode node = stack.peek();
        res.add(node);
        stack.pop();
        if (node.right != null) {
            stack.push(node.right);
            }
        if (node.left != null) {
            stack.push(node.left);
            }
     }
     return res;
}
```

需要强调的是：因为我们需要将先访问的数据后压入栈（栈的特点是后进先出），所以需要先右后左压入数据。

如果不理解代码，请看下图。

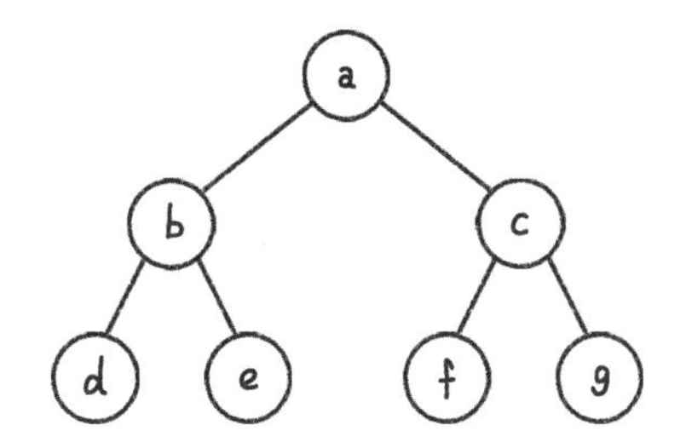

（1）将 a 压入栈。

res:

（2）a 弹栈，将 c、b 压入栈（注意顺序）。

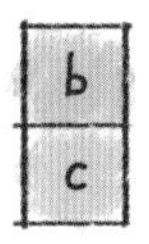

res:a

（3）b 弹栈，将 e、d 压入栈。

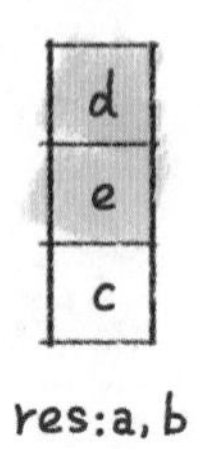

（4）d、e、c 弹栈，将 g、f 压入栈。

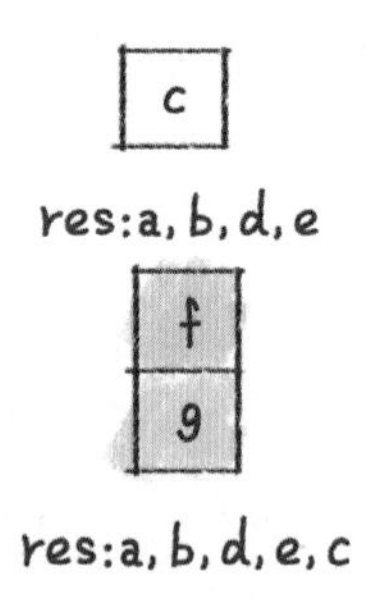

（5）f、g 弹栈。

res:a,b,d,e,c,f,g

至此，非递归的 DFS 就讲解完了。

层次遍历与 BFS(102)

在上一节中，我们通过例题学习了二叉树的 DFS，其实就是**沿着一个方向一直向下遍历**。那我们可不可以**按照高度一层一层地访问树中的数据**呢？当然可以，这就是我们本节要讲的宽度优先搜索（Breadth First Search，BFS），也被称为广度优先搜索。

我们仍然通过例题进行讲解。

01. 题目分析

第 102 题：二叉树的层次遍历

给定一棵二叉树，返回其按层次遍历的节点值（逐层地，从左到右访问所有节点）。

示例：

```
给定二叉树 [3,9,20,null,null,15,7]
    3
   / \
  9  20
    /  \
   15   7
返回其层次遍历结果：[[3],[9,20],[15,7]]
```

02. 概念讲解

BFS 其实就是以**从上到下的顺序，遍历完一层再遍历下一层**。假设有树如下。

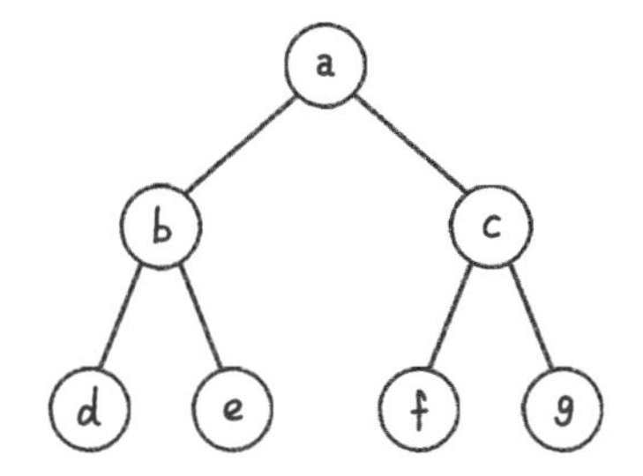

按照 BFS，访问顺序如下。

```
a->b->c->d->e->f->g
```

了解了 BFS，我们分析本题。

03. 题解分析

我们先考虑本题的递归解法。想到递归，我们一般先想到 DFS。可以对该二叉树进行**先序遍历**，同时记录节点所在的层（level），并且对每层都定义一个数组，然后将访问到的节点值放入对应层的数组中。

假设给定二叉树为[3, 9, 20, null, null, 15, 7]，图解如下。

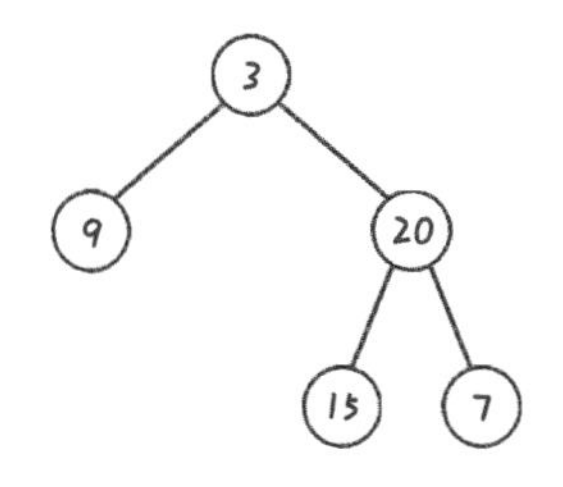

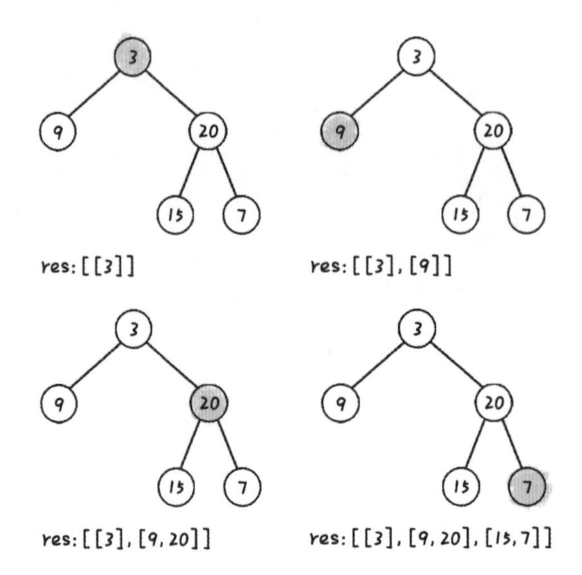

根据以上分析，题解如下。

```
//Go
func levelOrder(root *TreeNode) [][]int {
    return dfs(root, 0, [][]int{})
}

func dfs(root *TreeNode, level int, res [][]int) [][]int {
    if root == nil {
        return res
    }
    if len(res) == level {
        res = append(res, []int{root.Val})
    } else {
        res[level] = append(res[level], root.Val)
    }
    res = dfs(root.Left, level+1, res)
    res = dfs(root.Right, level+1, res)
    return res
}
```

04. 题目解答

上面的解法相当于用 DFS 的方法实现了二叉树的 BFS。那我们能不能直接使用 BFS 的方式解题呢？当然。我们可以使用 Queue 的数据结构，将 root 节点初始化到队列中，通过**消耗尾部、插入头部**的方式来完成 BFS。过程如下图所示。

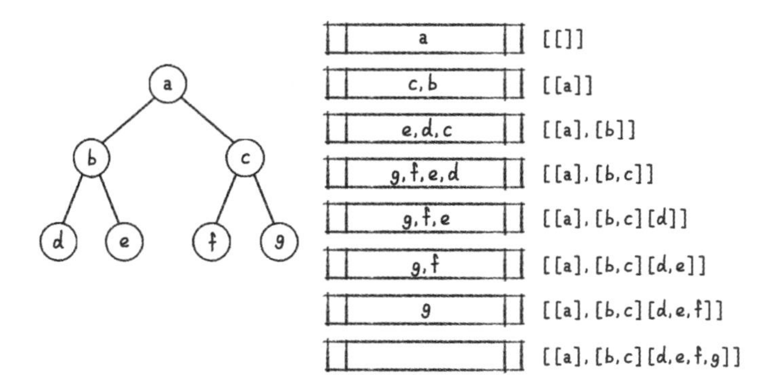

根据以上分析，题解如下。

```
//Go
func levelOrder(root *TreeNode) [][]int {
    var result [][]int
    if root == nil {
        return result
    }
    //定义一个双向队列
    queue := list.New()
    //头部插入根节点
    queue.PushFront(root)
    //BFS
    for queue.Len() > 0 {
        var current []int
        listLength := queue.Len()
        for i := 0; i < listLength; i++ {
            //消耗尾部
            //queue.Remove(queue.Back()).(*TreeNode)：移除最后一个元素并将其转化为 TreeNode 类型
            node := queue.Remove(queue.Back()).(*TreeNode)
            current = append(current, node.Val)
            if node.Left != nil {
                //插入头部
                queue.PushFront(node.Left)
            }
            if node.Right != nil {
                queue.PushFront(node.Right)
            }
        }
        result = append(result, current)
    }
    return result
}
```

BST 与其验证(98)

在前面我们分别学习了 DFS 与 BFS。在本节中，我们将继续学习一种特殊的二叉树结构 —— **二叉搜索树**。

01. 概念讲解

二叉搜索树（Binary Search Tree，BST），又叫二叉查找树或二叉排序树。它或者是**一棵空树**，或者是具有下列性质的二叉树：若**它的左子树不空，则左子树上所有节点的值均小于它的根节点的值**；若**它的右子树不空，则右子树上所有节点的值均大于它的根节点的值**；它的左右子树也分别为**二叉搜索树**。

这里强调一下子树的概念：设 T 是有根树，a 是 T 中的一个顶点，由 $\boldsymbol{a}$ **以及** $\boldsymbol{a}$ **的所有后裔**（后代）导出的子图称为有向树 T 的子树。具体来说，**子树就是树的其中一个节点及其下面的所有节点**所构成的树。

比如下面就是二叉搜索树。

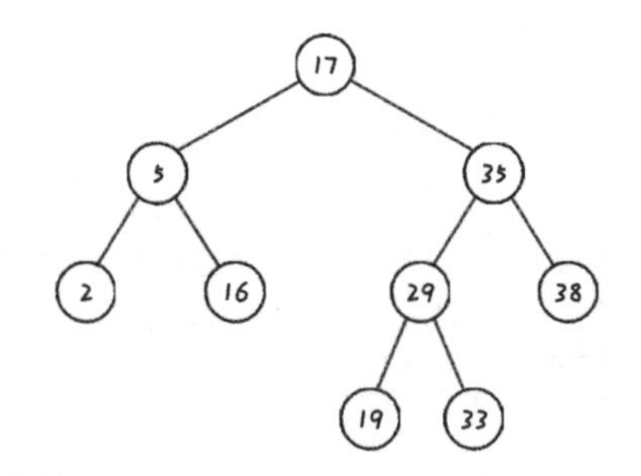

而下面这两棵都不是二叉搜索树。

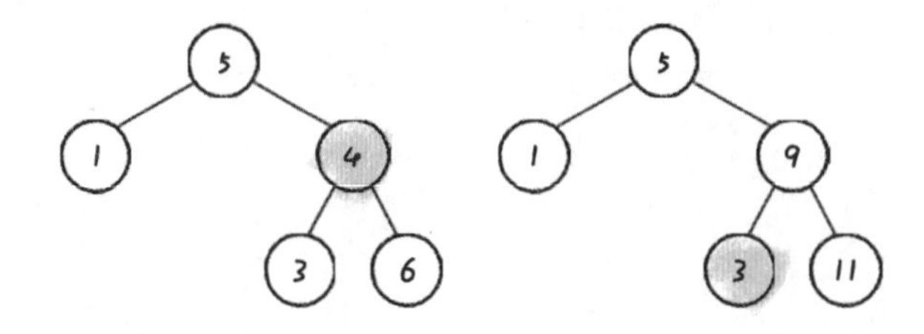

图中节点 4 位置的数值应该大于根节点。

图中节点 3 位置的数值应该大于根节点。

那么如何来验证一棵二叉搜索树呢？我们看题。

02. 题目分析

第 98 题： 验证二叉搜索树

给定一棵二叉树，判断其是否是有效的二叉搜索树。

示例 1：

```
输入:
    5
   / \
  1   4
     / \
    3   6
输出: false
```

解释：输入为 [5, 1, 4, null, null, 3, 6]。根节点的值为 5，但是其右子节点值为 4。

示例 2：

```
输入:
    5
   / \
  1   4
     / \
    3   6
输出: false
```

解释：输入为 [5, 1, 4, null, null, 3, 6]。根节点的值为 5，但是其右子节点值为 4 。

看完题目，我们很容易想到遍历整棵树，比较所有节点，通过“左节点值<节点值，右节点值>节点值”的思路来求解。但是这种解法是错误的，因为**对于任意节点**，我们不仅需要其左节点的值小于该节点的值，还需要**左子树上所有节点的值都小于该节点的值**（右节点同）。所以在此引入上界与下界，用以保存之前的节点中出现的**最大值与最小值**。

03. 题目解答

明确了题目，我们直接使用递归求解。这里需要强调的是，在每次递归中，除了**进行左右节点的校验，还要进行上下界的判断**。由于该递归分析有一定难度，所以我们先展示代码。

```go
//Go
func isValidBST(root *TreeNode) bool {
    if root == nil{
        return true
    }
    return isBST(root,math.MinInt64,math.MaxInt64)
}

func isBST(root *TreeNode,min, max int) bool{
    if root == nil{
        return true
    }
    if min >= root.Val || max <= root.Val{
        return false
    }
    return isBST(root.Left,min,root.Val) && isBST(root.Right,root.Val,max)
}
```

下图省略了对根节点左子树的分析过程，比上文更容易理解。

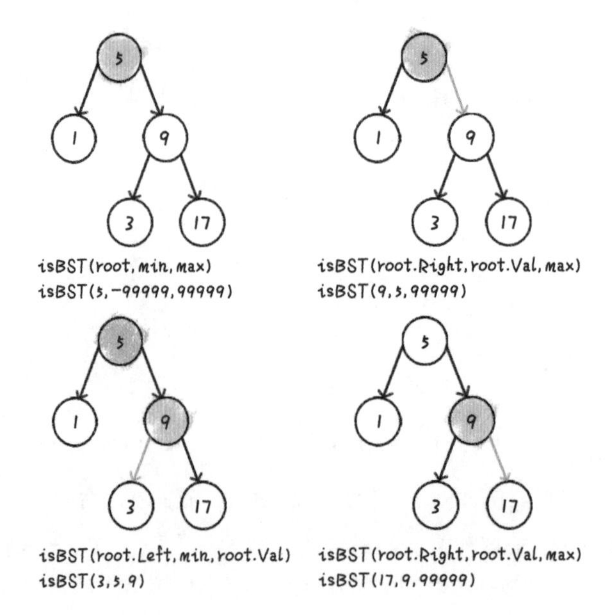

BST 的查找(700)

在上一节中，我们学习了如何验证二叉搜索树。那如何在二叉搜索树中查找一个元素呢？和在在普通二叉树中查找有何不同？我们将在本节中学习。

下面仍然通过例题进行讲解。

01．题目分析

第 700 题：二叉搜索树中的搜索

给定二叉搜索树的根节点和一个值，在 BST 中找到节点值等于给定值的节点。返回以该节点为根的子树。如果节点不存在，则返回 NULL。

示例：

给定二叉搜索树

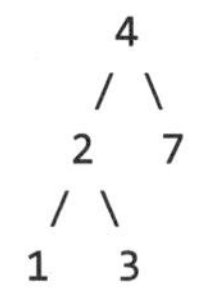

和值：2

应该返回如下子树

在上述示例中，要找的值是 5 ，但因为没有值为 5 的节点，所以返回 NULL。

02．题解分析

下图就是典型的 BST。

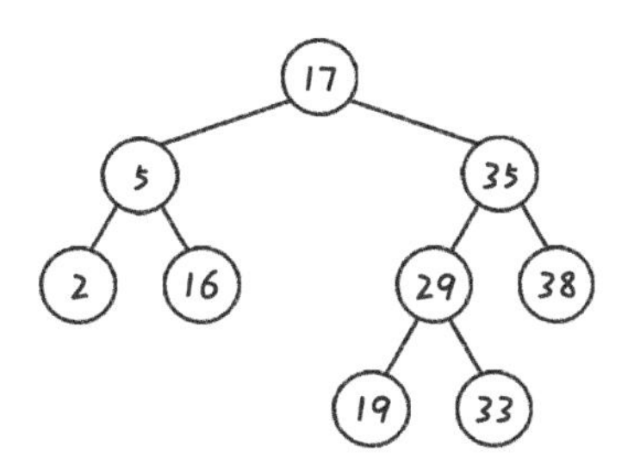

假设目标值为 val，根据 BST 的特性，我们很容易想到如下查找过程。

- 如果 val 小于当前节点的值，则转向其左子树继续搜索。
- 如果 val 大于当前节点的值，则转向其右子树继续搜索。

- 如果已找到，则返回当前节点。

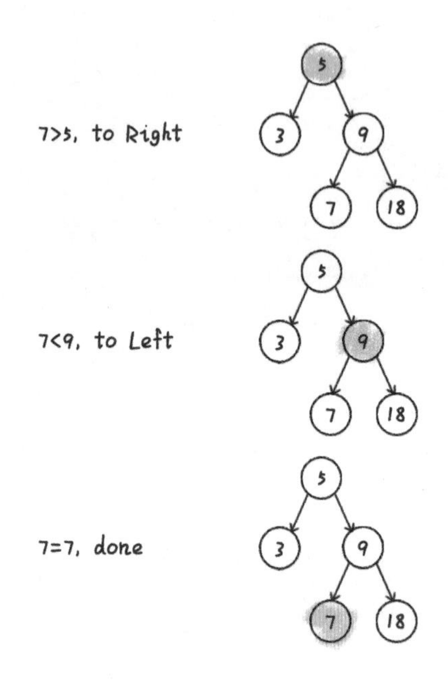

03. 题目解答

给出递归和迭代两种解法。

```
//Java
//递归
public TreeNode searchBST(TreeNode root, int val) {
    if (root == null)
        return null;
    if (root.val > val) {
        return searchBST(root.left, val);
    } else if (root.val < val) {
        return searchBST(root.right, val);
    } else {
        return root;
    }
}
//迭代
public TreeNode searchBST(TreeNode root, int val) {
        while (root != null) {
            if (root.val == val) {
                return root;
            } else if (root.val > val) {
                root = root.left;
```

```
            } else {
                root = root.right;
            }
        }
        return null;
}
```

04. 概念讲解

递归与迭代的区别

递归：重复调用函数自身实现循环称为递归。

迭代：利用变量的原值推出新值称为迭代，或者说迭代是函数内某段代码实现循环。

特别说明：本题确实很简单，专门进行讲解的目的有二。一是 BST 确实很重要；二是希望通过重复讲解加深大家对 BST 的印象，以免与后面的内容混淆。

删除二叉搜索树中的节点(450)

我们了解了 BST 的概念，也知道了如何在 BST 中查找元素，那么如何在 BST 中删除节点呢？我们将通过本节的例题进行学习。

01. 题目分析

第 450 题：删除二叉搜索树中的节点

给定一个二叉搜索树的根节点 root 和一个值 key，删除二叉搜索树中 key 对应的节点，并保证二叉搜索树的性质不变。返回二叉搜索树（有可能被更新）的根节点的引用。

一般来说，删除节点包括以下两个步骤。

（1）找到需要删除的节点。

（2）删除它。

说明：要求算法的时间复杂度为 $O(h)$，h 为树的高度。

示例：

```
root = [5, 3, 6, 2, 4, null, 7]
key = 3
```

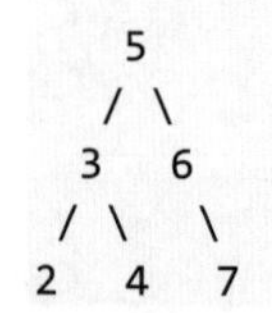

给定需要删除的节点值是 3，所以我们首先找到 3 这个节点，然后删除它。

一个正确答案是 [5, 4, 6, 2, null, null, 7]，如下所示。

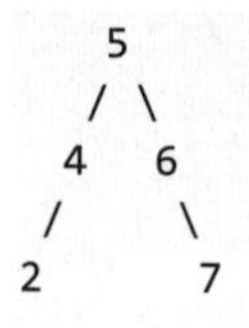

另一个正确答案是 [5, 2, 6, null, 4, null, 7]。

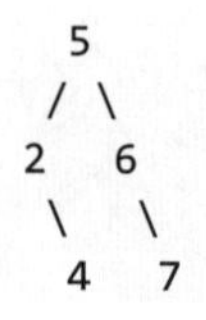

02. 题解分析

明确了概念，我们进行分析。要删除 BST 的一个节点，需要先**找到该节点**。而找到之后，会出现 3 种情况。

（1）待删除节点的左子树为空，让待删除节点的右子树替代它。

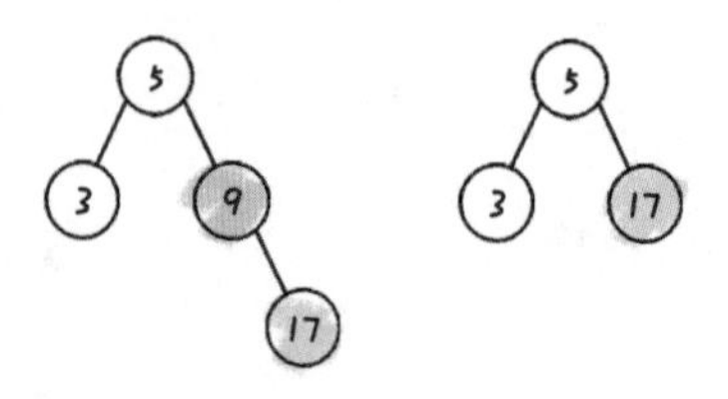

（2）待删除的节点右子树为空，让待删除节点的左子树替代它。

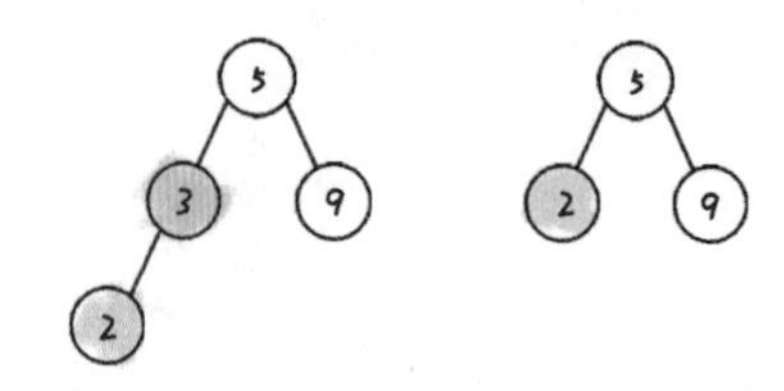

（3）如果待删除节点的左右子树都不为空，那么需要找到**比当前节点小的最大（前驱）节点**来替代它。

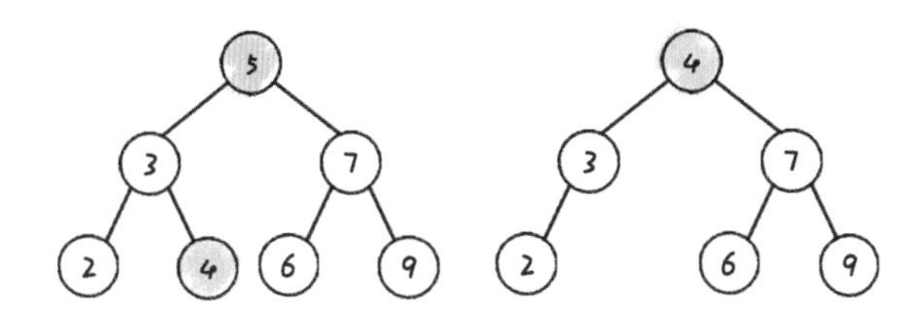

或者使用比当前节点大的最小（后继）节点来替代它。

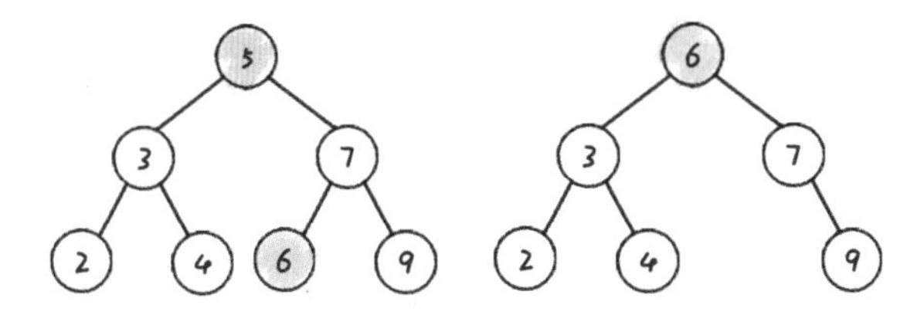

分析完毕，我们一起看代码。

03. 题目解答

这里我们给出使用**后继节点**替代待删除节点的方案（请自行实现另一种方案）。

```
//Go
func deleteNode(root *TreeNode, key int) *TreeNode {
    if root == nil {
        return nil
    }
    if key < root.Val {
        root.Left = deleteNode( root.Left, key )
        return root
    }
    if key > root.Val {
        root.Right = deleteNode( root.Right, key )
        return root
    }
    //到这里意味着已经找到目标
    if root.Right == nil {
        //右子树为空
        return root.Left
    }
    if root.Left == nil {
        //左子树为空
```

```
        return root.Right
    }
    minNode := root.Right
    for minNode.Left != nil {
        //查找后继节点
        minNode = minNode.Left
    }
    root.Val = minNode.Val
    root.Right = deleteMinNode( root.Right )
    return root
}

func deleteMinNode( root *TreeNode ) *TreeNode {
    if root.Left == nil {
        pRight := root.Right
        root.Right = nil
        return pRight
    }
    root.Left = deleteMinNode( root.Left )
    return root
}
```

平衡二叉树(110)

我们已经学习了二叉树的深度以及 **DFS**，本节讲解它们的应用。直接看题目。

01. 题目分析

第 110 题： 平衡二叉树

给定一棵二叉树，判断它是否是高度平衡的二叉树。

高度平衡的二叉树定义为：二叉树的每个节点左右子树的高度差的绝对值不超过 1。

示例 1：

```
给定二叉树 [3, 9, 20, null, null, 15, 7]

    3
   / \
  9  20
    /  \
   15   7
```

返回 true

示例 2:

给定二叉树 [1, 2, 2, 3, 3, null, null, 4, 4]

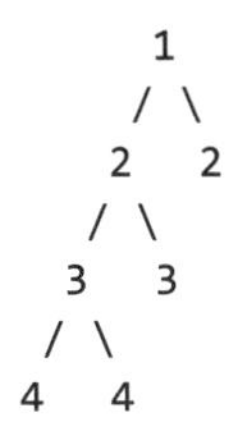

```
       1
      / \
     2   2
    / \
   3   3
  / \
 4   4
```

返回 false

02. 题解分析

这道题的思路很简单，我们要想判断一棵树是否是平衡二叉树，就要判断当前节点的两个孩子节点是否平衡，同时两个子树的高度差的绝对值是否超过 1。因此我们只要得到高度，再基于高度进行判断即可。

树的高度的求解过程如下。

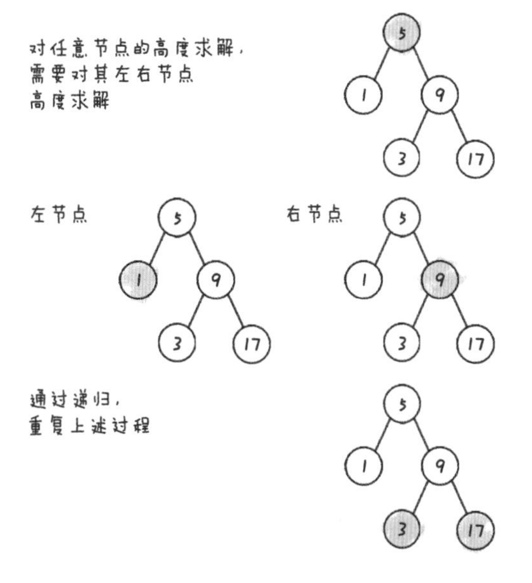

这里唯一要注意的是，如果其中任意节点不满足平衡二叉树的条件，那么整棵树就不是平衡二叉树，我们可以对其进行阻断，不需要继续递归。

另外需要注意的是，下图并不是平衡二叉树。

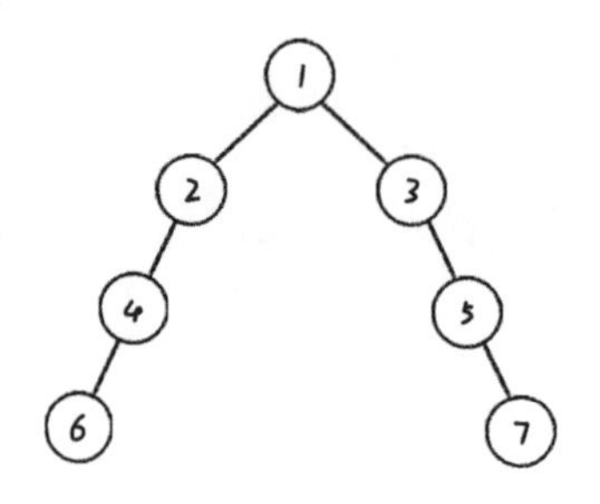

03. 题目解答

根据分析，可以顺利得出题解。

```
//Go
func isBalanced(root *TreeNode) bool {
    if root == nil {
        return true
    }
    if !isBalanced(root.Left) || !isBalanced(root.Right) {
        return false
    }
    leftH := maxDepth(root.Left) + 1;
    rightH := maxDepth(root.Right) + 1;
    if abs(leftH-rightH) > 1 {
        return false
    }
    return true
}

func maxDepth(root *TreeNode) int {
    if root == nil {
        return 0
    }
    return max(maxDepth(root.Left),maxDepth(root.Right)) + 1
}

func max(a,b int) int {
    if a > b {
        return a
    }
    return b
```

```
}

func abs(a int) int {
    if a < 0 {
        return -a
    }
    return a
}
```

完全二叉树的节点个数(222)

我们学习了**平衡二叉树**，并利用 DFS 对其进行了验证。在本节中，我们将继续学习**完全二叉树**的相关内容。

01. 概念讲解

完全二叉树由满二叉树引出。先来了解一下什么是满二叉树。

如果二叉树中除了叶子节点，每个节点的度都为 2，则称此二叉树为**满二叉树**。**二叉树的度表示某个节点的孩子节点或者直接后继节点的个数**。对于二叉树，1 度表示只有 1 个孩子，即单子树，2 度表示有两个孩子，即有左右子树。

满二叉树的示意图如下。

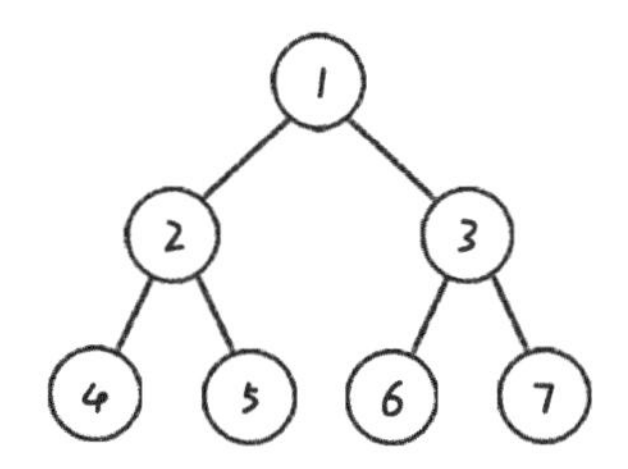

那什么是完全二叉树呢？

如果二叉树中除去最后一层节点即为满二叉树，且最后一层的节点从左到右连续分布，则此二叉树称为完全二叉树。

下图是完全二叉树。

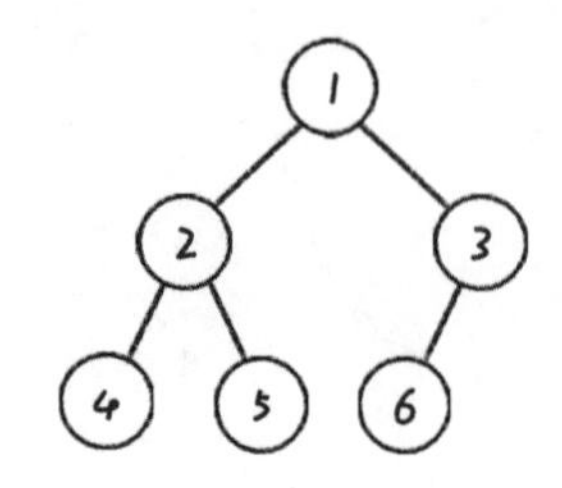

下图是非完全二叉树。

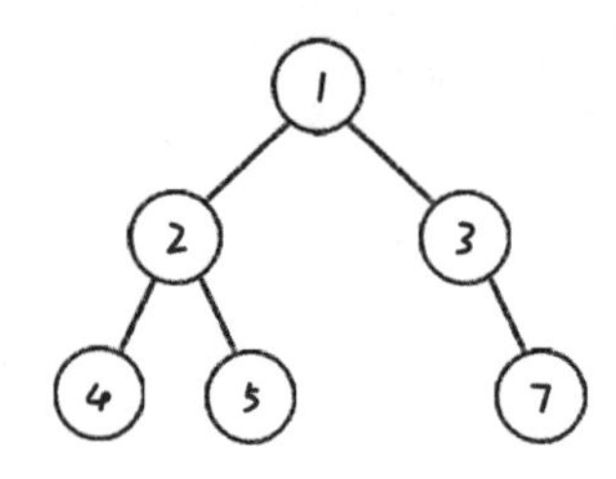

熟悉了概念，我们一起来看题目。

02. 题目分析

第 222 题： 完全二叉树的节点个数

给出一个完全二叉树，求该树的节点个数。

说明：

在完全二叉树中，除了底层节点可能没填满，其余每层的节点数都达到最大值，并且底层节点集中在左边的若干位置。若底层为第 h 层，则该层包含 $1\sim 2h$ 个节点。

示例：

```
输入:
    1
   / \
  2   3
 / \  /
4  5 6

输出: 6
```

03. 题解分析

首先分析题目，我们通过递归来求解节点数。

```
func countNodes(root *TreeNode) int {
    if root != nil {
        return 1 + countNodes(root.Right) + countNodes(root.Left)
    }
    return 1 + countNodes(root.Right) + countNodes(root.Left)
}
```

很明显，出题者要的肯定不是这种答案，因为这种答案和完全二叉树完全没有关系。所以，我们继续思考。

题目中已经告诉我们这是一棵完全二叉树，我们又知道完全二叉树除了最后一层，其他层都是满的，并且最后一层的节点靠向左边排到。我们可以想到，该完全二叉树可以分割成**若干满二叉树和完全二叉树，直接根据层高 *h* 计算出满二叉树的节点数为 2*h*–1，**然后**继续计算子树中的完全二叉树节点**。那如何将其分割成若干满二叉树和完全二叉树呢？**对任意子树，遍历其左子树层高 left，右子树层高 right，如果二者相等则左子树是满二叉树，否则右子树是满二叉树。**这里可能不容易理解，我们看图。

假设有树如下。

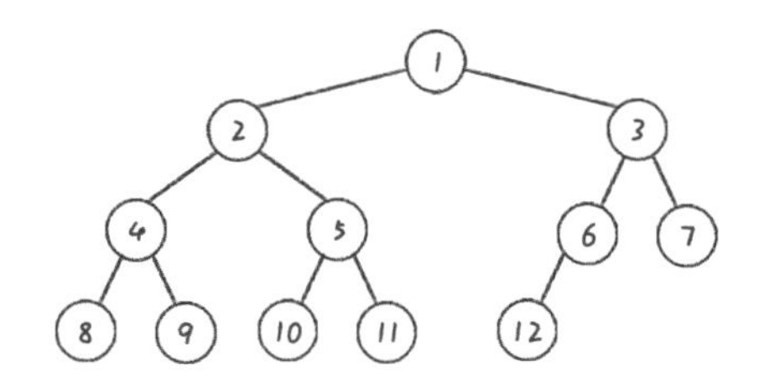

我们看到根节点的左右子树高度都为 3，说明左子树是一棵满二叉树。因为最后一层的节点已经填充到右子树了，所以左子树必定已经填满了。我们可以直接得到左子树的节点总数，是 $2^{left}-1$，加上根节点，则正好是 2^3，即 8。只需要再对右子树进行递归统计即可。

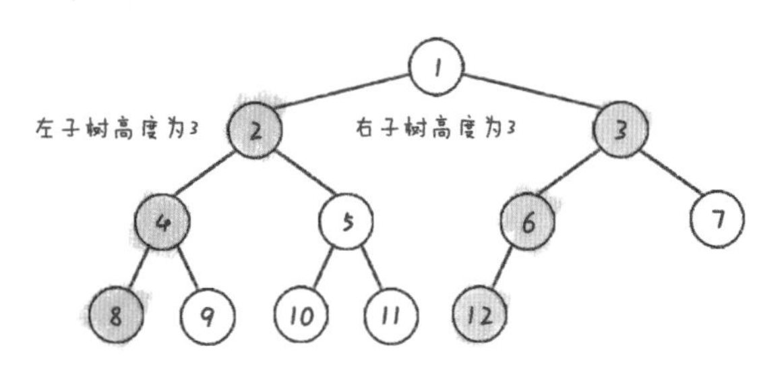

假设有树如下。

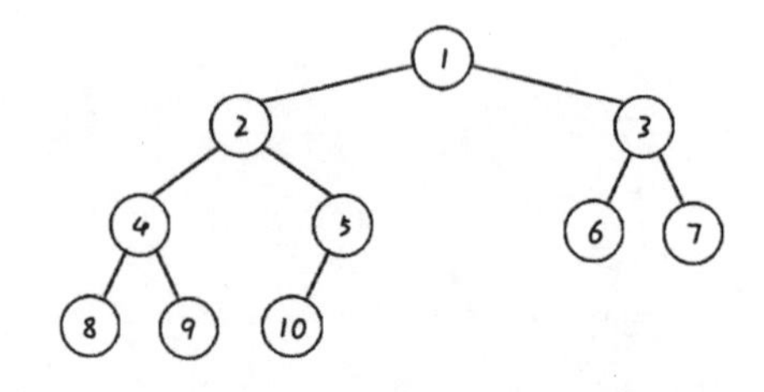

我们看到左子树高度为 3，右子树高度为 2。说明此时最后一层不满，但倒数第 2 层已经满了，可以直接得到右子树的节点个数。同理，右子树节点+根节点的总数为 2^{right}，即 2^2。再对左子树进行递归统计。

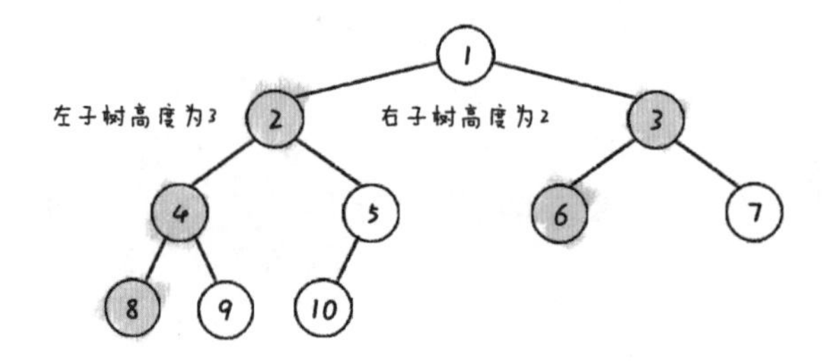

04. 题目解答

根据分析，得出如下题解。

```
//Java
class Solution {
    public int countNodes(TreeNode root) {
        if (root == null) {
            return 0;
        }
        int left = countLevel(root.left);
        int right = countLevel(root.right);
        if (left == right) {
            return countNodes(root.right) + (1 << left);
        } else {
            return countNodes(root.left) + (1 << right);
        }
    }

    private int countLevel(TreeNode root) {
        int level = 0;
        while (root != null) {
            level++;
```

```
            root = root.left;
        }
        return level;
    }
}
```

二叉树的剪枝(814)

在前面我们学习了 DFS、BFS，也熟悉了平衡二叉树、满二叉树、完全二叉树、BST 等概念。在本节中，我们将学习一种二叉树中常用的操作——**剪枝**。这里额外说一点，在规则引擎中，有一个概念叫作**决策树，如果一棵决策树完全生长，就会带来比较大的过拟合问题**。因为完全生长的决策树，每个节点只会包含一个样本，所以我们**需要对决策树进行剪枝操作，以提升整个决策模型的泛化能力**。

01. 概念讲解

假设有一棵树，最上层的是根节点，**父节点会依赖子节点**。现在有一些节点已经被标记为无效，我们要删除这些无效节点。**如果无效节点依赖的节点还有效，那么不应该将它删除**；如果无效节点和它的子节点都无效，那么可以删除。删除这些节点的过程，称为剪枝。**剪枝用来处理二叉树模型中的依赖问题**。

我们还是通过一道题目来具体学习。

02. 题目分析

第 814 题：二叉树的剪枝

给定二叉树根节点，此外树的每个节点的值都是 0 或 1。返回移除了所有不包含 1 的子树的原二叉树（节点 X 的子树为 X 本身以及所有 X 的后代）。

示例 1：

```
输入: [1, null, 0, 0, 1]
输出: [1,null,0,null,1]
```

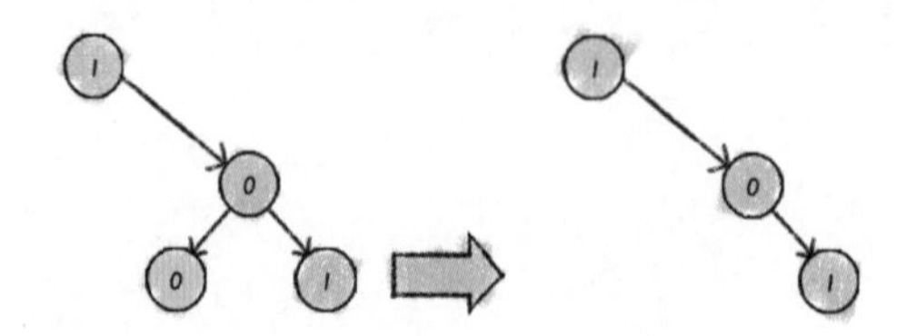

解释：

- 只有黄色节点满足条件“不包含 1 的子树”。
- 右图为返回的答案。

示例 2：

```
输入: [1, 0, 1, 0, 0, 0, 1]
输出: [1, null, 1, null, 1]
```

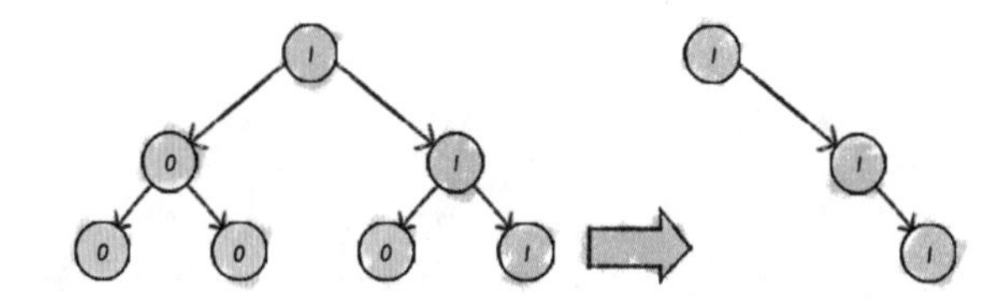

示例 3：

```
输入: [1, 1, 0, 1, 1, 0, 1, 0]
输出: [1, 1, 0, 1, 1, null, 1]
```

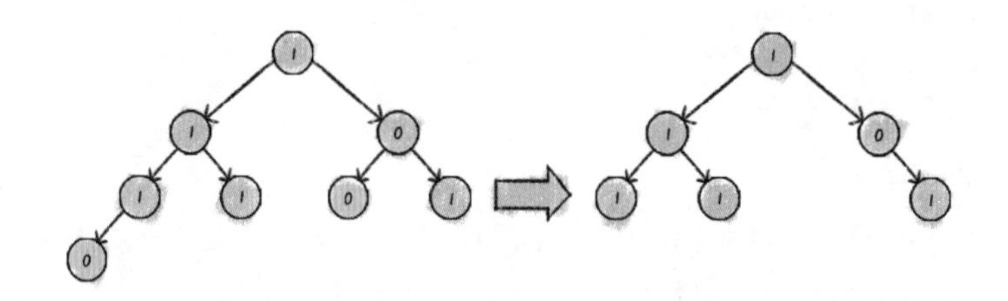

说明：

- 给定的二叉树最多有 100 个节点。
- 每个节点的值只会为 0 或 1。

03. 题解分析

二叉树的问题大多可以通过递归求解。假设有二叉树如下。

```
[0, 1, 0, 1, 0, 0, 0, 0, 1, 1, 0, 1, 0]
```

可以转化为下图。

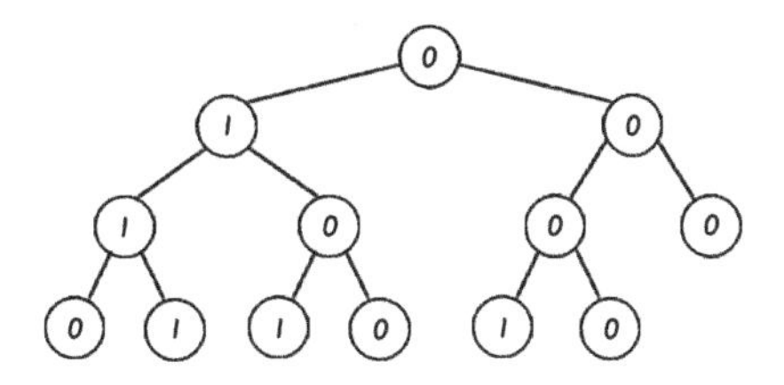

剪枝之后如下图。

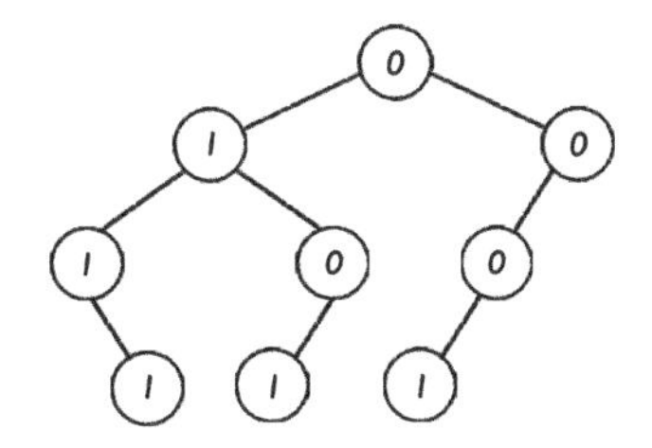

剪枝的过程很简单：在递归的过程中，如果当前节点的左右节点皆为空，且当前节点为 0，就将当前节点删除，过程如下图。

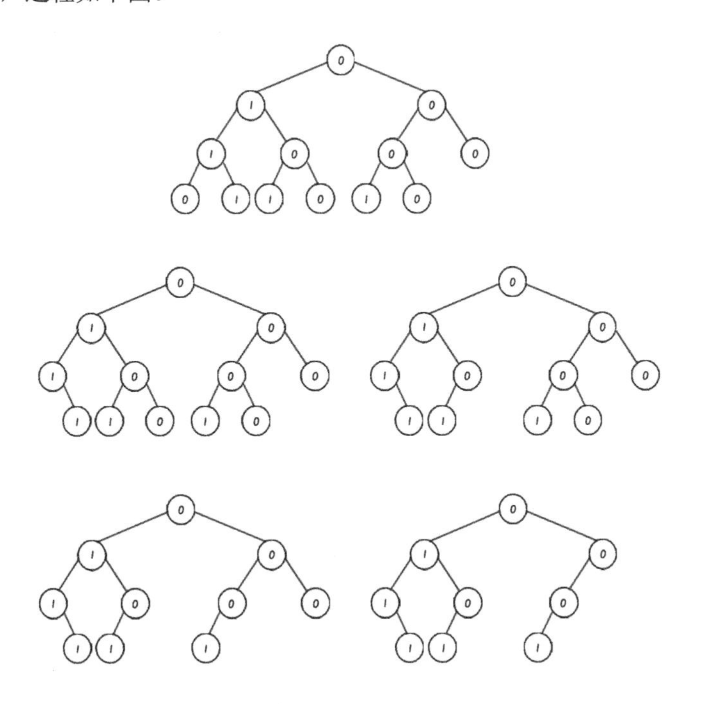

04. 题目解答

根据分析，得出如下题解。

```
//Go
func pruneTree(root *TreeNode) *TreeNode {
    return deal(root)
}

func deal(node *TreeNode) *TreeNode {
    if node == nil {
        return nil
    }
    node.Left = deal(node.Left)
    node.Right = deal(node.Right)
    if node.Left == nil && node.Right == nil && node.Val == 0 {
        return nil
    }
    return node
}
```

我认为学习算法绝不只是为了面试，也希望把这种观念传递给我的朋友们。栈、优先队列、红黑树、图等知识在工作中都能用到。真心希望大家可以在学习过程中有所成长。

06

第 06 章 滑动窗口系列

滑动窗口最大值(239)

滑动窗口也是在面试中经常遇到的问题。

01. 题目分析

第 239 题： 滑动窗口最大值

给定一个数组 nums，有一个大小为 k 的滑动窗口从数组的最左侧移动到数组的最右侧。你只可以看到在滑动窗口内的 k 个数字。滑动窗口每次只向右移动一位，返回滑动窗口中的最大值。

示例：

```
输入: nums = [1,3,-1,-3,5,3,6,7], k = 3

输出: [3,3,5,5,6,7]
```

解释：

```
滑动窗口的位置                最大值
---------------               -----
[1  3  -1] -3  5  3  6  7       3
 1 [3  -1  -3] 5  3  6  7       3
 1  3 [-1  -3  5] 3  6  7       5
 1  3  -1 [-3  5  3] 6  7       5
 1  3  -1  -3 [5  3  6] 7       6
 1  3  -1  -3  5 [3  6  7]      7
```

本题有一定难度，建议认真阅读。

02. 题解分析

最容易想到的方法是**通过遍历所有的滑动窗口，找到每个窗口的最大值进行暴力求解**。假设数组中有 l 个数字，则一共有 $\boldsymbol{l-k+1}$ 个窗口。

假设 nums = [1, 3, -1, -3, 5, 3, 6, 7]，$k=3$，那么窗口数为 6。

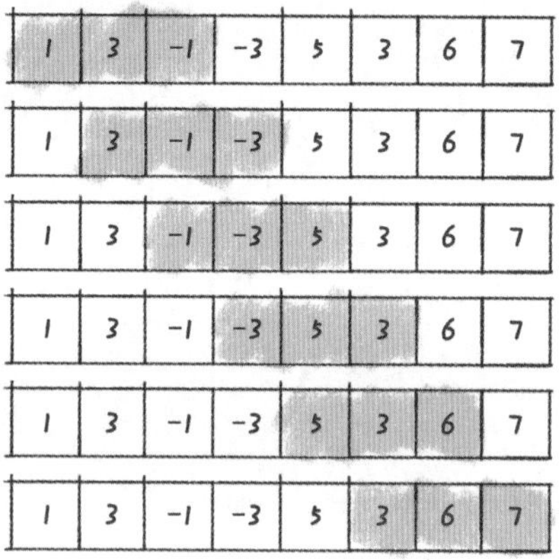

根据分析，直接给出题解。

```
//Java
class Solution {
    public int[] maxSlidingWindow(int[] nums, int k) {
        int len = nums.length;
        if (len * k == 0) return new int[0];
        int [] win = new int[len - k + 1];
        //遍历所有的滑动窗口
        for (int i = 0; i < len - k + 1; i++) {
            int max = Integer.MIN_VALUE;
            //找到每个滑动窗口的最大值
            for(int j = i; j < i + k; j++) {
                max = Math.max(max, nums[j]);
            }
            win[i] = max;
        }
        return win;
    }
}
```

结果令我们很不满意，时间复杂度达到了 $O(lk)$，如果面试官问到这道题，一定不要写出这样的代码。那么怎样优化时间复杂度呢？

03. 概念讲解

这道题比较经典，我们可以采用队列、DP、堆等方式进行求解，主要思路是**在窗口滑动的过程中，如何更快地完成查找最大值的过程**。但是最典型的解法还是**双端队列**。

我们先了解一下双端队列：双端队列是一种具有**队列和栈的性质的数据结构**，其中的元素可以从两端弹出或插入。

我们可以利用双端队列来实现一个窗口，目的是让该窗口**张弛有度**，也就是长度动态变化。用游标或者其他解法也是一样的。

然后遍历该数组，同时在双端队列的头部维护当前窗口的最大值（在遍历过程中，一旦发现当前元素比队列中的元素大，就将原来队列中的元素删除），在结果数组中记录下遍历过程中每个窗口的最大值。最终的结果数组就是我们想要的，整体图解如下。

假设 nums = [1, 3, -1, -3, 5, 3, 6, 7]，$k = 3$。

数组	双端队列	result数组
1 3 -1 -3 5 3 6 7	1	
1 3 -1 -3 5 3 6 7	3	
1 3 -1 -3 5 3 6 7	3, -1	3
1 3 -1 -3 5 3 6 7	3, -1, -3	3 3
1 3 -1 -3 5 3 6 7	5	3 3 5
1 3 -1 -3 5 3 6 7	5, 3	3 3 5 5
1 3 -1 -3 5 3 6 7	6	3 3 5 5 6
1 3 -1 -3 5 3 6 7	7	3 3 5 5 6 7

04. 题目解答

根据分析，得出如下代码。

```
//Go
func maxSlidingWindow(nums []int, k int) []int {
```

```
    if len(nums) == 0 {
        return []int{}
    }
    //用切片模拟一个双端队列
    queue := []int{}
    result := []int{}
    for i := range nums {
        for i > 0 && (len(queue) > 0) && nums[i] > queue[len(queue)-1] {
            //将比当前元素小的元素删除
            queue = queue[:len(queue)-1]
        }
        //将当前元素放入 queue
        queue = append(queue, nums[i])
        if i >= k && nums[i-k] == queue[0] {
            //维护队列，保证其头元素为当前窗口最大值
            queue = queue[1:]
        }
        if i >= k-1 {
            //放入结果数组
            result = append(result, queue[0])
        }
    }
    return result
}
```

无重复字符的最长子串(3)

在上一节中，我们使用**双端队列**完成了一道颇为困难的题目，以此展示了滑动窗口。在本节中，我们将继续深入分析，探索滑动窗口题型一些模式性的解法。

01. 概念讲解

大部分滑动窗口类型的题目考查的是字符串的匹配。比较标准的题目会给出一个模式串 B 和一个目标串 A，然后提出问题，在 A 中找到符合 B 中限定规则的子串或者对 A 的限定规则的结果，最后根据题目中的要求组合搜索出子串。

例如，给定一个字符串 s 和一个非空字符串 p，找到 s 中所有的 p 的字母异位词的子串，返回这些子串的起始索引。

又例如，给定一个字符串 S 和一个字符串 T，在字符串 S 里面找出包含 T 所有字母的最小子串。

再例如，给定一个字符串 s 和一些长度相同的单词 words。找出 s 中恰好可以由 words 中所有单词串联形成的子串的起始位置。

以上都是这一类的标准题型。对于这一类题目，我们常用的解题思路**是维护一个长度可变的滑动窗口**。无论是使用**双指针**，还是使用**双端队列**，又或者是使用**游标**等方法，目的都是一样的。

现在，我们通过一道题目来学习。

02. 题目分析

第 3 题：无重复字符的最长子串

给定一个字符串，请你找出其中不含有重复字符的最长子串的长度。

示例 1：

```
输入："abcabcbb"
输出：3
```

解释：因为无重复字符的最长子串是 "abc"，所以其长度为 3。

示例 2：

```
输入："bbbbb"
输出：1
```

解释：因为无重复字符的最长子串是 "b"，所以其长度为 1。

示例 3：

```
输入："pwwkew"
输出：3
```

解释：因为无重复字符的最长子串是 "wke"，所以其长度为 3。

请注意，你的答案必须是子串的长度，"pwke" 是一个子序列，不是子串。

03. 题解分析

直接分析题目，假设我们的输入为“abcabcbb”，我们只需要维护一个窗口在输入字符串中移动，如下图。

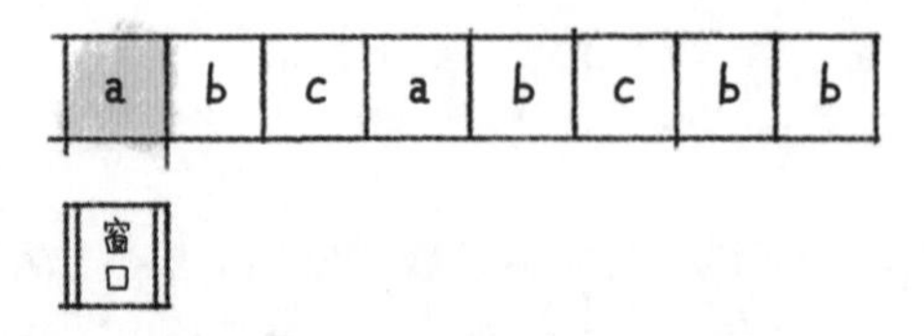

当下一个元素在窗口没有出现过时，我们扩大窗口。

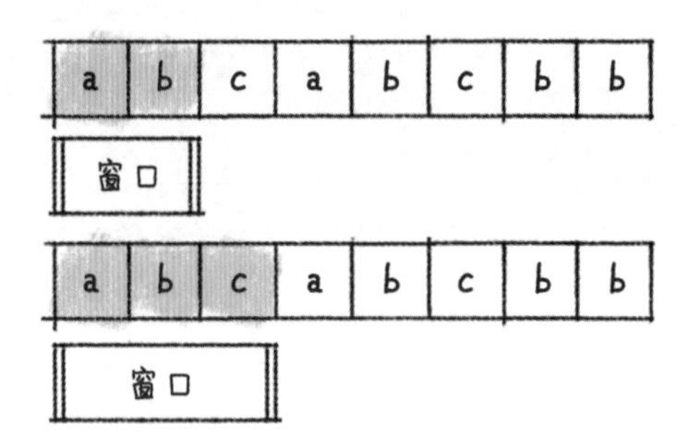

当下一个元素在窗口中出现时，我们缩小窗口，将**出现的元素及其左边的元素**移出。

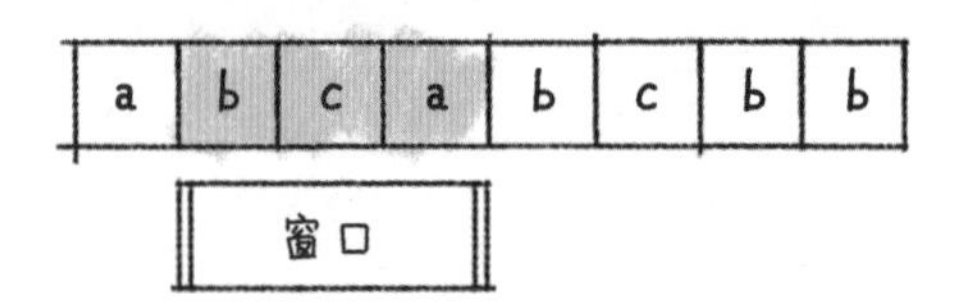

我们需要**记录下窗口出现的最大值**，并**尽可能扩大窗口**。

那怎样通过代码来维护这样一个窗口呢？通过队列、双指针，甚至 map 都可以。

04. 题目解答

我们演示一个**双指针**的解法。

```
//Java
public class Solution {
    public static int lengthOfLongestSubstring(String s) {
        int n = s.length();
        Set<Character> set = new HashSet<>();
        int result = 0, i = 0, j = 0;
        while (i < n && j < n) {
            //charAt：返回指定位置处的字符
            if (!set.contains(s.charAt(j))) {
                set.add(s.charAt(j));
                j++;
```

```
            result = Math.max(result, j - i);
        } else {
            set.remove(s.charAt(i));
            i++;
        }
    }
    return result;
  }
}
```

在最坏的情况下，每个字符都被访问两次——left 一次、right 一次，时间复杂度为 $O(2N)$，如下图所示，这是难以接受的。

假设字符串为“abcdc”，那么访问了两次 abc。

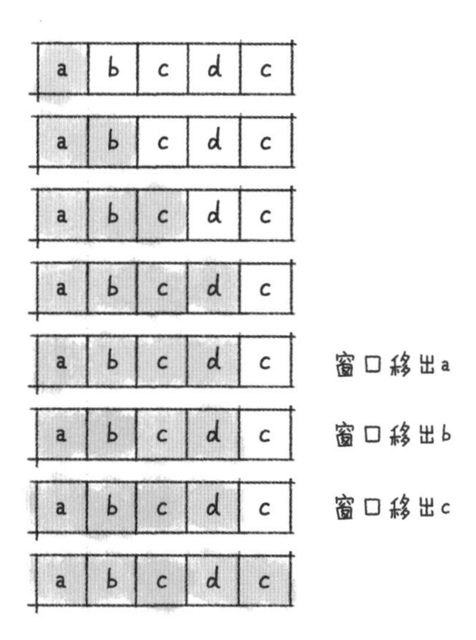

那么如何优化呢？

我们可以定义**字符到索引的映射**，而不是简单通过一个集合来判断字符是否存在。这样，当我们**找到重复的字符时，可以立即跳过该窗口**，而不需要再次访问之前的元素。

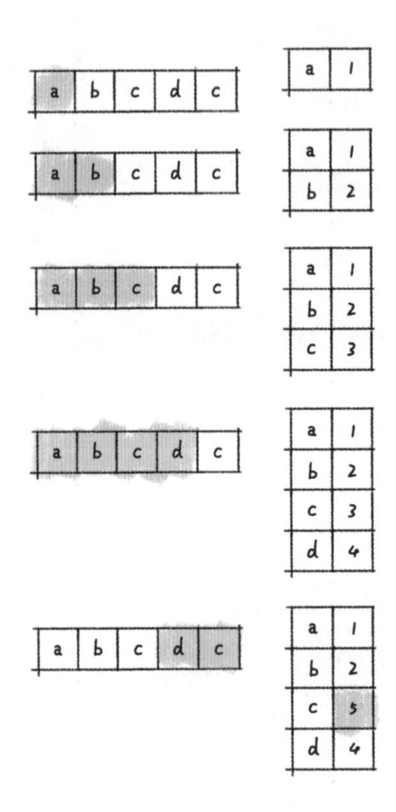

优化后的代码如下。

```
//Java
public class Solution {
    public static int lengthOfLongestSubstring(String s) {
        int n = s.length(), result = 0;
        Map<Character, Integer> map = new HashMap<>();
        for (int right = 0, left = 0; right < n; right++) {
            if (map.containsKey(s.charAt(right))) {
                left = Math.max(map.get(s.charAt(right)), left);
            }
            result = Math.max(result, right - left + 1);
            map.put(s.charAt(right), right + 1);
        }
        return result;
    }
}
```

修改之后，我们发现虽然时间复杂度降低了一些，但速度还是比较慢。如何更进一步优化呢？我们可以使用一个 256 位的数组来替代 hashmap，因为 ASCII 码表里的字符一共有 128 个，而 ASCII 码的长度是 1 字节（8 位），理论上可以表示 256 个字符。但是很多时候只谈 128 个。

进一步优化代码如下。

```
//Java
class Solution {
    public int lengthOfLongestSubstring(String s) {
        int n = s.length();
        int result = 0;
        int[] charIndex = new int[256];
        for (int left = 0, right = 0; right < n; right++) {
            char c = s.charAt(right);
            left = Math.max(charIndex[c], left);
            result = Math.max(result, right - left + 1);
            charIndex[c] = right + 1;
        }

        return result;
    }
}
```

我们发现优化后的时间复杂度有了极大改善。这里简单说一下原因：在使用数组和 hashmap 访问时，两者谁快谁慢不是一定的，需要思考 hashmap 的底层实现以及数据量大小。这里因为已知待访问数据的下标可以**直接寻址**，所以极大地缩短了查询时间。

最后要强调的是：在分析一道题目时，要像抽茧剥丝一样，尽可能地完成对题目的优化。不一定非要自己想到最优解，但绝对不要局限于单纯地完成题目，那样毫无意义！

字母异位词(438)

之前的两节讲解了**滑动窗口类**问题的**模式解法**，相信大家对此类题型已不陌生。本节继续讲解一道题目，巩固所学。

01. 题目分析

第 438 题：找到字符串中所有字母异位词

给定一个字符串 s 和一个非空字符串 p，找到 s 中所有是 p 的字母异位词的子串，返回这些子串的起始索引。

字符串只包含小写英文字母，并且字符串 s 和 p 的长度都不超过 20100。

说明：

- 字母异位词指字母相同，但排列不同的字符串。
- 不考虑答案输出的顺序。

示例 1：

```
输入:s: "cbaebabacd" p: "abc"

输出:[0, 6]
```

解释：

- 起始索引等于 0 的子串是 "cba"，它是 "abc" 的字母异位词。
- 起始索引等于 6 的子串是 "bac"，它是 "abc" 的字母异位词。

示例 2：

```
输入:s: "abab" p: "ab

输出:[0, 1, 2]
```

解释：

- 起始索引等于 0 的子串是 "ab"，它是 "ab" 的字母异位词。
- 起始索引等于 1 的子串是 "ba"，它是 "ab" 的字母异位词。
- 起始索引等于 2 的子串是 "ab"，它是 "ab" 的字母异位词。

提示：建议先完成上节内容的学习，否则理解起来可能有一定困难！

02. 题解分析

直接套用之前的模式，使用双指针来模拟一个滑动窗口解题，分析过程如下。

假设有字符串“cbaebabacd”，目标串为“abc”。

我们通过双指针维护一个窗口，由于只需要判断字母异位词，所以可以初始化窗口大小与目标串一致。当然，你也可以初始化窗口为 1，逐步扩大。

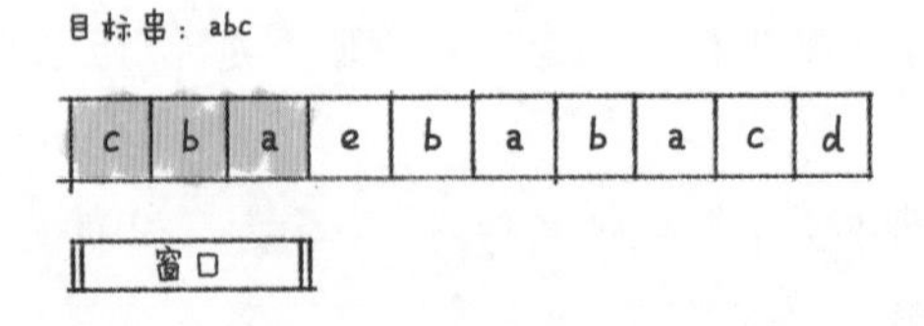

而**判断字母异位词**需要**保证窗口中字母的出现次数与目标串中字母的出现次数一致**。因为字母

只有 26 个，所以直接使用数组替代 map 进行存储（和上一讲中的 ASCII 使用 256 个数组存储的思想一致）。

pArr 为目标串数组，sArr 为窗口数组。我们发现初始化数组本身就满足题目要求，记录下来。**图示中用 map 模拟数组，便于大家理解**。

sArr

a	1
b	1
c	1

pArr

a	1
b	1
c	1

然后我们通过移动窗口来更新窗口中的数组，进而和目标数组匹配，匹配成功进行记录。每次窗口移动，**左指针前移**，原来**左指针位置的数值都减 1，表示字母移出；同时右指针前移，右指针位置的数值加 1，表示字母移入**。详细过程如下。

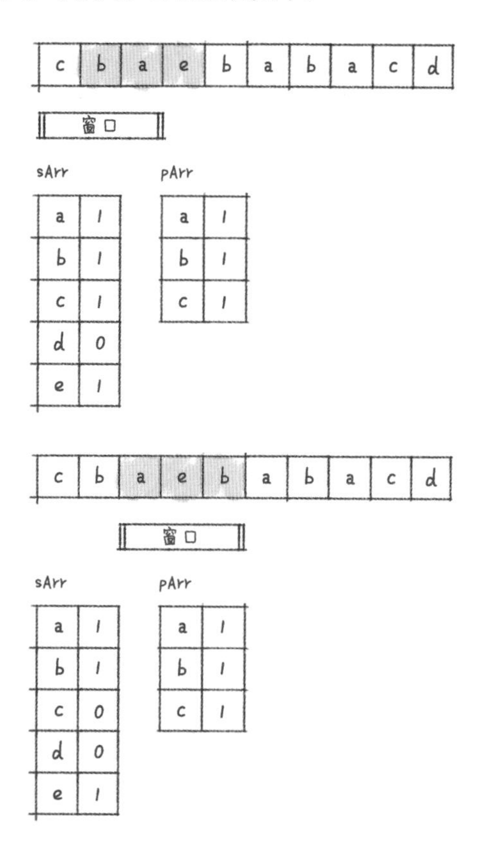

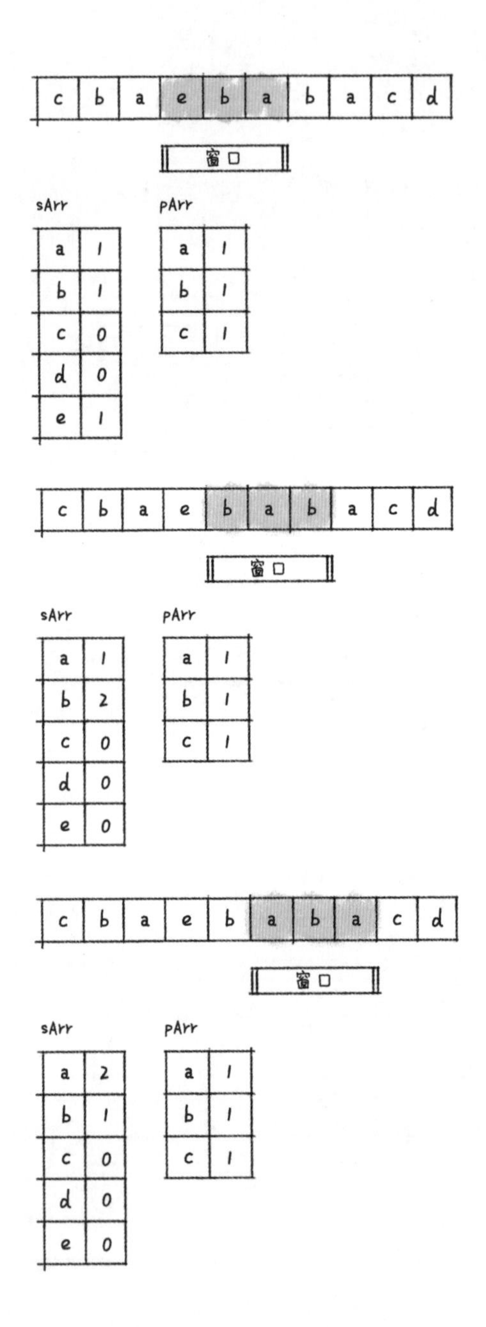
c b a e b a b a c d
窗口
sArr
a 1
b 1
c 0
d 0
e 1
pArr
a 1
b 1
c 1
c b a e b a b a c d
窗口
sArr
a 1
b 2
c 0
d 0
e 0
pArr
a 1
b 1
c 1
c b a e b a b a c d
窗口
sArr
a 2
b 1
c 0
d 0
e 0
pArr
a 1
b 1
c 1

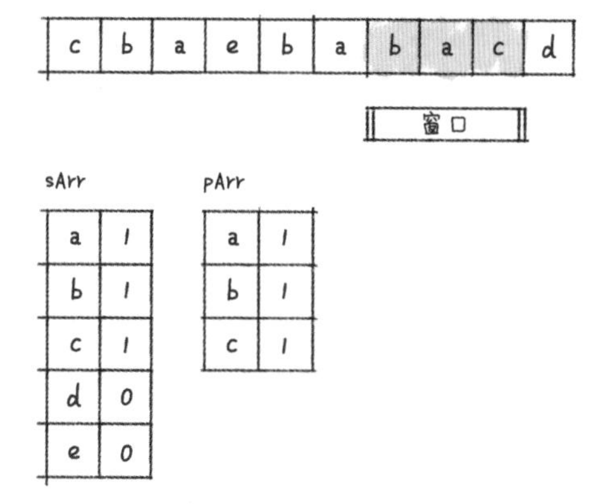

当右指针到达边界时，意味着匹配完成。

03. 题目解答

根据分析，得出如下题解。

```
//Java
class Solution {

    public List<Integer> findAnagrams(String s, String p) {

        if (s == null || p == null || s.length() < p.length()) return new ArrayList<>();

        List<Integer> list = new ArrayList<>();

        int[] pArr = new int[26];
        int[] sArr = new int[26];

        for (int i = 0; i < p.length(); i++) {
            sArr[s.charAt(i) - 'a']++;
            pArr[p.charAt(i) - 'a']++;
        }
        int i = 0;
        int j = p.length();

        // 窗口大小固定为 p 的长度
        while (j < s.length()) {
            if (isSame(pArr, sArr))
                list.add(i);
            //sArr[s.charAt(i) - 'a']-- 左指针位置处字母减 1
            sArr[s.charAt(i) - 'a']--;
            i++;
                //sArr[s.charAt(j) - 'a']++ 右指针位置处字母加 1
```

```
                sArr[s.charAt(j) - 'a']++;
            j++;
        }

        if (isSame( pArr, sArr))
            list.add(i);

        return list;
    }
    public boolean isSame(int[] arr1, int[] arr2) {
        for (int i = 0; i < arr1.length; ++i)
            if (arr1[i] != arr2[i])
                return false;
        return true;
    }
}
```

和为 s 的连续正数序列

本节为大家分享一道经典面试题。

01. 题目分析

题目：和为 s 的连续正数序列

输入一个正整数 target，输出所有和为 target 的连续正整数序列（至少含有两个数）。序列内的数字由小到大排列，不同序列按照首个数字从小到大排列。

示例 1：

```
输入：target = 9
输出：[[2,3,4],[4,5]]
```

示例 2：

```
输入：target = 15
输出：[[1,2,3,4,5],[4,5,6],[7,8]]
```

02. 题解分析

特别提醒：题解只能为你提供一个思路，只有通过大量的练习，不断克服困难，才能取得真正的进步！

这个题目比较简单，是一道典型的**滑动窗口**的题目。

假设输入的 target 为 9。

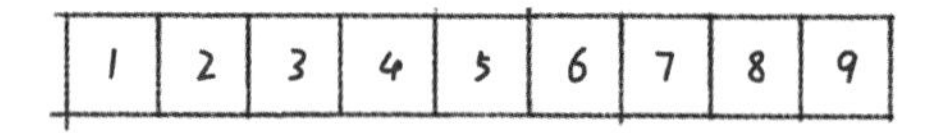

通过左右指针来维护一个滑动窗口，计算窗口内的值是否为目标值。

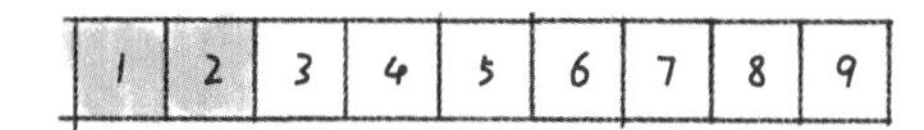

如果窗口的值过小，就移动右边界。

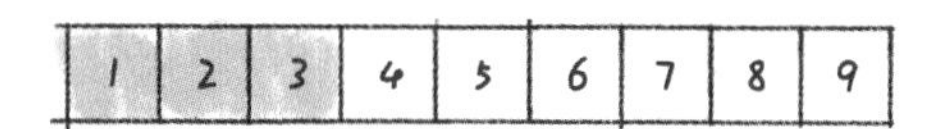

如果窗口的值过大，就移动左边界。

1	2	3	4	5	6	7	8	9

1	2	3	4	5	6	7	8	9

反复执行上述操作即可。到这里分析过程看似结束了，但是我们可以找出其中的规律来优化算法。**对于任意正整数，总是小于它的中值与中值+1 的和**。下图更加直观。

1	2	...	49	50	51	...	99	100

图中的 100 一定小于 50+51，换成其他数也一样。换句话说，**一旦窗口左边界超过中值，窗口内的数字和一定大于 target**。

03. 题目解答

根据分析，得到题解。

```
//Go
func findContinuousSequence(target int) [][]int {
    result := make([][]int, 0)
    i := 1
    j := 1
    win := 0
```

```
    arr := make([]int, target)
    for i := range arr {
        arr[i] = i + 1
    }
    for i <= target/2 {
        if win < target {
            win += j
            j++
        } else if win > target {
            win -= i
            i++
        }  else {
            result = append(result, arr[i-1:j-1])
            win -= i
            i++
        }
    }
    return result
}
```

同时给出 Java 版本的题解。

```
//Java
class Solution {
    public int[][] findContinuousSequence(int target) {
        List<int[]> res = new ArrayList<>();
        int i = 1;
        int j = 1;
        int win = 0;
        while (i <= target / 2) {
            if (win < target) {
                win += j;
                j++;
            } else if (win > target) {
                win -= i;
                i++;
            } else {
                int[] arr = new int[j-i];
                for (int k = i; k < j; k++) {
                    arr[k-i] = k;
                }
                res.add(arr);
                win -= i;
                i++;
            }
        }
        return res.toArray(new int[res.size()][]);
    }
}
```

第 07 章 博弈论系列

本系列将为大家带来一整套**博弈论问题**。在面试的过程中，除了常规的算法题，我们经常也会被问到一些趣味题，而这类问题中，很多都有博弈论的影子存在。以 FLAG（Facebook、LinkedIn、Amazon、Google）为代表的一些公司特别喜欢考查本类题型。本系列讲解的不都是算法问题，重在提高分析问题的能力。

囚徒困境

01. 题目分析

一件严重的仓库纵火案发生后，警察在现场抓到两个犯罪嫌疑人。事实上，正是他们一起放火烧了这座仓库。但是，警方没有掌握足够的证据，只得把他们分开囚禁，要求他们主动交代。

在分开囚禁后，警察对其分别告知：

如果两人都不坦白，则由于证据不足，两人都会被释放。

如果甲坦白，而乙不坦白，则将甲释放，乙判刑 8 年。

如果甲不坦白，而乙坦白，则将乙释放，甲判刑 8 年。

如果两人都坦白了，则两人都判刑 4 年。

那么两个囚犯应该如何做，是互相背叛还是一起合作？

02. 题解分析

从表面上看，犯人的最佳选择是都不坦白，这样因为证据不足，两人都会被释放。然而，事实是两人共同放的火，所以他们**不得不思考：对方会采取什么样的行为**？

两个犯人都无法相信对方。因为对方一旦坦白，而自己什么都没说，对方就可以潇洒离去。而同时他们也意识到，对方也会这样设想自己。

因此**唯一理性的选择就是背叛对方**，把一切都告诉警方。这样的话，如果同伙保持沉默，自己就是那个离开的人。而如果同伙也根据这个逻辑向警方交代了，那么自己也不必服最重的刑。

	甲供认	甲不供认
乙供认	甲4年 乙4年	甲8年 乙释放
乙不供认	甲释放 乙8年	无罪释放

这场博弈的过程，**显然不是顾及全体利益的最优解决方案**。以全体利益而言，如果两个人都保持沉默，那么两个人都可以无罪释放，全体利益最高。但根据假设，两个人都只追求自己的利益，最终两个人都会选择背叛，这就是“困境”所在。

这种**两个人都选择坦白的策略以及因此被判刑 4 年的结局**被称作**纳什均衡**，也叫非合作均衡，换言之，在此种情况下，**无一参与者可以通过“独自行动”（单方面改变决定）增加收获。**

我们看一下官方释意是多么难懂：所谓纳什均衡，指参与人的一种策略组合，在该策略组合上，**任何参与人单独改变策略都不会得到好处。**简单点讲，如果在一个策略组合上，当所有其他人都不改变策略时，没有人会改变自己的策略，则该策略组合就是一个纳什均衡。

辛普森悖论

概念讲解

辛普森悖论

羊羊医院里统计了两种胆结石治疗方案的治愈率。在统计过程中，医生将病人分为大胆结石和小胆结石两组。统计结果如下。

	手术A	手术B
小胆结石	93%(81/87)	87%(234/270)
大胆结石	73%(192/263)	69%(55/80)

- 对于小胆结石而言，手术 A 的治愈率（93%）高于手术 B 的治愈率（87%）。
- 对于大胆结石而言，手术 A 的治愈率（73%）高于手术 B 的治愈率（69%）。

羊羊医院的医生得出结论：

无论对于大小胆结石，手术 A 的治愈率都胜过手术 B 的治愈率。

但是真的是这样吗？当然不是，我们根据样本统计出大小胆结石的总治愈率，发现**手术 B 的治愈率（83%）其实高于手术 A 的治愈率（78%）**。

	手术A	手术B
小胆结石	93%(81/87)	87%(234/270)
大胆结石	73%(192/263)	69%(55/80)
总计	78%(273/350)	83%(289/350)

为什么会出现这样的结果？这就是著名的**辛普森悖论**。

得到了结论，我们来思考背后的东西。在我们的直觉里有这样一个逻辑：**如果一个事物的各部分分别大于另一个事物的各部分，那么这个事物大于另一个事物**。例如，我们的直觉告诉我们：如果手术 A 对两组病人的治愈率都更高，那么手术 A 对所有病人的治愈率都应该更高。

我们可以将其公式化（**该公式错误**），

$A=A_1+A_2+\cdots+A_n$，$B=B_1+B_2+\cdots+B_n$ 如果对 $i=1, 2, \cdots, n$ 都有 $A_i>B_i$，则 $A>B$。
乍一看，很多人会觉得该公式没有问题，所以这个公式代表了大部分人的思维。其实在这个公式中，隐藏掉了一个很重要的条件：**简单地通过对 A_1、A_2、A_n 和 B_1、B_2、B_n “求和”得到 A 或者 B**。这就是**可加性**的前提。在大脑的思维过程中，因为我们很难直接看到这个前提，进而导致了错误。

下面我们举一些生活中常见的辛普森悖论的例子。

- 打麻将的时候，把把都赢小钱，造成赢钱的假象，其实不如别人赢一把大的。

- 在“苹果”和“安卓”的竞争中，你听见身边的人都在逃离“苹果”，奔向“安卓”。但是其实“苹果”的流入率还是要高于“安卓”。

红眼睛和蓝眼睛

01. 题目分析

红眼睛和蓝眼睛

一个岛上有100个人，其中有5个红眼睛，95个蓝眼睛。这个岛有三个奇怪的宗教规则。

（1）岛上的人不能照镜子，不能看自己眼睛的颜色。

（2）岛上的人不能告诉别人他的眼睛是什么颜色。

（3）一旦有人知道了自己是红眼睛，他就必须在当天夜里自杀。

某天，有个旅行者到了这个岛上。由于不知道这里的规矩，所以他在和全岛人一起狂欢时，说了一句话：你们这里有红眼睛的人。

问题：假设这个岛上的人每天都可以看到其他所有人，每个人都可以做出缜密的逻辑推理，请问岛上会发生什么？

02. 题解分析

通过仔细推敲，我们可以将问题简化，从假设只有1个红眼睛的人开始分析。

（1）假设岛上只有1个红眼睛的人，其他99个人都是蓝眼睛的。因为这个旅行者说了“这里有红眼睛的人”，**那么在第1天，这个红眼睛的人会发现其他人都是蓝眼睛**（与此同时，其他人因为看到了这个红眼睛的人，所以确认了自己安全），**那么这天晚上，这个红眼睛的人一定会自杀。**

（2）继续分析，假设这个岛上有两个红眼睛的人，那么当旅行者说“这里有红眼睛的人”之后的第1天，这两个红眼睛的人发现还有别的红眼睛的人存在，所以他们当天晚上认为自己是安全的。但是到了第2天，他们会发现，**另一个红眼睛的人竟然没有自杀，说明岛上不止有一个红眼睛的人。并且当天他们也没有发现有别的红眼睛的人存在，说明另一个红眼睛的人就是自己。**所以在**第2天夜里，两个红眼睛的人会同时自杀。**

（3）假如岛上有3个红眼睛的人。那么在第1天，红眼睛1号发现岛上还有另外两个红眼睛的人，会以为自己不是红眼睛。到了第2天，红眼睛1号仍然看到了另外两个红眼睛的人，并认为他们两个晚上会自杀（根据上面的推论得出）。但是**到了第3天，红眼睛1号发现另外两个红眼睛的人竟然都没有自杀，说明岛上红眼睛的人不止两个，**而当天红眼睛1号也没发现新的红眼睛的人，**说明还有一个红眼睛的人就是自己**。所以在第 3 天夜里，3 个红眼睛的人会同时自杀。

根据上面的推论，**假设有 *N* 个红眼睛的人，那么到了第 *N* 天，这 *N* 个红眼睛的人就会自杀**。所以最终这个岛上红眼睛的人会统统自杀。

03. 旅行者的挽回

上面的分析大家应该都看懂了。但如果旅行者在说完这句话后，并没有离开这个岛，同时他看到周围人的惊慌失措，为自己的行为感到懊恼，决定对自己的话进行挽回，那么旅行者该怎么做呢？

这里我提供一种思路，**旅行者可以在第 *N* 次集会上杀掉 *N* 个红眼睛**，从而中断事件的推理。事实上，基于人道主义，旅行者只需要在第 *N* 天的时候告诉这 *N* 个人，你们是红眼睛，那么这天晚上，这 *N* 个人就会自杀。

海盗分金币

01. 题目分析

海盗分金币

在大海上，有 5 个海盗抢得 100 枚金币，他们决定依次提出自己的分配方案，如果提出的方案没有获得半数或半数以上人的同意，则提出这个方案的人就被扔到海里喂鲨鱼。那么第 1 个提出方案的人要怎么做，才能使自己的利益最大化？

海盗们有如下特点。

（1）足智多谋，总是采取最优策略。

（2）贪生怕死，尽量保全自己的性命。

（3）贪得无厌，自己得到的宝石越多越好。

（4）心狠手辣，在自己利益最大的情况下希望越多人死越好。

（5）疑心多虑，不信任彼此，尽量确保自身利益，不寄希望于别人。

02. 题解分析

很多人会觉得，第 1 个提方案的海盗会很吃亏，因为死的人越多，平均每个人获取的金币就越多，而第 1 个提方案的人是最容易死的。但是事实是，在满足海盗特点的基础上，**第 1 个提方**

案的海盗是最赚的，我们一起来分析一下。

（1）假设只有两个海盗，那么无论 1 号海盗说什么，只要 2 号海盗不同意，2 号海盗就可以得到全部金币，所以 **1 号海盗必死无疑**（这样的前提是 1 号提出方案后不可以马上自己同意，否则自己提出给自己全部金币的方案，自己支持，2 号海盗必死无疑）。

（2）现在加入第 3 个海盗，原来的 1 号海盗成为 2 号海盗，2 号海盗成为 3 号海盗。这时现在的 2 号海盗心里很清楚，**如果他投死了 1 号，那么自己必死无疑**。所以根据贪生怕死的原则，2 号海盗肯定会让 1 号海盗存活。而此时 1 号海盗心里也清楚，无论自己提出什么样的方案，2 号海盗都会让自己存活，而这时只要加上自己的一票，就能半数通过，所以 1 号提出方案：把金币都给我。

（3）现在继续加入新的海盗，原来的 1、2、3 号成为现在的 2、3、4 号。这时新的 1 号海盗洞悉了奥秘，知道**如果自己死了，2 号海盗就可以获取全部的金币**，所以提出给 3 号和 4 号每人一个金币，一起投死 2 号。与此同时，现在的 3 号和 4 号获取的要比 3 个人时多（3 个人时自己获取不了任何金币），所以他们会同意这个方案。

（4）现在加入最后一个海盗。根据上述逻辑，新的 1 号海盗推理出 2 号的方案后就可以提出(97, 0, 1, 2, 0)或者(97, 0, 1, 0, 2)的方案。这样的分配方案对现在的 3 号海盗相比现在的 2 号的分配方案多了 1 枚金币，3 号海盗就会投赞成票，4 号或者 5 号因为得到了 2 枚金币，相比 2 号给出的 1 枚多，也会支持 1 号，加上 1 号自己的赞成票，方案就会通过，即 1 号提出(97, 0, 1, 2, 0)或(97, 0, 1, 0, 2)的分配方案，成功获得了 97 枚金币。

03. 题目解答

最终，**最后一轮的 1 号海盗得到 97 枚金币，投死了 2 号和 5 号**，这竟然是我们分析出的最佳方案。这个答案明显是反直觉的，可是推理过程非常严谨，无懈可击，那么问题出在哪里呢？

其实，在“海盗分赃”模型中，“分配者”想让自己的方案通过的关键是，**事先考虑清楚“对手”的分配方案是什么**，并用最小的代价获取最大收益，拉拢“对手”分配方案中最不得意的人。1 号看起来最有可能被喂鲨鱼，但他牢牢地把握住先发优势，结果不但消除了死亡威胁，而且收益最多。而 5 号看起来最安全，没有死亡的威胁，甚至还能坐收渔利，却因不得不看别人脸色行事而只能分得一小杯羹。

改变模型的任何一个假设条件，最终结果都不一样。而现实世界远比模型复杂，**因为假定所有人都理性本身就是不理性的**。回到“海盗分金”的模型中，只要 3 号、4 号或 5 号中有 1 个人偏离了绝对聪明的假设，1 号海盗就无论怎么分都可能被扔到海里去了。所以，1 号首先要考虑的就是他的海盗兄弟们的聪明和理性究竟靠得住靠不住，否则先分者必定倒霉。

智猪博弈

在本节中，给大家讲解一个博弈论中很有趣的问题——智猪博弈。

01. 题目分析

在博弈论（Game Theory）经济学中，“智猪博弈”是一个著名的纳什均衡的例子。

假设猪圈里有一头大猪、一头小猪。猪圈的一头有食槽，另一头安装着控制猪食供应的按钮，按一下按钮会有 10 个单位的猪食进槽，但是按按钮以后跑到食槽所消耗的体力相当于 2 个单位的猪食。并且因为按钮和食槽分别位于猪圈的两端，等到按按钮的猪跑到食槽的时候，守在食槽旁的另一头猪早已吃了不少。

如果小猪按按钮，则大猪吃掉 9 个单位的猪食，小猪只能吃到 1 个单位的猪食；如果一起按按钮，则大猪吃掉 7 个单位的猪食，小猪吃到 3 个单位的猪食；如果大猪按按钮，则小猪可以吃到 4 个单位的猪食，而大猪吃到 6 个单位的猪食。

那么，在两头猪都足够聪明的前提下，最终的结果是什么？

02. 题解分析

智猪博弈由约翰・纳什（John Nash）于 1950 年提出。

用图表示博弈论中的报酬矩阵，可能有助于大家理解。

		小猪	
		行动	等待
大猪	行动	5,1	4,4
	等待	9,-1	0,0

- 如果小猪和大猪同时行动，则它们同时到达食槽，分别付出 2 个单位的成本，得到 1 个单位和 5 个单位的纯收益。
- 如果大猪行动，小猪等待，那么小猪可得到 4 个单位的纯收益，大猪付出 2 个单位的成本，得到 4 个单位的纯收益。

- 如果大猪等待，小猪行动，那么小猪只能吃到 1 个单位的猪食，它的收入将不抵成本，纯收益为-1。
- 如果大猪等待，小猪也等待，那么小猪的收益为零，成本也为零，总之，对于小猪来说，等待还是要优于行动。

03. 题目意义

本题是很经典的**"劣势策略"下的可预测问题**，其在高校经济学课程中也占据举足轻重的位置。原因无他，就是大猪做出这样一个"决策"，目的不是出于对小猪的爱，**而是基于"自利"的原则**。

硬币问题

在本节中，继续为大家分享一道有趣的概率类问题，也是面试常见题。

01. 题目分析

小知识：硬币类型的问题经常会被用来考察 DP 或者贪心算法。

题目：A 和 B 抛掷硬币。A 提出了这样一个方案：连续抛掷硬币，直到最近 3 次硬币抛掷结果是"正反反"或者"反反正"。如果是前者，那么 A 获胜；如果是后者，那么 B 获胜。
问题：B 应该接受 A 的提议吗？换句话说，这个游戏是公平的吗？

02. 题解分析

遇到这种看上去一眼就可以得出答案的题目，一定要认真思考。

连续投掷 3 次，能产生 8 种结果，"正反反"和"反反正"两种可能性各占 1/8，序列也完全对称，获胜概率怎么说都应该是一样的。

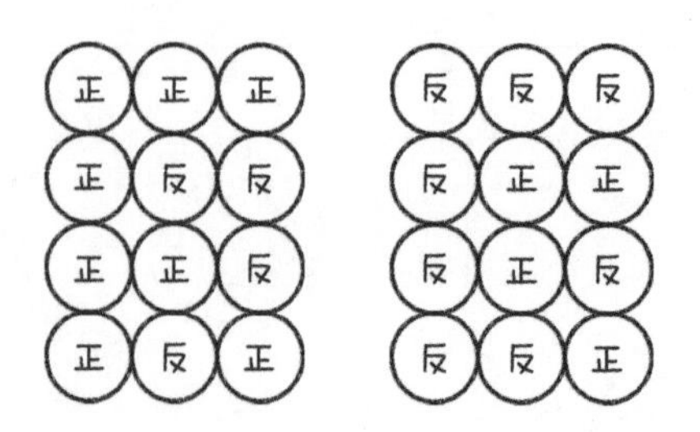

所以对 B 而言，不应该有任何理由来怀疑规则的公平性。但是，答案真的是这样吗？事实上，该游戏并不公平。虽然“正反反”和“反反正”出现的概率一样，但是其之间却有一个竞争关系：**一旦产生其中一种序列，游戏即结束**。所以无论何时，只要抛出一个正面，就意味着 B 必输无疑。换句话说，在整个游戏的前两次抛掷中，只要出现“正正”“正反”“反正”中的一个，A 一定会取得胜利。A 和 B 获胜的概率比达到 3∶1，优势不言而喻。

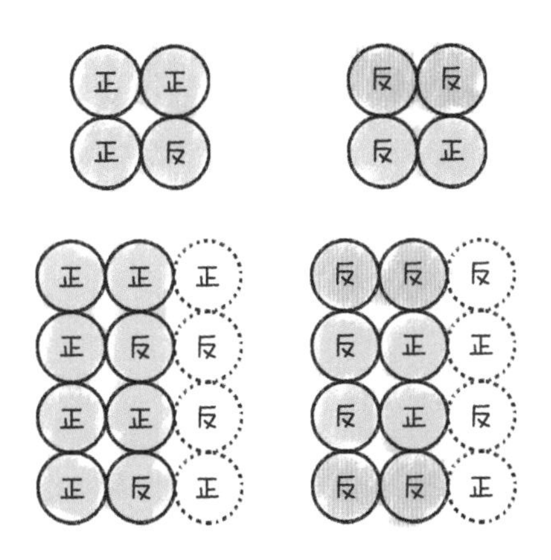

画圈圈的问题

这也是一道面试题。

01. 题目分析

面试题： 小浩出去面试时，面试官拿出一张纸，纸上从左到右画了一百个小圆圈。接下来，面试官要求两人轮流涂掉其中一个或者两个相邻的小圆圈。

规定： 谁涂掉最后一个小圆圈谁就赢了。换句话说，谁没有涂的了谁就输了。问题是：小浩应该选取先涂还是后涂？有没有必胜策略？

02. 题解分析

策梅洛定理（Zermelo’s theorem）是博弈论的一条定理，以恩斯特·策梅洛命名。策梅洛的论文于 1913 年发表，表示在两个人的有限游戏中，如果双方都拥有完全的资讯，并且不涉及运气因素，那么必有一方有必胜/必不败的策略。

最后当然是聪明机智的小浩获胜。**小浩强烈要求自己先涂，并且在游戏开始时，把正中间的两个小圆圈涂黑，于是左右两边各剩下了 49 个圆圈。**如下图所示。

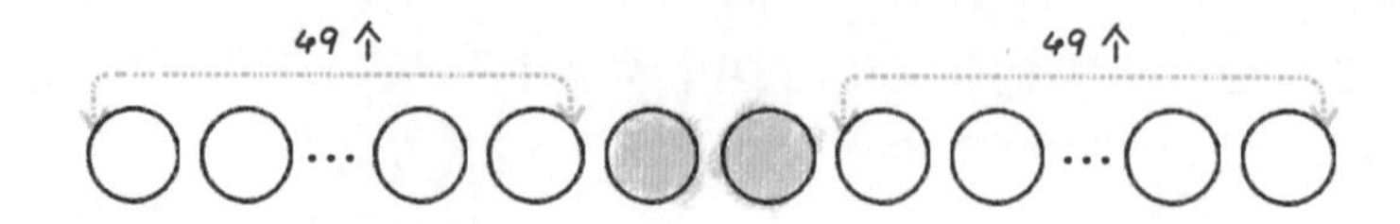

然后小浩开始模仿面试官，面试官在左边涂掉哪些圆圈，小浩就对称地在右边涂掉哪些圆圈；面试官在右边涂掉哪些圆圈，小浩就对称地在左边涂掉哪些圆圈。因此，只要面试官有走的，小浩就一定有走的，最终保证能获胜。

如果刚开始的时候，100 个小圆圈成环形排列，游戏规则完全相同，那么此时如何让小浩有必胜策略？

大概的思想还是如此，想办法找到可以使用“对称大法”的时机，就可以取胜。

在组合博弈论里，无偏博弈（impartial game）是一类任意局势对于游戏双方平等的回合制双人游戏。这里平等的意思指所有可行的走法仅依赖于当前的局势，而与现在正要行动的是哪一方无关。换句话说，两个游戏者除了先后手之外毫无区别。

03. 概念讲解

在无偏博弈中，如果对于某个棋局状态，谁遇到了它谁就有办法必胜，我们就把它叫作必胜态；如果对于某个棋局状态，谁遇到了它对手就有办法必胜，我们就把它叫作必败态。

巧克力问题

这次小浩又去面试，面试官给了他一块巧克力。[1]

01. 题目分析

巧克力的凹槽是干什么用的？大量的凹槽增加了巧克力与模具的接触面积，可以使巧克力快速地凝固，并且保证凝固均匀。试想一下，如果把巧克力放入平整的没有凹槽的方形盒子中，是不是凝固后很难取下来呢。

① 本题原题由读者在美团面试后提供，作者进行改编。

面试题：小浩去面试，面试官掏出一块 10×10 格的巧克力，把巧克力掰成两大块，并且吃掉了其中一块，把另一块交给小浩。小浩再把剩下的巧克力掰成两大块，吃掉其中一块，把另一块交回给面试官。如此反复。

规定：谁没办法往下继续掰，谁就输了。如果面试官输了，那么小浩将赢得面试。如果面试官先开始掰，那么面试官和小浩谁有必胜策略？

02. 题解分析

最后当然还是聪明机智的小浩获胜。获胜方法：**只要小浩一直保持巧克力是正方形就可以了。**刚开始，巧克力是 10×10 格的，如下图所示。

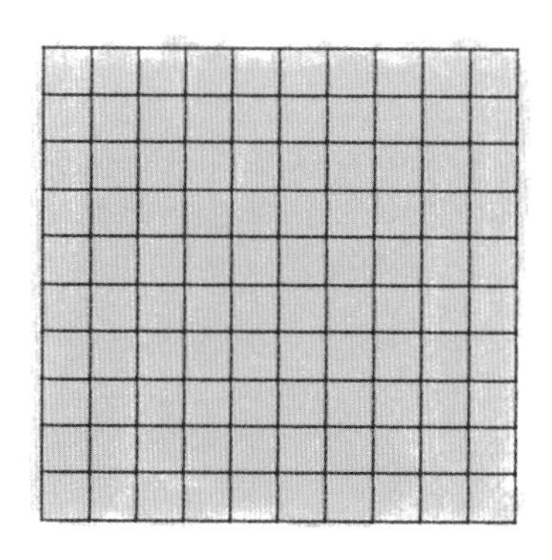

不管面试官怎么掰，最后都会掰成一个长宽不相等的矩形。假设面试官把巧克力掰成 6×10 格的。

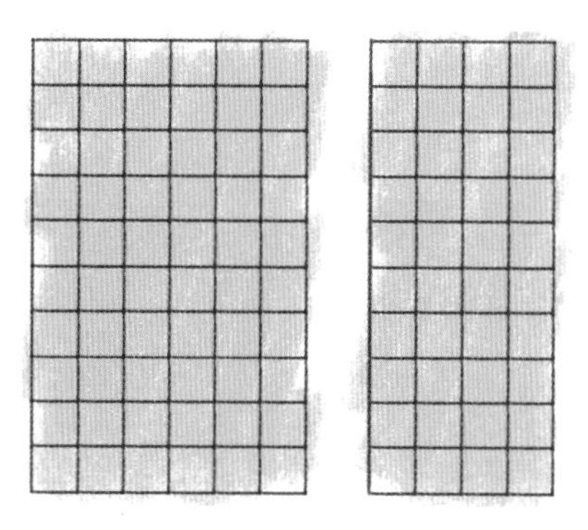

小浩就把它掰成 6×6 格的。

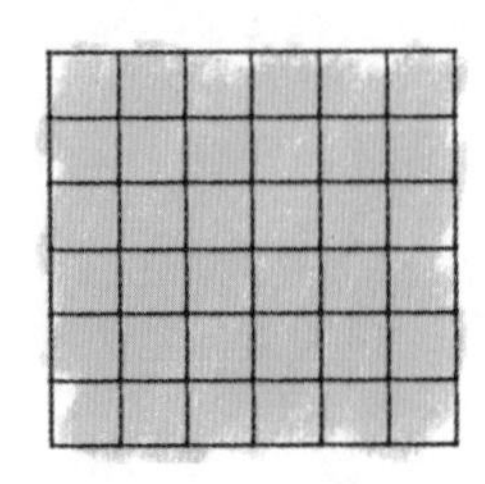

不管面试官怎么掰，小浩都将其变成正方形，直到最后将其变成 1×1 格的巧克力，此时面试官就输掉了面试。哦不，是小浩赢得了面试。

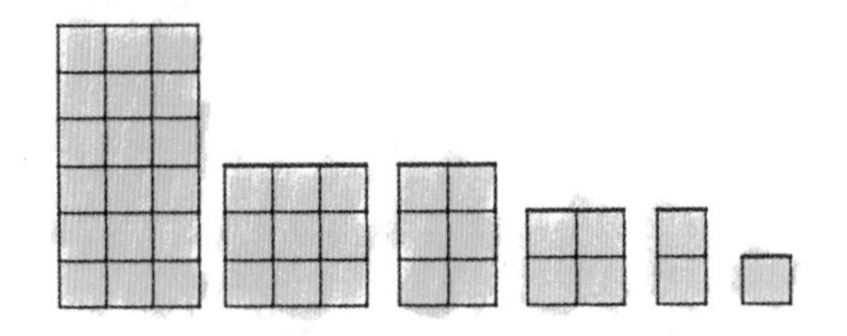

大鱼和小鱼的问题

曾经有一款很出名的游戏，玩家最初扮演一个单细胞生物，通过“大鱼吃小鱼，小鱼吃虾米，虾米吃水藻”的规则，逐步进化为宇宙文明生物。换句话说，大鱼之上总是有更大的鱼存在。我们来思考一个有趣的问题：倘若所有的鱼都是理性的，那么会出现怎样的情况呢？

01. 题目分析

“总有一条更大的鱼”（Always a Bigger Fish）不但是电影中的经典桥段，也是各种恶搞的灵感来源：小鱼总是被大鱼吃掉，而大鱼上面还有更大的鱼。让我们完整描述一下问题。

大鱼小鱼的问题：假设有 10 条鱼，它们从小到大依次编号为 1 到 10。我们规定，大鱼只能吃比自己小一级的鱼，不能越级吃更小的鱼，并且只有在第 k 条鱼吃了第 k–1 条鱼后，第 k+1 条鱼才能吃第 k 条鱼。

同时，第 1 条鱼只能被吃。我们假设，如果有可以吃的小鱼，那么大鱼肯定不会放过它。但是，保全性命显然更重要，在吃小鱼之前，大鱼得先保证自己不会被吃掉。假设每条鱼都是无限聪明的，那么第 1 条鱼能存活下来吗？

02. 题解分析

这个题目是相当有意思的。

我想聪明的读者已经猜到这是一道**博弈论**问题了，因为题中出现了博弈论中的经典条件——**无限聪明**。现在让我们思考该题。

10 条鱼分析起来比较麻烦，所以我们从最简单的两条鱼开始分析（我们把最小的鱼称为第 1 条鱼，次小的鱼称为第 2 条鱼，以此类推）。

在有两条鱼的情况下，第 2 条鱼就是无敌的存在，他不用担心自己被吃掉。

在有 3 条鱼的情况下，第 2 条鱼不能吃第 1 条鱼，否则将转化为只有 2 条鱼的情况。它将被第 3 条鱼吃掉。

如果有 4 条鱼，就有意思了：此时第 2 条鱼可以大胆地吃掉第 1 条鱼，因为根据前面的结论，它知道第 3 条鱼是不敢吃它的。问题来了，5 条鱼会如何？

在有 5 条鱼的情况下，第 2 条鱼是不敢吃第 1 条鱼的，因为如果它吃了第 1 条鱼，那么问题将转化为 4 条鱼的情况，第 3 条鱼就可以大胆吃掉第 2 条鱼，因为它知道第 4 条鱼是不敢吃它的，否则第 5 条鱼就会吃掉第 4 条鱼。

我们发现一个有趣的结论，只要鱼有奇数条，第 1 条鱼就可以活下来。如果鱼有偶数条，第 2 条鱼就会吃掉第 1 条鱼，转化为奇数条鱼的情况。

所以该题的答案是：不能，在有 10 条鱼的情况下，第 1 条鱼必死无疑。

03. 题目进阶

下面这道题目和上面的题目如出一辙，建议大家先自己思考一下。

假如你在旅途中遇到一个老者，老者向你推销一个魔壶，魔壶里有一个魔鬼，可以满足你的任何愿望。但是，使用了魔壶会让你死后永受炼狱之苦。唯一的解法就是把魔壶以一个更低的价格卖给别人。问题是：你会不会买下魔壶？以什么价格买下（假设你足够聪明）？

简单分析一下这个问题：因为你并不知道用什么价格来买魔壶，所以自然是从最少的价格开始尝试，假设用最小的货币单位 1 来购买魔壶，那么这个魔壶将永远不能卖给下一个人，所以 1 货币单位肯定是不行的。那么现在使用 2 货币单位来购买魔壶，你会发现同样找不到下一个买家。事情开始变得有趣，你开始尝试使用 3 货币单位到 N 货币单位来购买魔壶，然后发现：以此类推，你不应该以任何价钱去购买魔壶，因为每个人都知道他没办法卖掉它。

问题来了，为什么会推出这样一个和现实完全背道而驰的结论呢？这是因为在推理中，我们假设每个人都做出了最优的决策，并且就这一点达成了共识。注意，这里有两个条件：**最优决策和共识。**

最优决策好理解，那么共识该如何理解呢？最优决策指大家足够聪明。而共识指大家都知道大家足够聪明。如果大家并不知道大家都足够聪明，这种情况就被称为不完全信息。

需要强调的一点是，信息不对称和不完全信息两个概念有所不同。**不完全信息同时是经济学和博弈论中的概念，信息不对称大多指经济学中的概念。**

Nim 游戏(292)

01. 题目分析

第 292 题：Nim 游戏

你和你的朋友一起玩 Nim 游戏：桌子上有一堆石头，你们每次轮流拿掉 1～3 块石头，拿掉最后一块石头的人就是获胜者。你是先手，你们都是聪明人，每步都是最优解。编写一个函数，判断你是否可以在给定石头数量的情况下赢得游戏。

示例：

```
输入: 4
输出: false
```

解释：如果堆中有 4 块石头，那么你永远不会赢得比赛。

因为无论你拿走 1 块、2 块，还是 3 块石头，最后一块石头总是会被你的朋友拿走。

02. 题解分析

对于这种问题，如果没有思路，那么可以先找一张纸写写画画，找出规律。

如果石头的数量小于 4，那么你作为先手，一次全部拿走，肯定会赢。

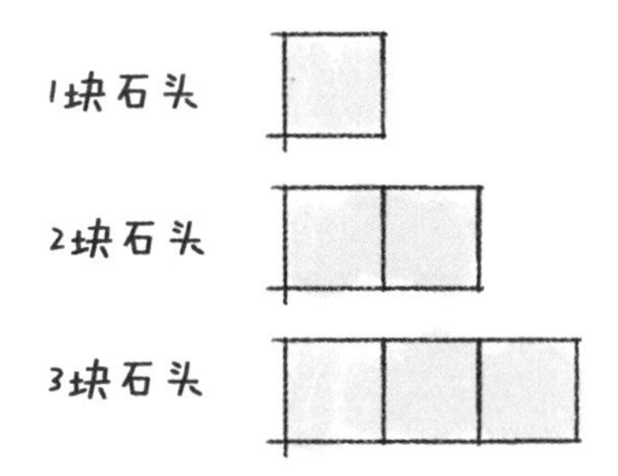

如果石头的数量是 4，那么不管你拿了 1 块、2 块，还是 3 块，最后 1 块都可以被你的对手拿走，所以你怎么样都赢不了。

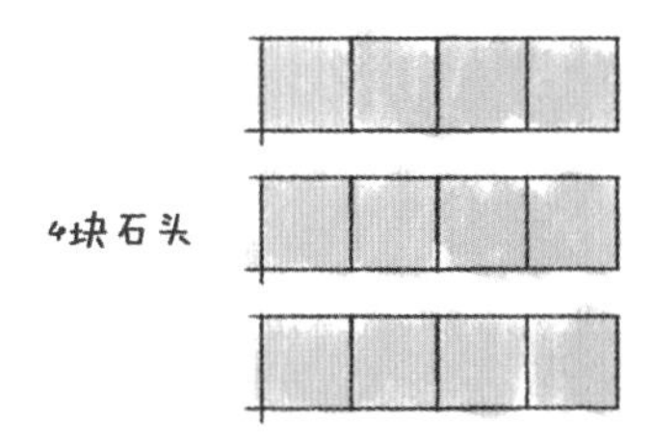

如此分析到有 8 块石头的情况：对于有 5、6、7 块石头的情况而言，你只需相应地拿走 1、2、3 块石头，留下 4 块，则对方必输。但是如果有 8 块石头，你先拿走 1、2 或 3 块石头，那么另一个人可以通过相应地拿走 8−1、8−2、8−3 块石头，使得你面对 4 块石头，你必输无疑。通过观察发现，好像是**只要石头数是 4 的倍数，你就必输无疑**。

石头数	是否能赢
1	TRUE
2	TRUE
3	TRUE
4	FALSE
5	TRUE
6	TRUE
7	TRUE
8	FALSE

03. 题目解答

尝试性地写下代码。

```
//Go
func canWinNim(n int) bool {
```

```
    return n % 4 != 0
}
```

假设先手要面对 N 块石头，那么后手要面对的石头数量有 $N-1$、$N-2$、$N-3$ 三种可能。**只有当后手面对这 3 种可能都必胜时，先手才必败**。因为题目说了，你们都是聪明人（一般博弈论的问题都会有这句话），所以如果后手面对的三种可能中有哪一种必败，那么作为先手，我们一定要实现它，即让对方面对 4 的倍数。如果我们遇到一个不是 4 的倍数的值 N，有 $4k > N > 4(k-1)$，那么作为先手，我们一定可以取走 1、2 或 3 块石头，使剩余的石头数量变成 4 的倍数，则后手必输无疑。

第 08 章 排序系列

按奇偶排序数组(905)

01. 概念讲解

在 LeetCode 中，直接搜索**“排序”**，出现的题目有 80 余道，这只是与排序直接相关的题目，不包括其他一些用到排序思想的题目。

很多公司在面试的过程中会直接或间接问到与排序相关的内容，尤其是**快排、堆排序、全排列**等类型的题目，在面试中屡试不爽。

我觉得插入排序是排序类题目中最容易理解的，其标准定义是，在要排序的一组数中，假定前 $n-1$ 个数已经排好序，现在将第 n 个数插到前面的有序数列中，使得这 n 个数也是有序的。

我们可以将其理解为扑克牌中**接同花顺**的过程。

代码示例：

```
//Go
func main(){
    arr := []int{5, 4, 3, 2, 1}
    insert_sort(arr)
}
func insert_sort(arr []int) {
    for i := 1; i < len(arr); i++ {
        for j := i; j > 0; j-- {
            if arr[j] < arr[j-1] {
```

```
                arr[j], arr[j-1] = arr[j-1], arr[j]
            }
        }
        fmt.Println(arr)
    }
}
```

输出：

[4 5 3 2 1]
[3 4 5 2 1]
[2 3 4 5 1]
[1 2 3 4 5]

讲解完了插入排序，我们根据其思想，完成下面这道题吧。

02. 题目分析

第 905 题：按奇偶排序数组

给定一个非负整数数组 A，返回一个数组，在该数组中，偶数元素在前，奇数元素在后。你可以返回满足此条件的任何数组作为答案。

示例：

```
输入：[3,1,2,4]
输出：[2,4,3,1]
输出 [4,2,3,1]
```

注意：[2,4,1,3] 和 [4,2,1,3] 也会被接受。

提示：

```
1 <= A.length <= 5000
0 <= A[i] <= 5000
```

03. 题解分析

按照插入排序的思想，很容易想到题解。只需要遍历数组，当**遇到偶数元素时，将其与最前面的一个奇数元素交换位置**。为了达成该目的，我们引入一个指针 j。

假设数组为[3, 1, 2, 4]，解题过程如下。

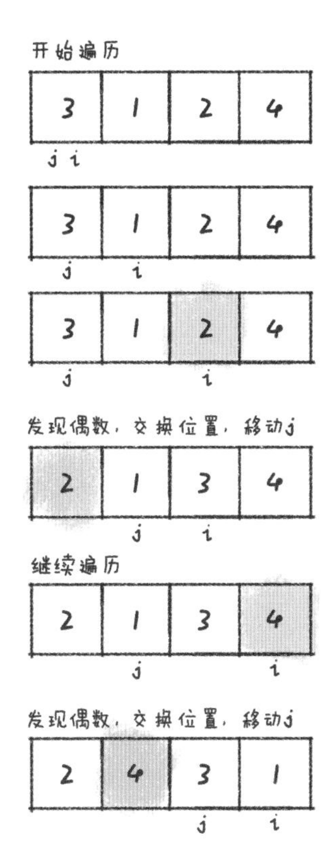

04. 题目解答

根据以上分析，得到如下题解。

```
//Go
func sortArrayByParity(A []int) []int {
    j := 0
    for i := range A {
        if A[i]%2 == 0 {
            A[j], A[i] = A[i], A[j]
            j++
        }
    }
    return A
}
```

扑克牌中的“顺子”

01. 题目分析

扑克牌中的顺子

从扑克牌中随机抽取 5 张，判断是不是“顺子”，即这 5 张牌是不是连续的。其中，2～10 代表数字本身，A 代表 1，J 代表 11，Q 代表 12，K 代表 13，大、小王可以代表任意数字。

示例 1：

```
输入: [1,2,3,4,5]
输出: True
```

示例 2：

```
输入: [0,0,1,2,5]
输出: True
```

限制：

```
数组长度为 5
数组的数取值为 [0, 13]
```

02. 题解分析

本题比较简单，所以直接给出题解。**因为限制了数组长度为 5，所以最小值和最大值之差一定小于 5。**

我们首先对数组进行排序。然后通过累积每两张牌之间的差值，来计算最小值和最大值之间的差值。如果拿到了大王或小王，就相当于拿到了通行证，直接跳过。如果遇到相同的值，就意味着数字不连续，直接返回 false。

03. 题目解答

根据分析，得出如下题解。

```
//Go
func isStraight(nums []int) bool {
    sort.Ints(nums)
    sub := 0
```

```
    for i := 0; i < 4;{
        if nums[i] == 0 {
            continue
        }
        if nums[i] == nums[1] {
            return false
        }
        sub  = nums[i] - nums[1]
    }
    return sub < 5
}
```

如果不排序呢？

那么可以**通过计算最大值和最小值之间的差值来判断数字是否连续**。唯一的区别是需要记录一些数据，包括用数组或者 map 记录下是否有重复牌、记录下最大值和最小值用来计算最终差值。

直接给出代码。

```
//C
class Solution {
    public:
    bool isStraight(vector<int>& nums) {
        vector<int> arr(14,0);
        for(int i = 0; i < nums.size();  i){
            arr[nums[i]]  ;
        }
        for(int i = 1;i < 14;  i){
            if(arr[i] > 1)
                return false;
        }
        int min = 1,max = 13;
        while(min < 14 && arr[min] == 0) min  ;
        while(max >= 0 && arr[max] == 0) max--;
        return max - min <= 4;
    }
};
```

09

第 09 章 位运算系列

使用位运算求和

本节为大家分享一道本应很简单的题，却因增加了特殊条件而大幅增加了难度。

01. 题目分析

该题很容易出现在大厂的面试题中，属于必须掌握的题型。

连续 *n* 个数的和

求 1+2+3+4+⋯+*n*，要求不能使用乘除法、for、while、if、else、switch、case 等关键字及条件判断语句（A?B:C）。

示例 1：

```
输入: n = 3 输出: 6
```

示例 2：

```
输入: n = 9 输出: 45
```

限制：

```
1 <= n <= 10000
```

02. 题解分析

这道题目出自《剑指 offer：名企面试官精讲典型编程题》，因为比较有趣，就拿来分享给大家。

不能使用公式直接计算（公式中包含乘除法），而**递归中一般又需要使用 if 来指定返回条件（这里不允许使用 if）**，那么该怎么办呢？这里我们直接使用代码进行分析。

```
//Java
class Solution {
    public int sumNums(int n) {
        boolean b = n > 0 && ((n += sumNums(n - 1)) > 0);
        return n;
    }
}
```

我们先了解一下 && 的特性，对于 A&&B：

- 如果 A 为 true，则返回 B 的布尔值（继续执行）。
- 如果 A 为 false，则直接返回 false（相当于短路）。

利用这一特性，我们**将递归的返回条件取非作为 && 的第 1 个条件，并将递归主体转换为第 2 个条件语句。**

还要强调一点：受制于不同语言的语法规则，我们需要做一些额外的处理。比如对于 Java，如果去掉变量 b 前面的声明，就会直接报错。

03. 题目解答

如果是 C 就没有这样的问题。

```
//C
int sumNums(int n) {
    n && (n  += sumNums(n-1));
    return n;
}
```

Python 就是下面这样。

```
//Python
class Solution:
    def sumNums(self, n: int) -> int:
        return n and n+self.sumNums(n-1)
```

那么 Go 呢？

```
//Go
func plus(a *int, b int) bool {
```

```
    *a += b
    return true
}
func sumNums(n int) int {
    _ = n > 0 && plus(&n, sumNums(n - 1))
    return n}
```

什么，还要我给一个 PHP 的？

```
//PHP
class Solution {
    function sumNums($n) {
        $n > 0 && $n += $this->sumNums($n - 1);
        return $n;
    }
}
```

另外，我还看到这样一个解法，感觉很有趣（思想很简单）。

```
//Go
func sumNums(n int) int {
    return (int(math.Pow(float64(n),float64(2))) n)>>1
}
```

2 的幂(231)

本节给大家分享一道比较简单但是很经典的题目。

01. 题目分析

这道题，大家先想一想是用什么思路求解的？

第 231 题： 2 的幂

给定一个整数，编写一个函数来判断它是否是 2 的幂次方。

示例 1：

```
输入: 1
输出: true
```

解释：$2^0 = 1$。

示例 2：

```
输入: 16
输出: true
```

解释：$2^4 = 16$。

示例 3：

```
输入: 218
输出: false
```

建议大家先想一想，不要直接看题解。

02. 题解分析

这道题是**通过位运算进行求解的非常典型的题目。**当然，其他的题解方式也有很多，例如暴力求解，又或者不停地除以 2 通过递归的方式求解，等等。但这些并不是我想说的。

先观察一些 2 的幂的二进制数。

1						1
2					1	0
4				1	0	0
8			1	0	0	0
16		1	0	0	0	0
32	1	0	0	0	0	0

可以发现这些数的最高位都为 1，其他位都为 0。所以我们把问题转化为“判断一个数的二进制，除了最高位，是否还有其他位为 1”。我们再观察下面一组数，对应上面的数减 1。

0						
1						1
3					1	1
7				1	1	1
15			1	1	1	1
31		1	1	1	1	1

我们对两组数求“与”（&）。

2	0	0	0	0	1	0
1	0	0	0	0	0	1
2&1	0	0	0	0	0	0

8	0	0	1	0	0	0
7	0	0	0	1	1	1
8&7	0	0	0	0	0	0

4	0	0	0	1	0	0
3	0	0	0	0	1	1
4&3	0	0	0	0	0	0

16	0	1	0	0	0	0
15	0	0	1	1	1	1
16&15	0	0	0	0	0	0

可以看到，如果 N 为 2 的幂，**则有 $N\&(N-1)=0$** ，所以这就是我们的判断条件。这个技巧可以记下来，在一些别的位运算的题目中也会用到。

03. 题目解答

根据分析，完成题解。

```
//Go
func isPowerOfTwo(n int) bool {
    return n > 0 && n&(n-1) == 0
}
```

返回二进制中 1 的个数(191)

本节继续分享一道与位运算有关的题目，比较简单。

01. 题目分析

这道题，大家先想一想用什么思路求解？

第 191 题：返回二进制数中 1 的个数

编写一个函数，输入是一个无符号整数，返回其二进制表达式中数字为 '1' 的位数（也被称为汉明重量）。

示例 1：

```
输入：00000000000000000000000000001011
输出：3
```

解释：输入的二进制数 00000000000000000000000000001011 中，共有 3 位为 '1'。

示例 2：

```
输入：00000000000000000000000010000000
输出：1
```

解释：输入的二进制数 00000000000000000000000010000000 中，共有 1 位为 '1'。

示例 3：

```
输入：11111111111111111111111111111101
输出：31
```

解释：输入的二进制数 11111111111111111111111111111101 中，共有 31 位为 '1'。

提示：

- 请注意，在某些语言（如 Java）中，没有无符号整数类型。在这种情况下，输入和输出都将被指定为有符号整数类型，并且不应影响实现，因为无论整数是有符号的还是无符号的，其内部的二进制表示形式都是相同的。
- 在 Java 中，编译器使用二进制补码记法来表示有符号整数。因此，在上面的示例 3 中，输入表示有符号整数 −3。

02. 题解分析

这道题仍然是**通过位运算求解的非常典型的题目**。掩码指使用一串二进制代码对目标字段进行位与运算，屏蔽当前的输入位。

最容易想到的方法是：**首先直接把目标数转化成二进制数，然后遍历每一位判断是否为 1，如果是 1 就记录下来**。例如在 Java 中，int 类型是 32 位，我们只要计算出当前是第几位，就可以顺利求解。

那如何计算当前是第几位呢？可以构造一个掩码，再说直白点儿，就是构造一个1，1的二进制格式如下。

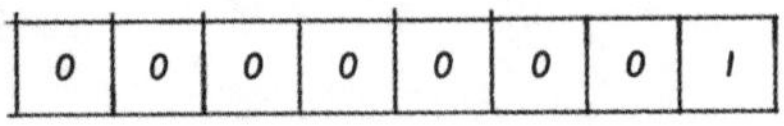

0	0	0	0	0	0	0	1

我们只需要让这个掩码每次向左移动一位，然后与目标值求“&”，就可以判断目标值的当前位是否为1。比如目标值为21，21的二进制格式如下。

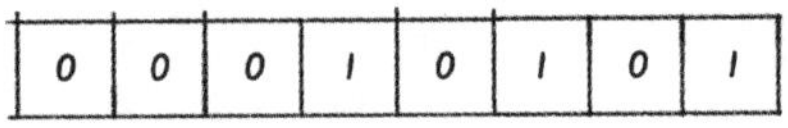

0	0	0	1	0	1	0	1

最后不断移动掩码，来和当前位进行“&”计算。

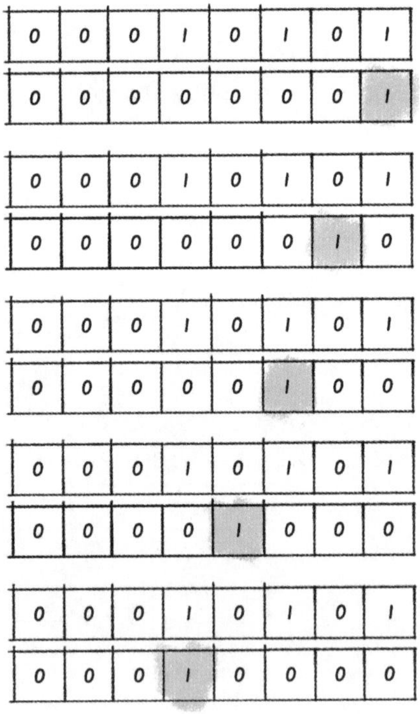

0	0	0	1	0	1	0	1
0	0	0	0	0	0	0	1

0	0	0	1	0	1	0	1
0	0	0	0	0	0	1	0

0	0	0	1	0	1	0	1
0	0	0	0	0	1	0	0

0	0	0	1	0	1	0	1
0	0	0	0	1	0	0	0

0	0	0	1	0	1	0	1
0	0	0	1	0	0	0	0

根据分析，完成题解。

```
//Java
public class Solution {
    public int hammingWeight(int n) {
```

```
        int result = 0;
        //初始化掩码为1
        int mask = 1;
        for (int i = 0; i < 32; i++) {
            if ((n & mask) != 0) {
                result++;
            }
            mask = mask << 1;
        }
        return result;
    }
}
```

注意：在判断 n&mask 时，千万不要错写成 (n&mask) == 1，因为这里对比的是十进制数。

03. 题目解答

位运算小技巧：对于任意一个数，将 n 和 $n-1$ 进行 & 运算，我们都可以把 n 中最低位的 1 变成 0。

在上一节中，我们通过计算 n & $n-1$ 的值，来判断一个数是否是 2 的幂。今天我们继续使用这个技巧，观察一下，**对于任意一个数，将 n 和 n-1 进行 & 运算，可以把 n 中最低位的 1 变成 0**。比如下面这两对数。

31	0	0	0	1	1	1	1	1
30	0	0	0	1	1	1	1	0
28	0	0	0	1	1	1	0	0
27	0	0	0	1	1	0	1	1

下面只需不断重复以上操作就可以了。

```
//C
class Solution {
public:
    int hammingWeight(uint32_t n) {
        int count = 0;
        while(n > 0)
        {
            n &= (n - 1);
            ++count;
        }
```

```
        return count;
    }
};
```

我们拿 11 举个例子，如下图所示，注意最后一位 1 变成 0 的过程。

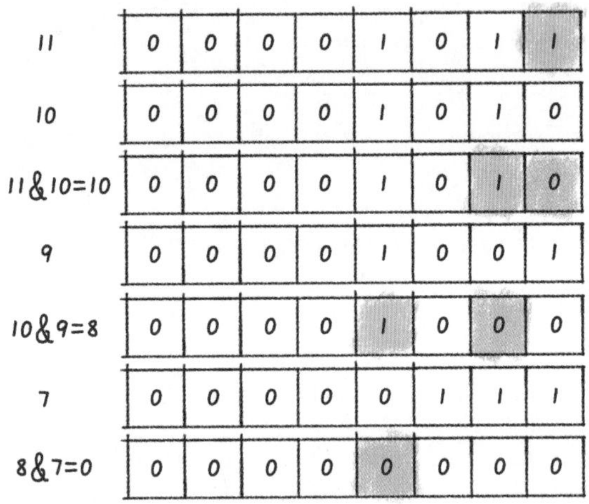

11	0	0	0	0	1	0	1	1
10	0	0	0	0	1	0	1	0
11&10=10	0	0	0	0	1	0	1	0
9	0	0	0	0	1	0	0	1
10&9=8	0	0	0	0	1	0	0	0
7	0	0	0	0	0	1	1	1
8&7=0	0	0	0	0	0	0	0	0

只出现一次的数字 I (136)

本节继续分享一道简单的位运算题目，同时，从下一节开始将会提高难度，大家做好准备。

01. 题目分析

这道题，大家先想一想用什么思路求解？

第 122 题：只出现一次的数字 I

给定一个非空整数数组，除某个数字只出现一次外，其余数字均出现两次。找出那个只出现了一次的数字。

说明：

使用的算法应该具有线性时间复杂度。你可以不使用额外空间来实现吗？

示例 1：

```
输入: [2,2,1]
输出: 1
```

示例 2：

```
输入: [4,1,2,1,2]
输出: 4
```

02. 题解分析

位运算的题目我们已经讲了好几道了，这道也是其中一个非常典型的例子，属于必须掌握的题型。

直接分析，**我们要找只出现一次的数字，并且已知其他数字都出现了两次。**这种需要使用**位运算**求解的题目最好在读完题目的瞬间就形成条件反射。

对于任意两个数 a 和 b，我们对其使用**异或**操作，应该有以下性质：

- 任意一个数和 0 异或仍然为自己。

```
a⊕0 = a
```

- 任意一个数和自己异或是 0。

```
a⊕a=0
```

- 异或操作满足交换律和结合律。

```
a⊕b⊕a=(a⊕a)⊕b=0⊕b=b
```

可能有人不知道异或是什么，所以还是举个例子，比如 5 异或 3，也就是 5⊕3，也就是 5^3，是下面这样。

5	0	1	0	1
3	0	0	1	1
5^3	0	1	1	0

如果a、b两个值不相同，则异或结果为1。如果a、b两个值相同，则异或结果为0。

03. 题目解答

根据分析，得出如下题解。

```
//C++
class Solution {
public:
```

```
    int singleNumber(vector<int>& nums) {
        int ans = 0;
        for (int num : nums) {
            ans ^= num;
        }
        return ans;
    }
};
```

另外给出 Java 版本。

```
//Java
class Solution {
    public int singleNumber(int[] nums) {
        int ans = nums[0];
            for (int i = 1; i < nums.length; i++) {
                ans = ans ^ nums[i];
            }
        return ans;
    }
}
```

还有 Python 版本。

```
//Python
class Solution:
    def singleNumber(self, nums: List[int]) -> int:
        res = 0
        for i in range(len(nums)):
            res ^= nums[i]
        return res
```

如果修改上面的题目，除了某个数字只出现一次，其余数字都出现了 3 次以上，那么该如何求解？

修改一个条件之后，本题的难度大幅提升。异或的方式看起来没办法运用在“其余数出现 3 次以上”的条件中，那么这种问题又该如何求解？这里给出几种思路，大家可以分析一下，下一节会讲这道衍化题的解题方法。

- 思路 1：使用 hashmap 统计每个数字出现的次数，最后返回出现次数为 1 的数字，然后等待一段时间，接到面试没有通过的通知。
- 思路 2：对于相同的两个数字，我们可以通过异或运算进行“抵消”，那是否可以找到一种方式让相同的 3 个数字抵消呢？
- 思路 3：是不是可以通过数学方式求解？

只出现一次的数字 II(137)

上一节我们在“除某个数字出现一次外，其余数字均出现两次”的条件下，通过异或操作找到了只出现一次的数字。那么对于其余每个数字均出现 3 次的情况，我们应该如何求解呢？一起来看一下吧。

01. 题目分析

这种通过改变题目中条件增加难度的方式是面试官惯用的。

第 137 题：只出现一次的数字 II
给定一个非空整数数组，除某个数字只出现一次外，其余数字均出现了 3 次。找出那个只出现了一次的数字。

说明：

使用的算法应该具有线性时间复杂度。你可以不使用额外空间来实现吗？

示例 1：

```
输入: [2,2,3,2]
输出: 3
```

示例 2：

```
输入: [0,1,0,1,0,1,99]
输出: 99
```

02. 题解分析

比较容易想到的是**统计每个数字出现的次数，最终返回出现次数为 1 的数字**。但是使用了额外空间。

解法 1：直接给出代码。

```
//Go
func singleNumber(nums []int) int {
    m := make(map[int]int)
    for _, k := range nums {
        //在使用其他语言时，请注意对应的判空操作
```

```
        m[k]++
    }
    for k, v := range m {
        if v == 1 {
            return k
        }
    }
    return 0
}
```

解法 2：数学方式。

原理：[A, A, A, B, B, B, C, C, C] 和 [A, A, A, B, B, B, C]，差了两个 C。即

$3\times(a\ b\ c)-(a\ a\ a\ b\ b\ b\ c)=2c$

也就是说，**原数组去重再乘以 3 得到的值，刚好就是要找的数字的 2 倍**。如下图所示。

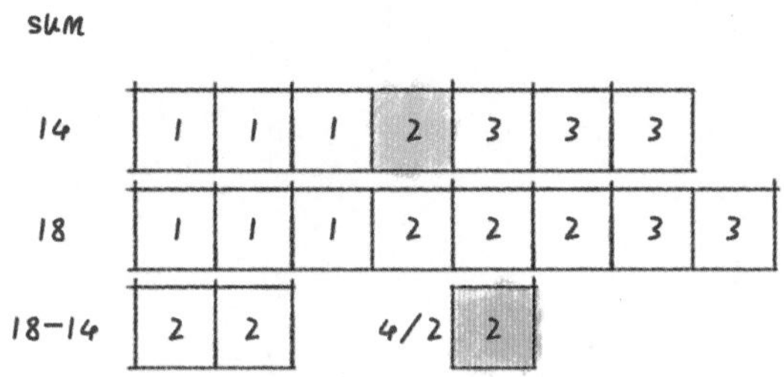

利用这个性质求解。注意，使用 int 可能因为超出界限报错。

```
//Python
class Solution:
    def singleNumber(self, nums: List[int]) -> int:
        return int((sum(set(nums)) * 3 - sum(nums)) / 2)
```

解法 3：位运算。

上一节的题目之所以可以使用**异或**求解，是因为异或操作可以让相同的两个数字归 0。那对于本节的题目，是不是只要让相同的 3 个数字归 0 就可以呢？

这个思想可能比较简单，但是要让大家理解，还是有一定难度。我先把本题退化到“其余元素均出现两次”的情况来分析一下。

假设有 [21, 21, 26] 3 个数，如下图所示。

21	1	0	1	0	1
21	1	0	1	0	1
26	1	1	0	1	0

这里能用**异或**求解，是因为完成了同一位的 2 个 1 清零的过程。上面的图看起来有些简单，我们改为下图（26^21）。

21	1	0	1	0	1
26	1	1	0	1	0
26&21=15	0	1	1	1	1
21	1	0	1	0	1
26	1	1	0	1	0

对于“每个其余元素均出现 3 次”也是一样的，如果我们可以完成**同一位上的 3 个 1 清零的过程**，也就是 a ？a ？a = 0，问题则迎刃而解。因为现有语言中没有现成的方法，所以我们需要构造一个。

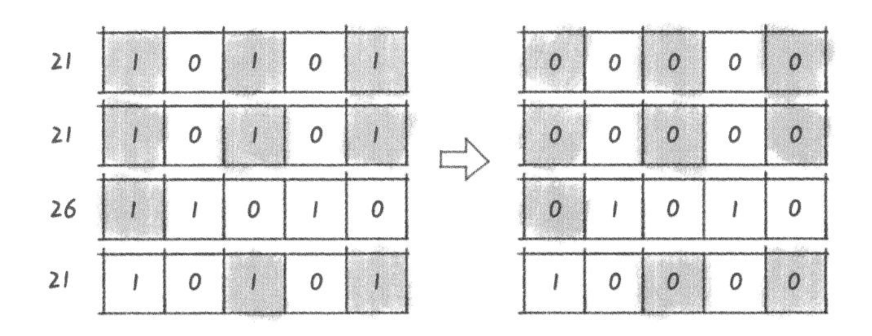

先说第 1 种构造方法（注意，到这里问题已经转化成了定义一种 a ? a ? a = 0 的运算），观察一下异或运算。

1^1=0　　1^0=1　　0^1=1　是不是可以理解为将二进制的加法砍掉进位呢？

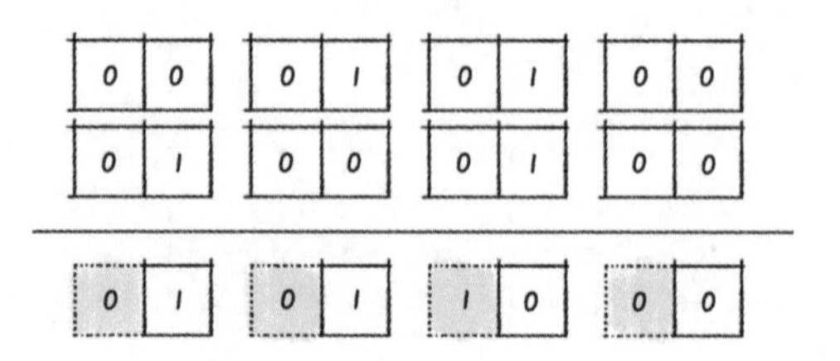

砍掉进位的过程可以理解为对 2 取模，也就是取余。到了这里，问题已经非常明确了。我们要完成一个 a？a？a＝0 的运算，其实就是让其二进制的每一位数都相加，最后再对 3 取模。以此类推，如果要定义一个 a？a？a？a＝0 的运算，那么最后对 4 进行取模就可以了。

```
//Go
func singleNumber(nums []int) int {
    number, res := 0, 0
    for i := 0; i < 64; i++ {
        //初始化每一位 1 的数量为 0
        number = 0
        for _, k := range nums {
            //通过右移 i 位的方式，计算每一位 1 的数量
            number += (k >> i) & 1
        }
        //最终将抵消后剩余的 1 放到对应的位上
        res |= (number) % 3 << i
    }
    return res
}
```

如果不能理解上面的代码，那么可以看看下图，假设只有一个数 [21]，我们通过不断右移的方式，获取其每一位上的 1。当然，这里因为余数都是 1，所以肯定都保留了下来，然后与 1 进行与运算，最终将其放到对应的位上。

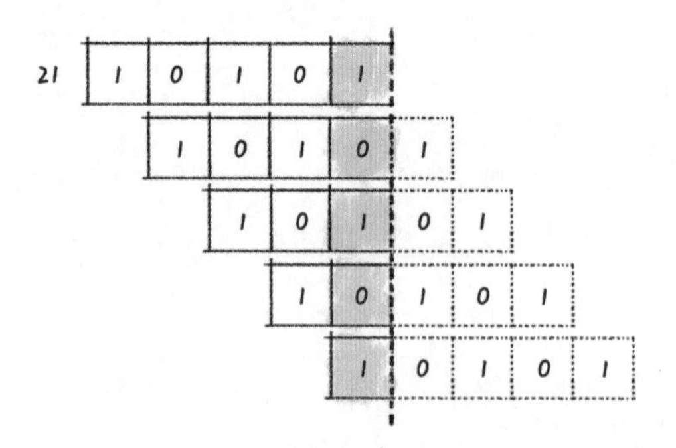

在上面的代码中，**我们通过一个 number 记录每一个数位出现的次数**，我们记录了 64 位（在 Go 语言中，int 为 32 位以上）。

如果我们同时对所有位进行计数，是不是就可以简化过程。因为我们的目的是把每一位对 3 取模，所以是不是就可以将其理解为**三进制**。如果大家听不懂三进制的话，那么可以简单理解为 3 次一循环，也就是 00 - 01 - 10 - 11。又因为我们需要砍掉 11 这种情况（上面已经说过，相当于 11 - 00 的转化），所以只有 3 个状态，即 00 - 01 - 10，我们采用 a 和 b 来记录状态，状态转移过程如下。

a	b	next	a`	b`
0	0	1	0	1
0	1	1	1	0
1	0	1	0	0
0	0	0	0	0
0	1	0	0	1
1	0	0	1	0

这里 a' 和 b' 代表 a 和 b 下一次的状态。next 代表下一个 bit 位对应的值。你会发现，这就是状态机。我们通过 a 和 b 的状态变化来统计次数。

将上图简化成 a 和 b 的卡诺图[①]，先 b' 后 a' 。

next\a，b	00	01	11	10
1	1	0	X	0
0	0	1	X	0

next\a，b	00	01	11	10
1	0	1	X	0
0	0	0	X	1

根据卡诺图写出关系式。

```
a` = (a &~ next) | (b & next)   b` = (~a & ~b & next) | (b & ~next)
```

03. 题目解答

套公式给出 Java 代码（注意 Go 语言是不天然支持这种运算的）。

```
//Java
class Solution {
    public int singleNumber(int[] nums) {
        int a = 0, b = 0, tmp = 0;
        for (int next : nums) {
```

① 卡诺图是逻辑函数的一种图形表示。将两逻辑相邻项合并为一项，保留相同变量，消去不同变量。

```
            tmp = (a & ~next) | (b & next);
            b = (~a & ~b & next) | (b & ~next);
            a = tmp;
        }
        return b;
    }
}
```

当然，题解还可以进一步优化，其实就是化简上面的公式。

```
//Java
class Solution {
    public int singleNumber(int[] nums) {
        int a = 0, b = 0;
        for (int next : nums) {
            b = (b ^ next) & ~a;
            a = (a ^ next) & ~b;
        }
        return b;
    }
}
```

以上解源自开源社区，并非作者原创。

本节的题目有一定难度，希望大家动脑动手，认真学习。

缺失数字(268)

本节讲解一道比较简单的题目。

01. 题目分析

第 268 题：缺失数字

给定一个包含 [0, n] 中 n 个数的数组 nums ，找出 [0, n] 这个范围内没有出现在数组中的那个数。

示例 1：

```
输入：[3,0,1]
输出：2
```

示例 2：

```
输入: [9,6,4,2,3,5,7,0,1]
输出: 8
```

说明：你的算法应具有线性时间复杂度。你能否仅使用额外常数空间来实现?

02. 题解分析

利用高斯公式求解。

$$\sum_{i=0}^{n} i = \frac{n(n+1)}{2}$$

首先求出数组的和，然后利用高斯公式求出 $\sum_{i=0}^{n+1} i$，这两项的差值即为缺失的值。例如，下面的数组长度为 4，缺失 4。

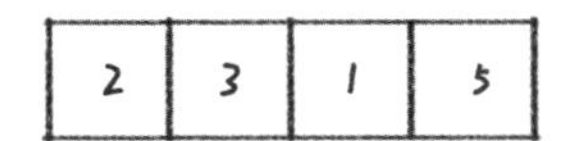

- $2+3+1+5=11$
- $(1+5)\times 5 \div 2=15$
- $15-11=4$

根据分析完成题解。

```
//C++
class Solution {
    public:
    int missingNumber(vector<int>& nums) {
        int length=nums.size();
        int result=(length + 1)*length/2;
        for(int e:nums)
            result-=e;
        return result;
    }
};
```

时间复杂度为 $O(n)$，空间复杂度为 $O(1)$。

03. 题目解答

位运算的本质和数学方法一样，都是通过与无序序列抵消找到缺失值，二者不能说哪个更好，都掌握最好。

本题可以利用**两个相同的数进行异或运算可以消除**的原理求解。

先给出 Go 版本的代码。

```
//Go
func missingNumber(nums []int) int {
    result := 0
    for i,k := range nums {
        result ^= k ^ i
    }
    return result ^ len(nums)
}
```

再给出 Java 版本的。

```
//Java
class Solution {
    public int missingNumber(int[] nums) {
        int res = 0;
        for(int i = 0; i < nums.length; i++ )
            res ^= nums[i] ^ i;
        return res ^ nums.length;
    }
}
```

最后给出 Python 版本的代码，毕竟对于这种较短的题目，Python 往往可以实现一行代码求解。但是，请记住：**算法思想才是最重要的。**

```
//Python
class Solution:
    def missingNumber(self, nums: List[int]) -> int:
        return sum(range(len(nums) + 1)) - sum(nums)
```

第 10 章 二分查找系列

爱吃香蕉的阿珂(875)

01. 题目分析

第 875 题： 阿珂喜欢吃香蕉

有 N 堆香蕉，其中第 i 堆中有 piles[i] 根香蕉。警卫已经离开，将在 H 小时后回来。阿珂可以决定她吃香蕉的速度 K（单位：根/小时），每小时她都会选择一堆香蕉，从中吃掉 K 根。

如果这堆香蕉少于 K 根，那么她将吃掉这堆的所有香蕉，并在一小时内不再吃更多的香蕉。

阿珂喜欢慢慢吃，但仍然想在警卫回来前吃掉所有的香蕉。求她可以在 H 小时内吃掉所有香蕉的最小速度 K（K 为整数）。

示例 1：

```
输入: piles = [3,6,7,11], H = 8
输出: 4
```

示例 2：

```
输入: piles = [30,11,23,4,20], H = 5
输出: 30
```

示例 3：

```
输入: piles = [30,11,23,4,20], H = 6
输出: 23
```

提示：

```
1 <= piles.length <= 10^4
piles.length <= H <= 10^9
1 <= piles[i] <= 10^9
```

02. 概念讲解

“十个二分九个错”，二分查找算法被形容为“思路很简单，细节是魔鬼”。二分查找算法最初出现于 1946 年，然而第 1 个完全正确的二分查找算法实现直到 1962 年才出现。下面是二分查找算法里最简单的一个模板，本章后面的内容将逐步为大家讲解二分查找算法的其他形式。

二分查找算法是计算机科学中最基本、最有用的算法之一。它描述了**在有序集合中搜索特定值的过程**。二分查找算法中有以下几个术语。

- 目标（target）：要查找的值。
- 索引（index）：要查找的当前位置。
- 左、右指示符（left、righ）：用来维持查找空间的指标。
- 中间指示符（mid）：用来确定向左或向右查找的索引。

二分查找算法最简单的形式是对具有指定左索引和右索引的**连续序列**进行操作，也被称为**查找空间**。二分查找算法维护查找空间的左、右和中间指示符，并比较查找目标，如果条件不满足或值不相等，则清除目标不可能存在的那一半，并在剩下的一半中继续查找，直到成功为止。

举例说明：请你**用最少的次数**猜到 1～100 中的一个数字。你每次猜测后，我会告诉你大了或者小了。你只需要每次都猜测中间的数字，就可以将余下的数字排除一半。

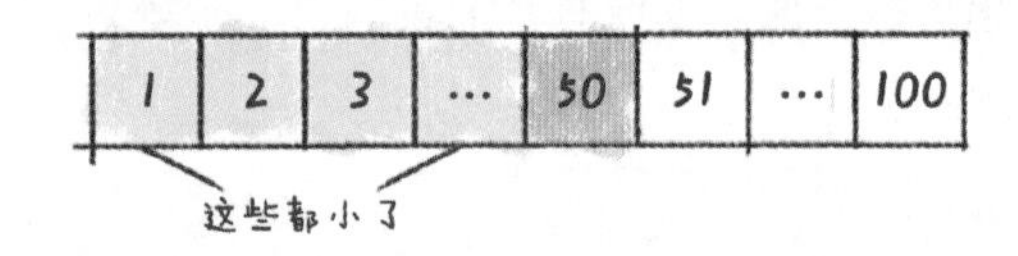

不管我心里想的数字是什么，你都能在 7 次之内猜到，这就是典型的二分查找算法。由于二分查找算法每次都筛选掉一半数据，所以也被称为**折半查找**。一般而言，对于包含 *n* 个元素的列表，用二分查找算法最多需要 log2*n* 步。

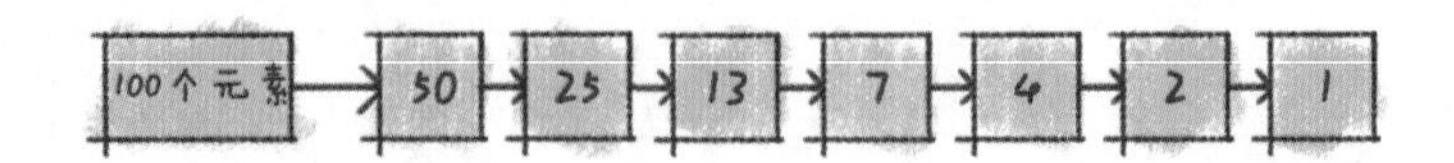

当然，大多数题目不太可能如此简单，所以我们需要思考，如何构造一个成功的二分查找算法？

大部分的二分查找算法可以由以下 3 步构造。

（1）预处理：大部分场景就是对未排序的集合进行排序。

（2）二分查找：找到合适的循环条件，每次都将查找空间一分为二。

（3）后处理：在剩余的空间中，找到合适的目标值。

了解了二分查找的过程，我们对二分查找算法进行**一般实现**。

```
//Java
public int binarySearch(int[] array, int des) {
    int low = 0, high = array.length - 1;
    while (low <= high) {
        int mid = low + (high - low) / 2;
        if (des == array[mid]) {
            return mid;
        } else if (des < array[mid]) {
            high = mid - 1;
        } else {
            low = mid + 1;
        }
    }
    return -1;
}
```

注意，在上面的代码中，mid 使用 low + (high – low)/2 的目的是防止溢出内存。

前文为什么说是一般实现呢？

一是根据边界的不同（开闭区间调整），有时需要弹性调整 low 与 high 的值，以及循环的终止条件。

二是根据元素是否有重复值，以及是否需要找到重复值区间，有时需要对原算法进行改进。

而上面的代码就没有后处理的过程，因为每一步都检查了元素，在到达末尾时已经知道没有找到目标元素。

总结一下一般实现的几个条件。

- 初始条件：left = 0，right = length-1。
- 终止：left > right。
- 向左查找：right = mid−1。
- 向右查找：left = mid +1。

请大家记住这个模板，在后面的章节中，我们将介绍二分查找算法其他的模板。

03. 题目解答

简单复习了二分查找算法，我们来看本题。

注意，绝大部分**在递增、递减区间中搜索目标值**的问题都可以转化为二分查找问题。并且，二分查找的题目基本逃不出三种类型：找特定值、找大于特定值的元素（上界）、找小于特定值的元素（下界）。

而这三种类型的题目最终会转化为以下问题。

- low、high 要初始化为 0、$n-1$ 还是 0、n，或者 1、n？
- 循环的判定条件是 low < high 还是 low ≤ high？
- if 的判定条件应该怎么写？
- if 条件正确时，应该移动哪边的边界？
- 更新 low 和 high 时，mid 如何处理？

处理好了上面的问题，自然就可以顺利解决问题。将上面的思想代入本题，我们要找“阿珂在 H 小时吃掉所有香蕉的最小速度 K”。最“笨”的方法是假设阿珂吃得特别慢，每小时只吃掉 1 根香蕉，然后逐渐递增阿珂吃香蕉的速度到 i，刚好满足在 H 小时可以吃掉所有香蕉，此时 i 就是我们要找的最小速度。当然，我们没有这么笨，可以想到使用二分查找算法进行优化。

寻找二分查找算法模板中的初始条件和终止条件。注意，这里的 high、low、mid 都代表算法速度。

这里我把最小速度定义成 1，可能大家会觉得奇怪，模板里不是 0 吗？算法千变万化，大家不要生搬硬套。从字面理解，如果定义成 0，就意味着阿珂会选择一个香蕉都不吃，难道阿珂傻？

```
//最小速度为1
    var low = 1
    //最大速度等于吃掉最大一堆香蕉，因为一小时只能吃一堆
    var high = maxArr(piles)
    //中间速度
    var mid = (low + high) / 2
```

```
//Java
public class Solution {
        public int minEatingSpeed(int[] piles, int H) {
        int maxVal = 1;
        for (int pile : piles) {
            maxVal = Math.max(maxVal, pile);
        }
        int left = 1;
        int right = maxVal;
```

```
        while (left < right) {
            int mid = (left + right) >> 1;
            if (canEat(piles, mid, H)) {
                left = mid + 1;
            } else {
                right = mid;
            }
        }
        return left;
    }

    private boolean canEat(int[] piles, int speed, int H) {
        int sum = 0;
        for (int pile : piles) {
            //向上取整
            sum += Math.ceil(pile * 1.0 / speed);
        }
        return sum > H;
    }
}
```

x的平方根(69)

01. 题目分析

这道题目比较简单，同时非常经典，建议大家掌握。

第 69 题：x 的平方根

计算并返回 x 的平方根，其中 x 是非负整数。由于返回类型是整数，结果只保留整数的部分，小数部分将被舍去。

02. 题解分析

我们使用二分查找算法来完成平方根求解，在有限的“区间”中，每次筛选一半的元素，直到只剩下一个元素（收敛），这个元素就是取整的平方根。

根据之前给出的二分查找算法模板，要使用二分查找算法，我们首先要找到 left、right、mid，在这里，我们要找的平方根的值为 mid，而 left 和 right 分别设为 1 和 x/2。

将 left 的初始值设为 1 比较容易理解，因为我们可以直接处理 x 为 0 的情况。当然，也可以把 left 的初始值设为 2，然后额外处理 0 和 1 的情况，只要能解释清楚就可以。但是为什么 right 要设为 x/2 呢？

我们看一下下面这些数的值。

x	√x	整数平方根	x/2
2	1.414	1	1
3	1.732	1	1.5
4	2	2	2
5	2.236	2	2.5

可以看出，当 x>2 时，它的**整数平方根**一定小于或等于 x/2。即有 0< 整数平方根 ⩽x/2。所以我们的问题转化为在 [0, x/2] 中找一个**特定值**，满足二分查找算法的条件。如果没有想到使用 x/2 作为 right 而直接使用 x，也是可以的。

剩下的逻辑就很简单了：不停缩小 mid 的范围，如果边界值的平方大于 x 就返回它前面的值，否则就正常返回，直到两边的边界完全收敛。

```
//Java
public class Solution {
    public int mySqrt(int x) {
        if (x == 0) return 0;
        long left = 1;
        long right = x / 2;
        while (left < right) {
            //注意这一行代码
            long mid = (right + left) / 2 + 1;
            if (mid > x / mid) {
                right = mid - 1;
            } else {
                left = mid;
            }
        }
        return (int) left;
    }
}
```

上面的代码有 3 处需要讲解。

一是这里将 left 和 right 都设置为 long，后面可以直接使用，不用担心由于超出界限而报错。

二是在（right+ left）/ 2 后面加 1，这是一种技巧。在面试时，我们往往需要快速写出 freebug 的代码，如果遇到二分查找类的题目，你很可能不停地纠结 mid 到底如何设置，是左边界还是右边界。其实，大多数面试官并不需要你实现一个非常标准的二分查找算法，找到绝对的中值。所以我们可以通过增大搜索空间来降低代码的难度。

三是通过不停地缩小搜索空间，最终 left 会变成我们要找的 mid 值，所以直接返回 left 就可以了。这也勉强算是一种技巧，一般熟悉二分查找算法的人，不会多写一个 mid，而是通过这种返回边界的方式找到目标值。这有两个好处，一是让代码更加简洁，二是不容易出错。

03. 题目解答

这里给出上面代码的 3 种 mid 的衍化形式，大家可以进行深入思考。

```
//Java
public class Solution {
    public int mySqrt(int x) {
        if (x == 0) return 0;
        long left = 1;
        long right = x / 2;
        while (left < right) {
            #1 long mid = (right + left) / 2 + 1;
            #2 long mid = left + (right - left + 1) / 2;
            #3 long mid = (left + right + 1) >> 1
                if (mid > x / mid) {
                    right = mid - 1;
                } else {
                    left = mid;
                }
        }
        return (int) left;
    }
}
```

我再给出一个没有将 right 设置为 x/2 的解法，这个解法特别适合新手。

```
//Java
public class Solution {

    public int mySqrt(int x) {
        int left = 0;
        int right = x;
        while (left <= right) {
            long mid = (left + right) / 2;
            if (mid * mid == x)
                return (int) mid;
            else if (mid * mid < x)
                left = (int) (mid + 1);
```

```
        else
            right = (int) (mid - 1);
        }
        return right;
    }
}
```

读算法文章的目的是学习对方的思路，如果觉得看会了就不需要学习了，恐怕很难进步。本题也可以通过**牛顿法、递归**等多种方式求解，但这些并不是我想介绍的。

我讲这道题的原因，是希望通过对本题的学习，读者可以深度思考二分查找算法中几个元素的建立过程，例如 **left 和 right 如何设置**，本题中的 right 既可以设置为 x 也可以设置为 x/2；又例如 **mid 值该如何计算**。大家一定要明确 mid 的真正含义有两层：一是大部分题目最后的 mid 值就是我们要找的目标值；二是我们通过 mid 值来收敛搜索空间。

那么问题来了，如何彻底掌握二分查找算法？我并不建议大家开始就直接去套模板，这样意义不是很大，因为套模板很容易出现边界值错误。我的建议是：**思考二分查找算法的本质，了解其通过收敛来找到目标的内涵 ，对每个二分查找算法的题目都进行深度剖析，多分析别人的答案**。你得知道，**每个答案背后都是对方的思考过程**。从这些过程中抽茧剥丝，最终留下的，才是二分查找算法的精髓。也只有到这一刻，才真正掌握了二分查找算法。给出模板的目的，也是让大家去思考模板背后的东西。

第 1 个错误的版本(278)

假设你是产品经理，目前正在带领一个团队开发新的产品。不幸的是，你的产品的最新版本没有通过质量检测。由于每个版本都是基于之前的版本开发的，错误版本之后的所有版本都是错的，所以我们需要回滚代码，那么如何找到错误的版本呢？

01. 题目示例

第 278 题：第 1 个错误的版本

假设有 n 个版本 $[1, 2, \cdots, n]$，你想找出导致之后所有版本出错的第 1 个错误的版本。

可以通过调用 bool isBadVersion(version) 接口来判断版本号 version 是否在单元测试中出错。实现一个函数来查找第 1 个错误的版本，尽量减少调用 API 的次数。

示例：

给定 n = 5，并且 version = 4 是第 1 个错误的版本。

```
调用 isBadVersion(3) -> false
调用 isBadVersion(5) -> true
调用 isBadVersion(4) -> true
```

所以，4 是第 1 个错误的版本。

02. 题解分析

这个题目是我遇到的真实事件。当时我所在的团队在做一套复杂的薪酬系统，涉及数百个变量，还需要考虑异动。例如，团队 A 的销售经理下调到 B 团队成为一名普通销售人员，需要根据异动的时间来切分他的业绩。普通销售人员的薪资会影响其团队销售经理的薪资，继而影响营业部经理的薪资，一直到最上层，影响整个大区经理的薪资。我们采用二分查找算法的思想，通过切变量，最终切到错误的异动逻辑上，进行了修正。

本题采用二分查找算法求解。将版本号对应如下。

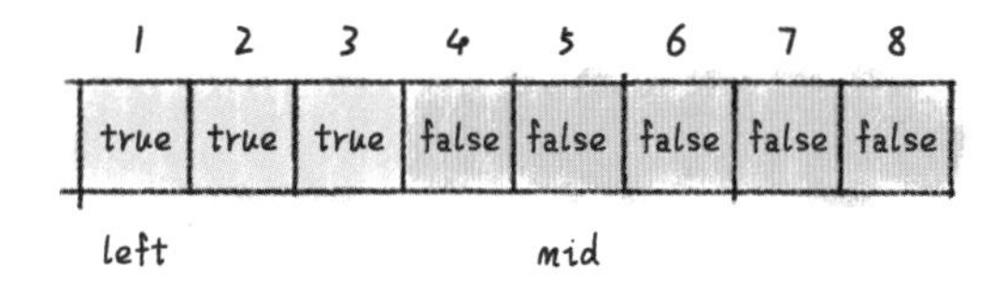

如果 mid 是错误版本，那么我们可以知道第 1 个错误的版本不在 mid 右侧。所以就令 right = mid，把下一次的搜索空间变成[left, mid]，如此可以顺利查找到目标。

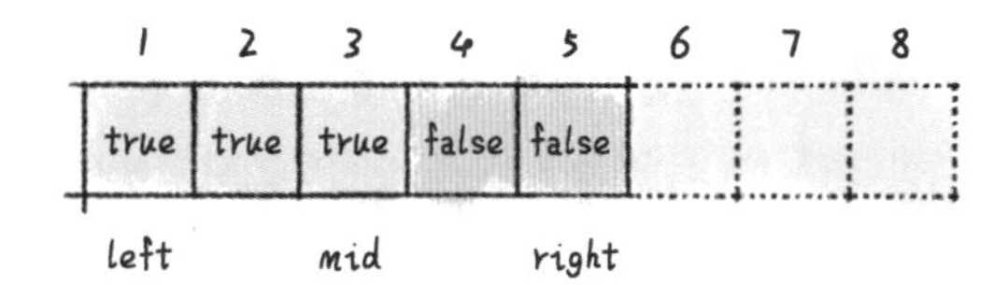

03. 题目解答

根据分析，给出如下题解。

```
//Java
public int firstBadVersion(int n) {
    int left = 1;
    int right = n;
    while (left < right) {
        int mid = left + (right - left) / 2;
        if (isBadVersion(mid)) {
```

```
            right = mid;
        } else {
            left = mid + 1;
        }
    }
    return left;
}
```

额外补充：请大家习惯这种返回 left 的写法，在保持代码简洁的同时，简化了思考过程，何乐而不为呢。

当然，代码也可以写成下面这个样子，是不是感觉差点儿意思？

```
//Java
public class Solution extends VersionControl {
    public int firstBadVersion(int n) {
        int left = 1;
        int right = n;
        int res = n;
        while (left <= right) {
            int mid = left + ((right - left) >> 1);
            if (isBadVersion(mid)) {
                res = mid;
                right = mid - 1;
            } else {
                left = mid + 1;
            }
        }
        return res;
    }
}
```

本章的前 3 道题目都比较简单，目的是让大家对二分查找算法有一些深层次的思考。下面给大家讲解一些不那么容易直接想到使用二分查找算法求解的题目。

旋转排序数组中的最小值 I (153)

本节分享一道知乎面试题。

01. 题目分析

这道题有两个版本，一个简单，一个困难。我们从简单的讲起。

第 153 题： 旋转排序数组最小值 I

假设按照升序排列的数组在预先未知的某个点上进行了旋转。例如，数组 [0, 1, 2, 4, 5, 6, 7] 可能变为 [4, 5, 6, 7, 0, 1, 2]。请找出其中最小的元素。可以假设数组中不存在重复元素。

示例 1：

```
输入：[3,4,5,1,2]
输出：1
```

示例 2：

```
输入：[4,5,6,7,0,1,2]
输出：0
```

02. 题解分析

这道题并无难点，关键在于是否可以想到使用二分查找算法。如果把题目中的条件换成数组中的元素可以重复，本题的难度就会大幅上升。

在二分查找算法中，我们需要找到区间的中间点并根据某些条件决定去区间左半部分还是右半部分查找。然而本题中的数组被旋转了，因此不能直接使用二分查找算法。我们先观察一下，假设原始数组如下。

无论怎么旋转，我们都可以得到首元素 > 尾元素的结论，如下图所示。虽然不知道这个结论有什么用，但是我们先记下来。

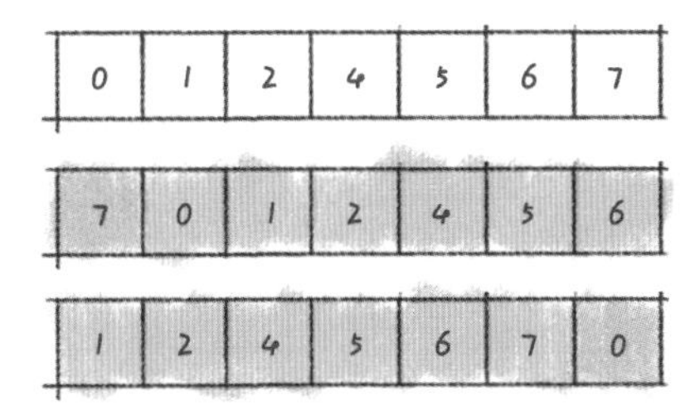

继续观察，上图其实是两种极端情况，一般的情况大多像下图这样。

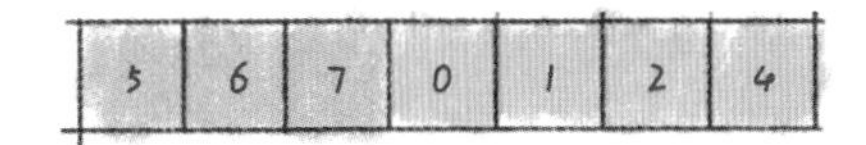

问题似乎变得简单了，旋转将原数组一分为二，并且已知首元素的值总是大于尾元素的值，所以我们只要找到将其一分为二的那个点（该点左侧的元素都大于首元素，该点右侧的元素都小于首元素），就可以找到数组中的最小值。

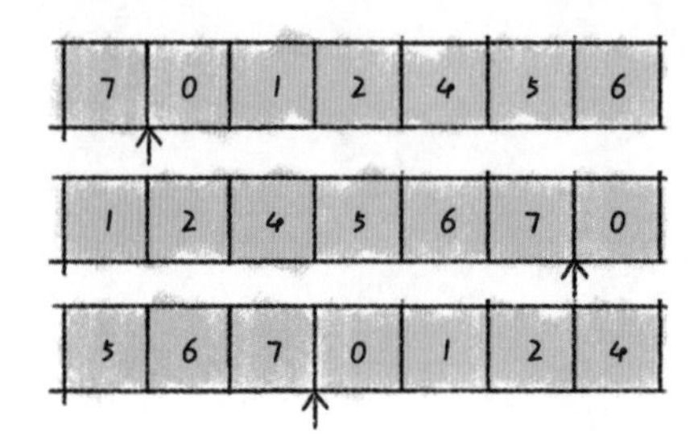

进行二分查找，先找到中间节点 mid，如果中间元素大于首元素，就把 mid 向右移动。

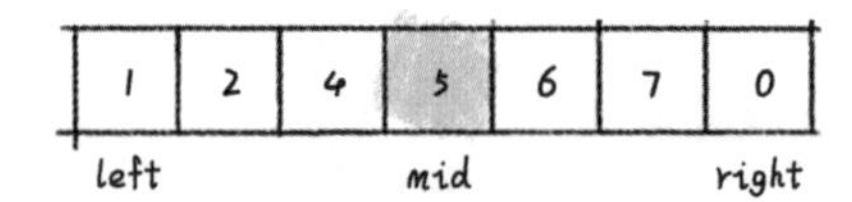

如果中间元素小于首元素，就把 mid 向左移动。

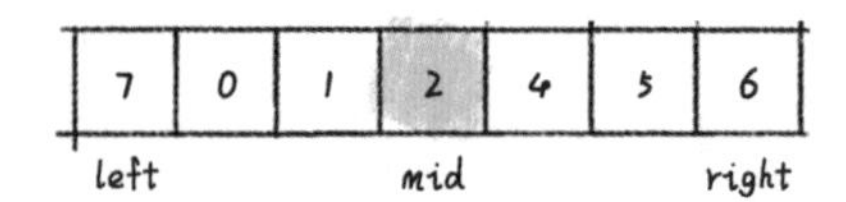

03. 题目解答

根据分析，给出多种语言的实现代码。

Java 版本。

```
//Java
class Solution {
    public int findMin(int[] nums) {
        int left = 0;
        int right = nums.length - 1;
        while (left < right) {
            int mid = left + (right - left) / 2 + 1;
            if (nums[left] < nums[mid]) {
                left = mid;
            } else if (nums[left] > nums[mid]) {
                right = mid - 1;
            }
        }
```

```
        return nums[(right + 1) % nums.length];
    }
};
```

Python 版本。

```
//Python
class Solution:
    def findMin(self, nums: List[int]) -> int:
        left = 0
        right = len(nums) - 1
        while left < right:
            mid = (left + right) >> 1
            if nums[mid] > nums[right]:
                left = mid + 1
            else:
                right = mid
                return nums[left]
```

C 版本。

```
//C
int findMin(int* nums, int numsSize){
    int left=0;
    int right=numsSize-1;
    while(right>left)
    {
        int mid=left+(right-left)/2;
        if(nums[mid]>nums[right])
            left=mid+1;
        else
            right=mid;
    }
    return nums[left];
}
```

也许有人会问，为什么题目中讲的是与 left 比较，但是代码中变成了与 right 比较。这其实是一个思维转化的问题：因为旋转之前的数组是一个递增序列，左边的数小、右边的数大，而我们要找的是最小值，所以向左寻找。如果与 left 比较，就变成找到最大值，进而向右移动一位，就是最小值。

这里对上一节的题目补充一个和 left 对比的版本，供大家参考学习。

```
//Go
func findMin(nums []int) int {
    left, right := 0, len(nums)-1
    for left < right {
        mid := left + (right-left)>>1 + 1
```

```
        if nums[left] < nums[mid] {
            left = mid
        } else if nums[left] > nums[mid] {
            right = mid - 1
        }
    }
    return nums[(right+1)%len(nums)]
}
```

上面的代码有两处需要说明：一是 mid 中最后加 1 是为了使 mid 更加靠近 right，增加容错性。当然，写到里边也是可以的，甚至更好。我怕大家看不懂，所以写在外面了。二是最后一行代码取模，需要考虑最大值刚好在最右边的情况。

本题有多种变形，是一道练习二分查找算法的绝佳题目。例如把元素不可重复的条件去掉，或者编写一个函数来判断目标值是否在数组中，等等。不同的改动会对解题方式有不同的影响，但是万变不离其宗，都是二分查找算法。

旋转排序数组中的最小值Ⅱ(154)

01. 题目分析

上节为大家讲解了该题目元素不可重复的版本，那么如果元素重复该如何处理呢？

第 154 题： 旋转排序数组中的最小值Ⅱ

假设按照升序排序的数组在预先未知的某个点上进行了旋转。例如，数组 [0, 1, 2, 4, 5, 6, 7] 可能变为 [4, 5, 6, 7, 0, 1, 2]。请找出其中最小的元素。注意数组中可能存在重复的元素。

示例 1：

```
输入：[1,3,5]
输出：1
```

示例 2：

```
输入：[2,2,2,0,1]
输出：0
```

说明：

- 这道题是旋转排序数组中的最小值Ⅰ(153)的延伸题目。
- 允许重复会影响算法的时间复杂度吗？会如何影响，为什么？

02. 题目回顾

在设计算法题目时，通过改变题目中的条件使得题目难度上升是一种非常常见的手段。本题就是这样，难度从中等变成了困难。

03. 题解分析

请大家认真阅读这句话：二分查找算法的本质是通过收敛查找空间找到目标值。不管是采用不同的 mid 定义方式，还是不一样的 while 条件，都是为了实现这个目的。在这个前提下，我们才去考虑通过减少冗余代码、减少循环次数等方法完成进一步的优化。

对比本题和上一道题：

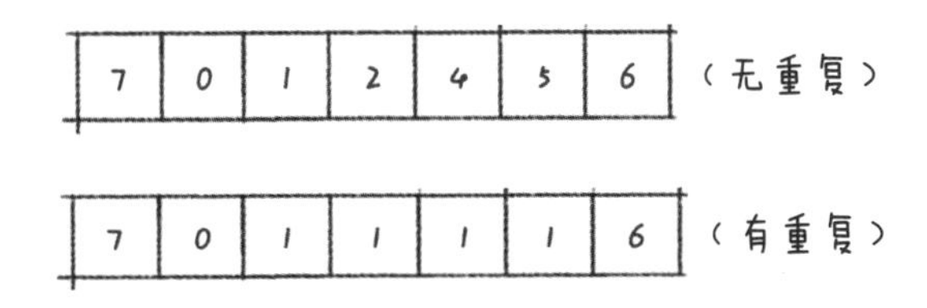

两道题的原理一样，唯一的区别是本题中间多了一部分重复元素，因此多了 nums[mid]等于 nums[right]的处理步骤（如果写 left 比较，则多了 nums[mid]等于 nums[left]的处理步骤）。

04. 题目解答

直接给出题解。

```
//Java
class Solution {
    public int findMin(int[] nums) {
        int left = 0;
        int right = nums.length - 1;
        while (left < right) {
            int mid = left + (right - left) / 2;
            if (nums[mid] > nums[right]) {
                left = mid + 1;
            } else if (nums[mid] < nums[right]) {
                right = mid;
            } else {
                right--;
            }
        }
        return nums[left];
    }
};
```

再次对照代码，可以看出：

在 nums[mid] 等于 nums[right] 的情况下，只多了一个 right−1 的操作。那么为什么要这样做呢？下图给出了答案。

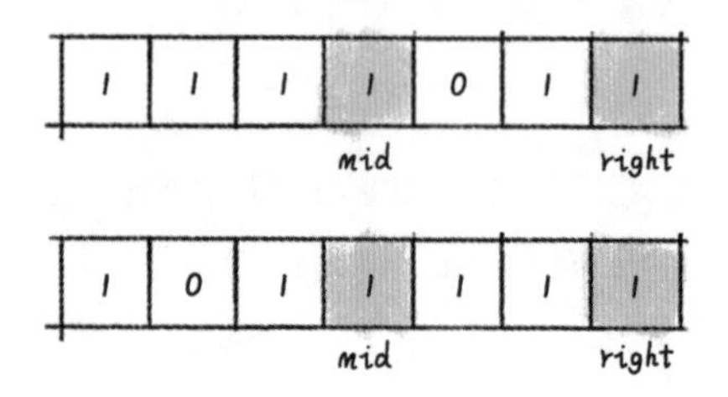

因为当 mid 和 right 相等时，最小值既可能在左边，也可能在右边，所以此时二分查找算法的思想不起作用，砍掉右边界。

供暖器(475)

本节为大家分享一道腾讯校招面试题。

01. 题目分析

这道题的重点在于对**题意的理解**，建议先自行思考，再看题解。

第 189 题：供暖器

冬季已经来临。你的任务是设计一个有固定加热半径的供暖器向所有房屋供暖。现在，给出位于一条水平线上的房屋和供暖器的位置，找到可以覆盖所有房屋的最小加热半径。所以，输入是房屋和供暖器的位置，输出是供暖器的最小加热半径。

说明：

- 给出的房屋和供暖器的数目是非负数且不超过 25000。
- 给出的房屋和供暖器的位置均是非负数且不超过 10^9。
- 只要房屋位于供暖器的半径内（包括在边缘上），就可以得到供暖。
- 所有供暖器都遵循半径标准。

示例 1：

```
输入：[1,2,3],[2]
输出：1
```

解释：仅在位置 2 上有一个供暖器。如果我们将加热半径设为 1，那么所有房屋都能得到供暖。

示例 2：

```
输入：[1,2,3,4],[1,4]
输出：1
```

解释：在位置 1、4 上分别有一个供暖器。我们需要将加热半径设为 1，这样所有房屋都能得到供暖。

02. 题解分析

这个题目还是比较有趣的，解题的关键在于读懂题意：我们要对任意一个房屋供暖，要么用前面的暖气，要么用后面的暖气，两者之间取较近的，这就是距离。同时，如果要覆盖所有的房屋，就要选择所有距离中最大的一段，这就是最小的加热半径。

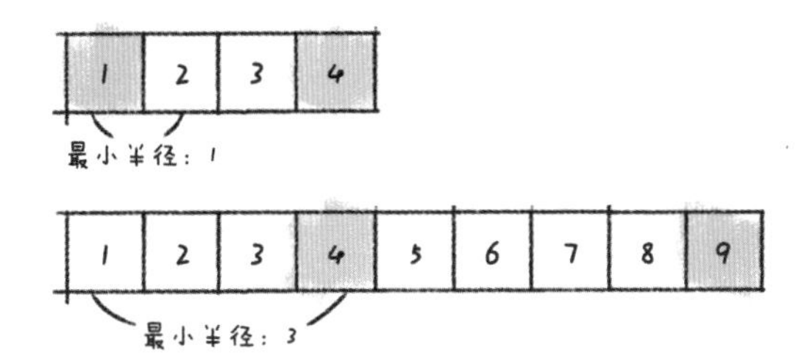

当然，我们可以采用双层遍历暴力题解，第 1 层，遍历所有的房子；第 2 层，遍历加热器，找出距离该房子的最小距离。可以通过二分查找算法来优化这个过程。

03. 题目解答

根据分析，得出如下代码。

```
//C++
class Solution {
public:
    int findRadius(vector<int>& houses, vector<int>& heaters) {
        //找到最小加热半径的最大值
        int res = 0;
        int n = heaters.size();
        sort(heaters.begin(), heaters.end());
        for (auto house : houses)
        {
```

```
            int left = 0, right = n;
            while (left < right)
            {
                int mid = left + (right - left)/2;
                if (house > heaters[mid]) left = mid + 1;
                else right = mid;
            }
            int dist1 = (right == 0) ? INT_MAX : abs(house - heaters[right - 1]);
            int dist2 = (right == n) ? INT_MAX : abs(house - heaters[right]);
            res = max(res, min(dist1, dist2));
        }
        return res;
    }
};
```

这个代码逻辑还是比较简单的，不需要额外补充。另外，本题还可以使用滑动窗口求解，但是考虑到输入规模，**房屋数量有可能远大于供暖器数量**，所以还是建议使用二分查找算法。

还有一点要强调的是：由于在开始时进行了一次排序，题目会给人一种提供的是有序数组的错觉。其实并非如此，如果去掉排序的代码，就会报错。

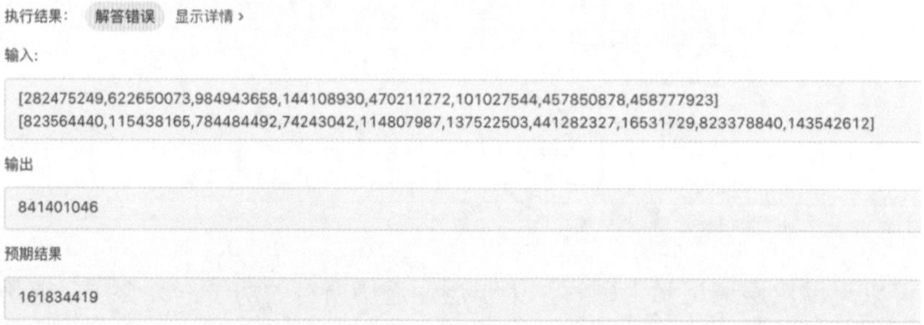

执行结果： 解答错误 显示详情 ›

输入：

[282475249,622650073,984943658,144108930,470211272,101027544,457850878,458777923]
[823564440,115438165,784484492,74243042,114807987,137522503,441282327,16531729,823378840,143542612]

输出

841401046

预期结果

161834419

大家可以尝试用滑动窗口解答本题，也是很容易的。提供一个思路：首先还是保证数组**有序**，然后维护一个双指针，记录每一个房子左边的暖气，并且让其成为下一个房子左边的起始值，最后滑动窗口。

寻找两个正序数组的中位数(4)

本节为大家分享一道经典面试题。题目有一定难度，建议大家耐心看完。

01. 题目分析

第 4 题：寻找两个有序数组的中位数

给定两个大小分别为 m 和 n 的有序数组 nums1 和 nums2。请找出这两个有序数组的中位数，要求算法的时间复杂度为 $O(\log(m\,n))$。可以假设 nums1 和 nums2 不会同时为空。

示例 1：

```
nums1 = [1, 3]
nums2 = [2]
则中位数是 2.0
```

示例 2：

```
nums1 = [1, 2]
nums2 = [3, 4]
则中位数是 (2+3)/2 = 2.5
```

02. 题目分析

中位数（Median）又称中值，是统计学中的专有名词，是按顺序排列的一组数据中居于中间位置的数，代表一个样本、种群或概率分布中的数值，其可将数值集合划分为相等的两部分。对于有限的数集，可以把所有观察值从高到低排序后找出正中间的一个作为中位数。如果观察值有偶数个，那么通常取正中间的两个数值的平均值作为中位数。

这里介绍一个小技巧，**一般如果题目要求时间复杂度为 $O(\log(n))$，那么大部分是可以使用二分查找算法的思想来求解的**。当然，本题采用二分查找算法是有一点儿反直觉的，可能不是很容易想到。

根据中位数的定义，如果寻找一个有序数组的中位数，那么肯定需要先判断数字是奇数个还是偶数个。

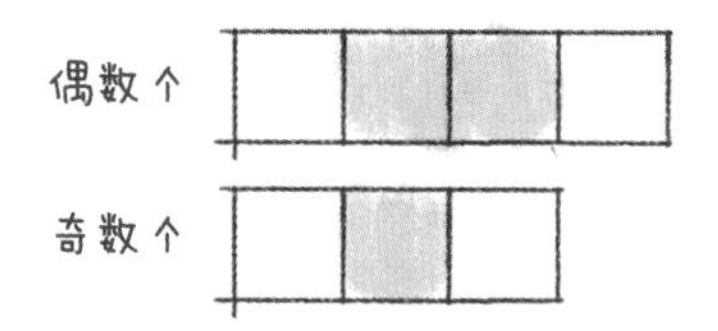

对两个数组也是一样的。先求出两个数组长度之和，如果为奇数，中位数就是 **(长度之和 +1)/2 的位置对应的数字**。如果为偶数，就需要先找到**长度之和/2 的位置对应的数字**。例如下图，(9+5)/2 = 7，就是**找到排在第 7 位的数字**。此时，问题其实已经转化为**找到两个数组中第 k 小的数字**。然后将第 7 位和第 8 位的和除以 2 就是我们要找的中位数。**注意：这里的 7 和 8 其实是**

不知道的，图中画出来只是为了便于理解。

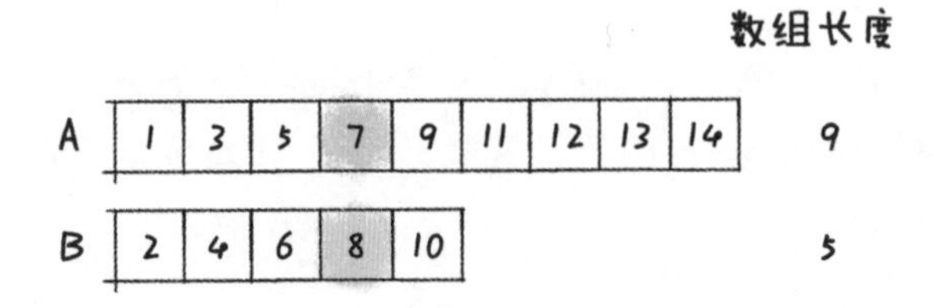

现在的问题是，我们如何用二分查找算法的思想来找到排在第 7 位的数字。这里有一种不太好想到的方式——**删，如果我们可以把多余的数字排除掉，那么最终剩下的数字是不是就是我们要找的？**因为有两个数组，所以我们可以先删掉 7/2 对应的整数部分，即 3 个数字。可以看出，下图中 i 所对应的数小于 j 所对应的数字，所以我们选择删除上面的 3 个数字。

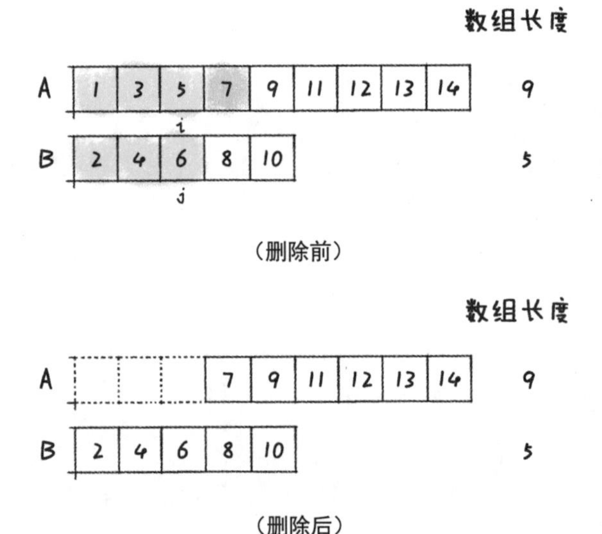

（删除前）

（删除后）

现在已经排除掉了 3 个数字，我们需要找到剩下的 4 个数字来进行下一步运算。可以继续删掉 4/2=2 个数字，比较下图中 i 和 j 所对应的数字，删除较小的一边。

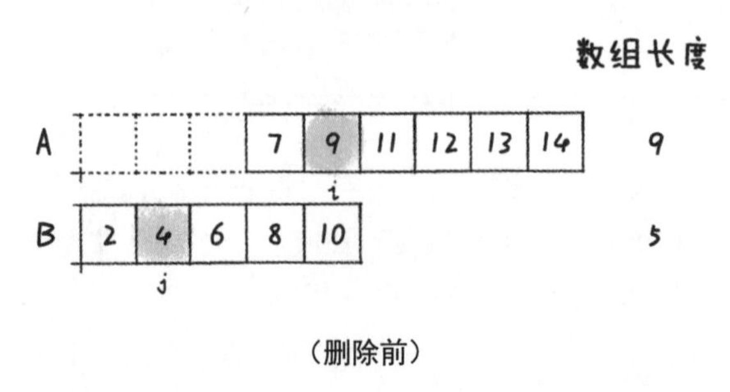

（删除前）

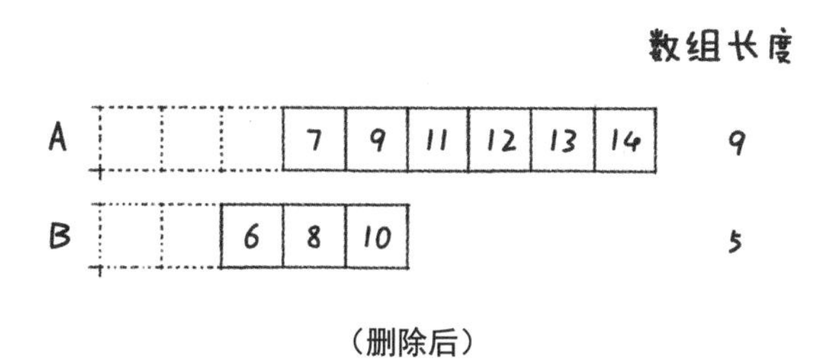

（删除后）

继续上面的步骤，删除 2/2=1 个数。**同理，比较 7 和 6 的大小，删除较小的一边**。删除后如下图所示。

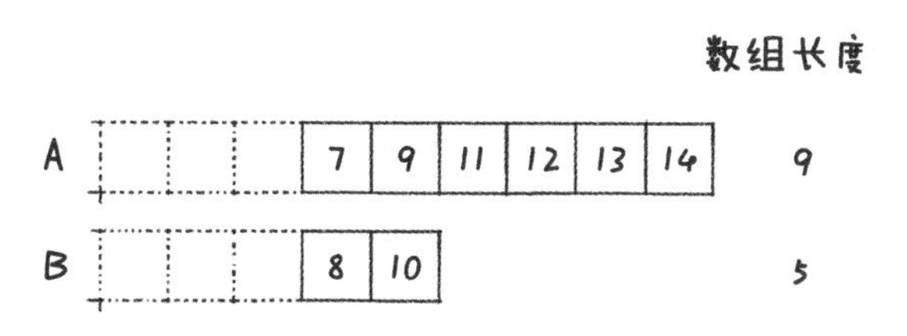

不要忘记我们要找第 7 小的数字。此时，**两个数组的第 1 个元素中较小的那一个就是我们要找的数字**。因为 7<8，所以 7 就是我们要找的第 7 小的数字。

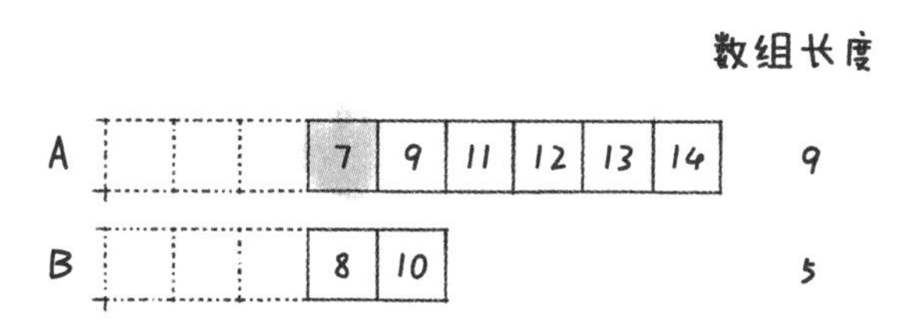

这里有一点比较特殊的，如果在删除过程中，**要删除的 *k*/2 个数字大于其中一个数组的长度**，我们就将这个数组中的数字全部删除。如下图所示，此时 7/2=3，但是下面的数组中只有 2 个数字，所以将它们全部删除。

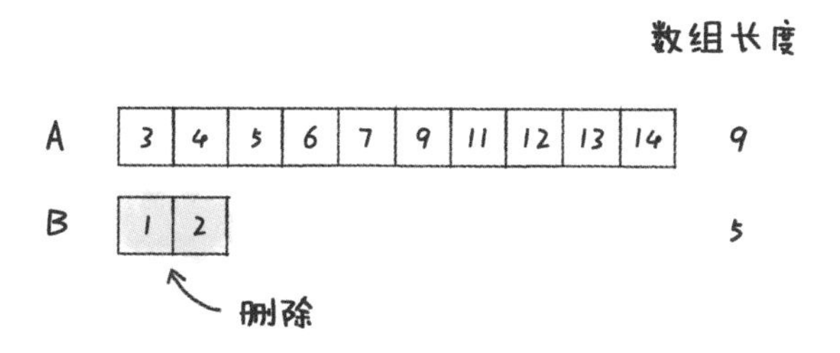

此时因为只删除了 2 个元素，所以 *k* 变成了 5。我们只需返回剩下数组中的第 5 个数字就可以了。

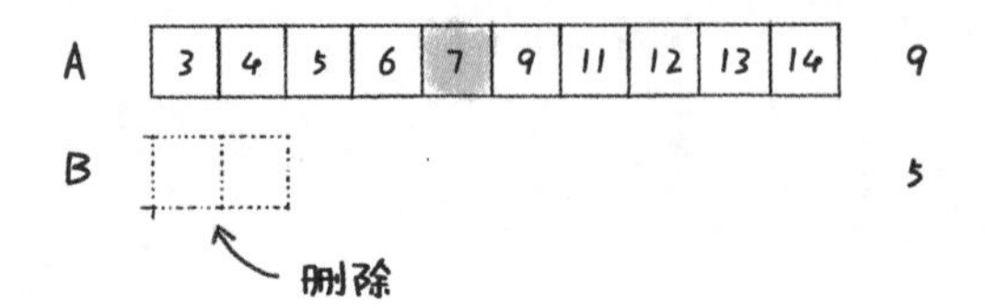

上面的过程就是本题的算法架构。

03. 题目解答

本节的题目有一定难度，需要注意以下三点：

- 从整体把握问题，想明白如何寻找中位数，将问题转化为“寻找两个有序数组中第 k 小的数字”。
- 能理解折半删除元素的过程，将问题转化为二分查找算法问题。
- 独立思考和一点点努力。

根据分析，完成题解。

```
//Java
class Solution {
    public double findMedianSortedArrays(int[] nums1, int[] nums2) {
        int len1 = nums1.length;
        int len2 = nums2.length;
        int total = len1 + len2;
        int left = (total + 1) / 2;
        int right = (total + 2) / 2;
        return (findK(nums1, 0, nums2, 0, left) + findK(nums1, 0, nums2, 0, right)) / 2.0;

    }

    //找到两个数组中第 k 小的元素
    public int findK(int[] nums1, int i, int[] nums2, int j, int k) {
        if (i >= nums1.length)
            return nums2[j + k - 1];
        if (j >= nums2.length)
            return nums1[i + k - 1];
        if (k == 1) {
            return Math.min(nums1[i], nums2[j]);
        }
        //计算出每次要比较的两个数字的值，决定删除哪边的元素
        int mid1 = (i + k / 2 - 1) < nums1.length ? nums1[i + k / 2 - 1] : Integer.MAX_VALUE;
        int mid2 = (j + k / 2 - 1) < nums2.length ? nums2[j + k / 2 - 1] : Integer.MAX_VALUE;
        //通过递归的方式模拟删除掉前 k/2 个元素
```

```
        if (mid1 < mid2) {
            return findK(nums1, i + k / 2, nums2, j, k - k / 2);
        }
        return findK(nums1, i, nums2, j + k / 2, k - k / 2);
    }
}
```

搜索二维矩阵(74)

01. 题目分析

这是一道高频面试题。

第 74 题：搜索二维矩阵

编写一个高效的算法判断在 $m \times n$ 矩阵中，是否存在一个目标值（target）。

该矩阵具有如下特性。

- 每行中的整数从左到右按升序排列。
- 每行的第 1 个整数大于前一行的最后一个整数。

示例 1：

```
输入:
matrix = [
  [1,   3,  5,  7],
  [10, 11, 16, 20],
  [23, 30, 34, 50]
]
target = 3

输出: true
```

示例 2：

```
输入:
matrix = [
  [1,   3,  5,  7],
  [10, 11, 16, 20],
  [23, 30, 34, 50]
]
target = 13

输出: false
```

02. 题解分析

这是一道考查二分查找算法的题目。

注意题目中给出的两个条件。

- 每行的第 1 个整数大于前一行的最后一个整数。
- 每行中的整数从左到右按升序排列。

第 1 个条件意味着可以通过二分查找算法确定目标元素在哪行。

第 2 个条件意味着可以在行里进行二分查找确定目标元素是哪个。

1	2	3	4
5	6	7	8
9	10	11	12
13	14	15	16

03. 题目解答

如何使用二分查找算法找到元素所在的行呢？只需要分别设定上、下边界，再用中间行中的最大值不停地与目标值进行比较。

```
//Java
  public int getRow(int[][] matrix, int target) {
      //二分查找到目标元素所在的行
      int top = 0, bottom = matrix.length - 1;
      int col = matrix[0].length - 1;
      while (top < bottom) {
          int mid = (top + bottom) / 2;
          if (matrix[mid][col] < target)
              top = mid + 1;
          else
              bottom = mid;
      }
      return top;
  }
```

找到元素所在的行之后，就和正常的二分查找算法没有什么区别了。

```
//Java
public boolean find(int[] data, int target) {
    //二分查找
    int l = 0, r = data.length - 1;
```

```
    while (l <= r) {
        int mid = (l + r) / 2;
        if (data[mid] == target)
            return true;
        else if (data[mid] < target)
            l = mid + 1;
        else
            r = mid - 1;
    }
    return false;
}
```

把代码拼到一起得到最终解。

```
//Java
class Solution {
    public boolean searchMatrix(int[][] matrix, int target) {
        if (matrix.length < 1) return false;
        int row = getRow(matrix, target);
        return find(matrix[row], target);
    }

    public int getRow(int[][] matrix, int target) {
        int top = 0, bottom = matrix.length - 1;
        int col = matrix[0].length - 1;
        while (top < bottom) {
            int mid = (top + bottom) / 2;
            if (matrix[mid][col] < target)
                top = mid + 1;
            else
                bottom = mid;
        }
        return top;
    }

    public boolean find(int[] data, int target) {
        int l = 0, r = data.length - 1;
        while (l <= r) {
            int mid = (l + r) / 2;
            if (data[mid] == target)
                return true;
            else if (data[mid] < target)
                l = mid + 1;
            else
                r = mid - 1;
        }
        return false;
    }
}
```

第 11 章 其他补充题目

水分子的产生

01. 题目分析

水分子的产生

现在有氢（oxygen）和氧（hydrogen）两种线程，你的目标是组织这两种线程来产生水分子。

存在一个屏障（barrier）使得每个线程必须等候，直到一个完整水分子能够被产生出来。

氢和氧线程会被分别给予 releaseHydrogen 和 releaseOxygen 方法来允许它们突破屏障。

这些线程应该三三成组突破屏障并能立即组合产生一个水分子。

必须保证产生一个水分子所需线程的结合发生在下一个水分子产生之前。

换句话说：

如果一个氧线程到达屏障时没有氢线程到达，那么它必须等候，直到两个氢线程到达。

如果一个氢线程到达屏障时没有其他线程到达，那么它必须等候，直到一个氧线程和另一个氢线程到达。

给出满足这些限制条件的氢、氧线程同步代码。

示例 1：

```
输入: "HOH"
输出: "HHO"
```

解释: "HOH" 和 "OHH" 也是有效解。

示例 2：

```
输入: "OOHHHH"
输出: "HHOHHO"
```

解释: "HOHHHO"、"OHHHHO"、"HHOHOH"、"HOHHOH"、"OHHHOH"、"HHOOHH"、"HOHOHH" 和 "OHHOHH" 也是有效解。

限制条件：

- 输入字符串的总长将会是 $3n$，$1 \leqslant n \leqslant 50$。
- 输入字符串中的“H”总数将会是 $2n$。
- 输入字符串中的“O”总数将会是 n。

代码模板：

```
class H2O {
    public H2O() {

    }
    public void hydrogen(Runnable releaseHydrogen) throws InterruptedException {        //
releaseHydrogen.run() outputs "H". Do not change or remove this line.
releaseHydrogen.run();
    }
    public void oxygen(Runnable releaseOxygen) throws InterruptedException {
        // releaseOxygen.run() outputs "O". Do not change or remove this line.
        releaseOxygen.run();
    }
}
```

02. 题目解答

本题只要模拟出氢和氧的供给关系，就可以顺利求解。

这里先介绍一下 Java 中的 Semaphore：Semaphore 是 synchronized 的加强版，作用是**控制线程的并发数量**。可以通过 acquire 和 release 来进行类似 lock 和 unlock 的操作。

```
//设置一个信号量，将信号量不断-1，当信号量减少到 0 时，acquire 不会再执行
//只有执行了一个 release()且信号量不为 0 时才可以继续执行 acquire
void acquire()
//释放一个信号量，信号量+1，
```

```
void release();
```

什么？听不懂！大白话就是 Semaphore 控制同时有多少线程可以进去，比一般的锁要高级一些。

由于所需 H 的数量是 2*n*，O 的数量是 *n*，所以我们不需要考虑无法构成水分子的情况。将 H 和 O 的初始信号量分别设置为 2。

每产生一次 O，都需要等待产生两个 H。

```
import java.util.concurrent.Semaphore;

class H2O {
    public H2O() { 6
    }
    private Semaphore h = new Semaphore(2);
    private Semaphore o = new Semaphore(2);
    public void hydrogen(Runnable releaseHydrogen) throws InterruptedException {
        h.acquire(1);
        releaseHydrogen.run();
        o.release(1);
    }
    public void oxygen(Runnable releaseOxygen) throws InterruptedException {
        o.acquire(2);
        releaseOxygen.run();
        h.release(2);
    }
}
```

如果没有原生的信号量支持怎么办？其实也是一样的。我们可以通过锁来模拟信号量。这里给出 C++版本的实现。

```
//C++
class H2O {
private:
    int countOxygen;
    pthread_mutex_t lockHy;
    pthread_mutex_t lockOx;
public:
    H2O() {
        pthread_mutex_init(&lockOx,NULL);
        pthread_mutex_init(&lockHy,NULL);
        pthread_mutex_lock(&lockOx);
        countOxygen = 2;
    }
    void hydrogen(function<void()> releaseHydrogen) {
        pthread_mutex_lock(&lockHy);
        releaseHydrogen();
        countOxygen--;
```

```
        if(countOxygen > 0){
            pthread_mutex_unlock(&lockHy);
        }else{
            pthread_mutex_unlock(&lockOx);
        }
    }
    void oxygen(function<void()> releaseOxygen) {
        pthread_mutex_lock(&lockOx);
        releaseOxygen();
        countOxygen = 2;
        pthread_mutex_unlock(&lockHy);
    }
};
```

如果没有并发的 Python（threading 库可以用，并且提供了现成的信号量）怎么办？我们可以用队列模拟实现。

```
//Python
class H2O:
    def __init__(self):
        self.h, self.o = [], []
    def hydrogen(self, releaseHydrogen: 'Callable[[], None]') -> None:
        self.h.append(releaseHydrogen) 7
        self.res()
    def oxygen(self, releaseOxygen: 'Callable[[], None]') -> None:
        self.o.append(releaseOxygen)
        self.res()
    def res(self):
        if len(self.h) > 1 and len(self.o) > 0:
            self.h.pop(0)()
            self.h.pop(0)()
            self.o.pop(0)()
```

救生艇(881)

01. 题目分析

第 881 题：救生艇

船遇到海难，需要营救。第 i 个人的体重为 people[i]，每艘救生艇可以承载的最大重量为 limit，最多可载两人。返回营救所有人所需的最小救生艇数。

示例 1：

```
输入：people = [1,2], limit = 3
输出：1
```

解释：1 艘救生艇载 (1, 2)。

示例 2：

```
输入：people = [3,2,2,1], limit = 3
输出：3
```

解释：3 艘救生艇分别载 (1, 2)、(2) 和 (3)。

示例 3：

```
输入：people = [3,5,3,4], limit = 5
输出：4
```

解释：4 艘救生艇分别载 (3)、(3)、(4)、(5)。

提示：

- $1 \leqslant$ people.length $\leqslant 50000$
- $1 \leqslant$ people[i] $\leqslant$ limit $\leqslant 30000$

02. 题解分析

一艘救生艇最多可以载两个人，并且不能超载，要求出能载下所有人的最小救生艇数，就需要**尽最大努力维持一艘救生艇上有两个人**。这是什么思想？贪心。

思路很简单：

（1）让这些人**根据体重排序**。

（2）同时**维护两个指针，每次让最重的人和最轻的人同时上救生艇**，因为最重的人要么和最轻的人一起上救生艇，要么无法配对，只能自己占用一艘救生艇的资源。

03. 题目解答

根据分析，得到以下题解。

```java
//Java
class Solution {
    public int numRescueBoats(int[] people, int limit) {
        Arrays.sort(people);
        int i = 0, j = people.length - 1;
```

```
        int ans = 0;

        while (i <= j) {
            ans++;
            if (people[i] + people[j] <= limit)
                i++;
            j--;
        }
        return ans;
    }
}
```

Go 版本的代码其实一样。

```
//Go
func numRescueBoats(people []int, limit int) int {
    sort.Ints(people)
    ans :=0
    i, j :=0,len(people) - 1
    for i <= j {
        if people[i] + people[j] <= limit {
            i++
        } else{
            j--
        }
        ans++
    }
    return ans
}
```

04. 题目扩展

这里肯定有细心的读者会问：为什么每次都让最重的人和最轻的人一起上救生艇，而不是放弃最轻的，去找一个体重逼近 limit 的人来乘救生艇呢？这是**因为题中已经告诉我们，一艘救生艇仅能坐两人，**所以去找一个体重逼近 limit 的人是没有意义的。

25 匹马的问题

本节为大家分享一道非常经典的面试题。

01. 题目分析

25 匹马的问题

赛场上有 25 匹马、5 个跑道，不使用计时器进行比赛（也就是每次比赛只能得到本次的比赛的排名），试问最少需要多少次比赛才能选出最快的 3 匹马？给出分析过程。

02. 题解分析

先给出答案：7 次，再看分析过程。

（1）把 25 匹马分为 5 组（A、B、C、D、E），经过 5 次比赛，得到每组的第 1 名。比赛结果如下图所示。

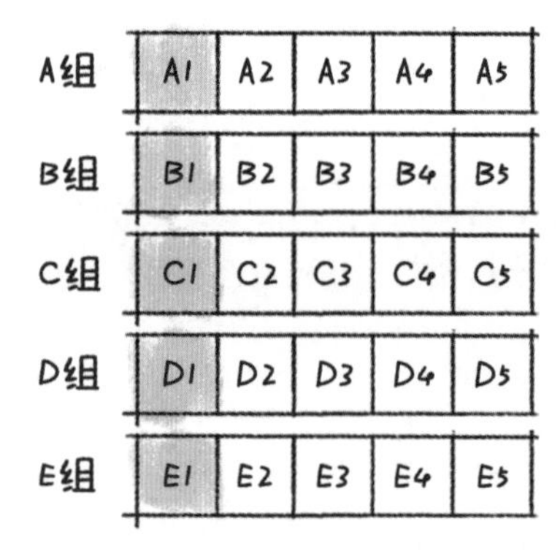

（2）让 5 个第 1 名进行比赛，得到其中的前 3 名。**注意：这里就可以得到所有马中跑得最快的，并且本次比赛中最后两名所在的组可以直接淘汰，因为第 2 名和第 3 名一定不会在其中产生。比赛结果如下图所示。**

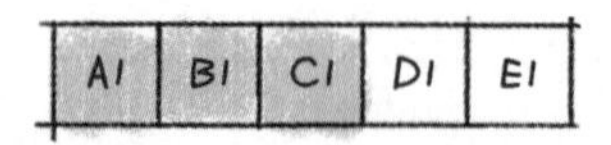

（3）因为已经找到了第 1 名，所以 A1 不需要再参加比赛，同时，D1 和 E1 所在的组已经被淘汰。C 组不会有人跑得比 C1 快，而 B2 可能比 C1 跑得快。同理，A2 和 A3 也可能比 B1 和 B2 跑得快。所以第 7 次比赛，我们让 **A2、A3、B1、B2、C1** 来参加就可以找到总排名第 2、第 3 的马。

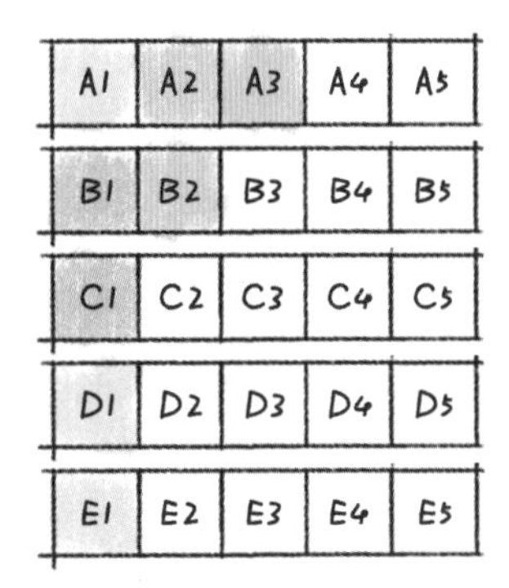

最终，**通过 7 次比赛**得到 25 匹马中的前 3 名。

03. 题目进阶

还是 25 匹马，如果我们要找到其中跑得最快的 **5** 匹，至少需要多少次比赛呢？

在上面的分析中，我们已经找到了第 1 名，**且第 2 名和第 3 名会在 A2、A3、B1、B2、C1** 中产生，我们再分别进行讨论。

A1	A2	A3	A4	A5
B1	B2	B3	B4	B5
C1	C2	C3	C4	C5
D1	D2	D3	D4	D5
E1	E2	E3	E4	E5

（1）假设第 2、3 名分别为 A2、A3，那么**第 4 名可能是 A4**，此时第 5 名是 A5 或者 B1；**第 4 名也可能是 B1**，此时第 5 名是 B2 或者 C1。所以只需让［A4，B1，A5，B2，C1］参加一次比赛，就可以找出前 5 名。

（2）假设第 2、3 名分别为 A2、B1，那么第 4 名可能是 A3、B2、C1。**假设第 4 名为 A3**，则第 5 名可能为 A4、B2、C1；**假设第 4 名为 B2**，则第 5 名可能为 A3、B3、C1；**假设第 4 名为 C1**，则第 5 名可能为 A3、B2、C2、D1。此时我们需要至少两次比赛，才能在［A3，A4，B2，B3，C1，C2，D1］中找到第 4 名和第 5 名，所以一共需要 9 次比赛。

其他的可能性还包括：

- 假设第 2、3 名分别为 B1、A2。
- 假设第 2、3 名分别为 B1、B2。
- 假设第 2、3 名分别为 B1、C1。

上面这 3 种情况分析的方法一致，就不一一说明了，大概的思路就是**根据第 3 名分析出可能的第 4 名，再根据第 4 名分析出对应情况下的第 5 名**。最终找出总排名第 4 和第 5 的马。

题目中问的是**最少需要多少次比赛可以找出前 5 名**。根据分析，如果**第 2 名和第 3 名是 A2 和 A3，那么只需要 8 次比赛就可以找出前 5 名**。所以最少次数是 8（这个题目其实不够严谨，如果在面试中遇到类似题目，那么最好给出所有可能性的推导过程）。

灯泡开关(319)

本节为大家分享一道关于**“电灯泡”**的题目。

01. 题目分析

第 319 题：灯泡开关

初始时有 n 个关闭的灯泡。第 1 轮打开所有的灯泡，第 2 轮每两个灯泡关闭 1 个，第 3 轮每 3 个灯泡切换 1 个状态（如果关闭则开启，如果开启则关闭）。第 i 轮每 i 个灯泡切换 1 个状态，第 n 轮只切换最后一个灯泡的状态。找出 n 轮后有多少个亮着的灯泡。

示例：

```
输入：3
输出：1
```

解释：初始时的灯泡状态为 [关闭, 关闭, 关闭]。

第 1 轮后的灯泡状态为 [开启, 开启, 开启]。

第 2 轮后的灯泡状态为 [开启, 关闭, 开启]。

第 3 轮后的灯泡状态为 [开启, 关闭, 关闭]。

应该返回 1，因为只有 1 个灯泡还亮着。

02. 题解分析

这是一道难度评定为**困难**的题目。但只要模拟一下开关灯泡的过程，就很容易理解，一起来分析一下。

模拟 n 从 1 到 12 的过程。第 1 轮打开了 12 个灯泡。

因为我们不关心 n 以后的灯泡，所以用黑框表示它们

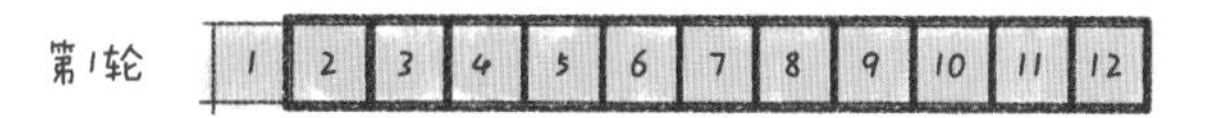

然后我们列出当 n 为 1～12 时所有的灯泡状态。

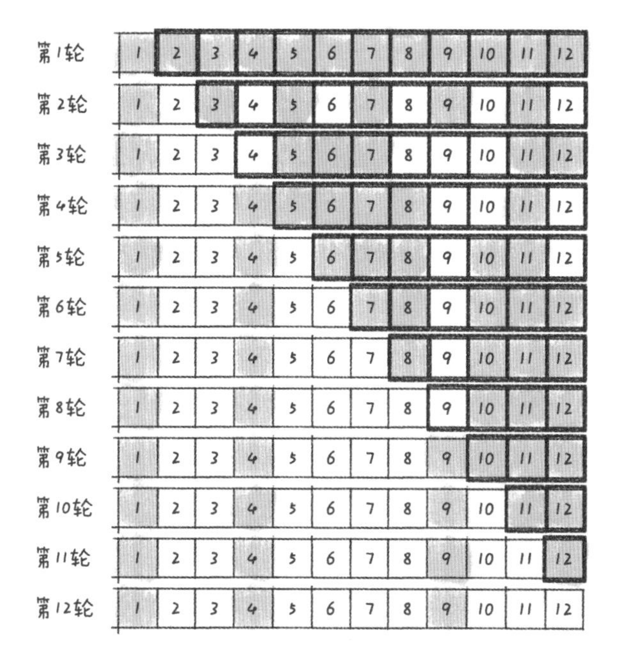

可以得到下图中的表格。

灯泡数N	N轮后亮着的灯泡
1	1
2	1
3	1
4	2
5	2
6	2
7	2
8	2
9	3
10	3
11	3
12	3

找到规律了么？

03. 题目解答

一起看下面的代码。

```
//Go
func main() {
    for n := 1; n <= 12; n++ {
        fmt.Println("n=", n, "\t灯泡数\t", math.Sqrt(float64(n)))
    }
}
//print
n= 1      灯泡数  1
n= 2      灯泡数  1.4142135623730951
n= 3      灯泡数  1.7320508075688772
n= 4      灯泡数  2
n= 5      灯泡数  2.23606797749979
n= 6      灯泡数  2.449489742783178
n= 7      灯泡数  2.6457513110645907
n= 8      灯泡数  2.8284271247461903
n= 9      灯泡数  3
n= 10      灯泡数  3.1622776601683795
n= 11      灯泡数  3.3166247903554
n= 12      灯泡数  3.4641016151377544
```

没错，只要对 n 进行开方，就可以得到最终的灯泡数。根据分析，得出以下题解。

```
//C++
class Solution {
public:
```

```
    int bulbSwitch(int n) {
        return sqrt(n);
    }
};
```

证明如下：

通过观察可以发现，如果一个灯泡有奇数个约数[①]，那么最后这个灯泡一定亮着。

其中，奇数（odd）指不能被 2 整除的整数，数学表达形式为 $2k+1$，奇数可以分为正奇数和负奇数。

所以其实我们是求**从 1 到 *n* 有多少个数的约数有奇数个**。而**有奇数个约数的数一定是完全平方数**。这是因为，对于数 n，如果 m 是它的约数，则 n/m 也是它的约数，若 $m \neq n/m$，则它的约数是以 m、n/m 的形式成对出现的。而当 $m=n/m$ 成立且 n/m 是正整数时，n 是完全平方数，有奇数个约数。

三门问题

三门问题亦称蒙提霍尔问题（Monty Hall Problem）、蒙特霍问题或蒙提霍尔悖论，出自美国的电视游戏节目 Let's Make a Deal。今天为大家进行完整分析。

01. 题目分析

三门问题
参赛者的面前有三扇关闭着的门，其中一扇门的后面是天使，选中后天使会达成你一个愿望，而另外两扇门后面是恶魔，选中就会死亡。

当你选定了一扇门，但未去开启它的时候，上帝会开启剩下两扇门中的一扇，露出其中一只恶魔。随后上帝会问你要不要更换选择，选另一扇仍然关着的门。

02. 题解分析

按照常理，参赛者在做出最开始的决定时，对三扇门后面的事情一无所知，因此他选择正确的

① 约数，又称因数。如果整数 a 除以整数 b（b≠0）的商正好是整数而没有余数，即 a 能被 b 整除或 b 能整除 a，则称 a 为 b 的倍数，b 为 a 的约数。

概率是 1/3。

接下来，主持人排除掉了一个错误答案（有恶魔的门），于是剩下的两扇门后必然是一扇是天使、一扇是恶魔，那么此时无论选择哪一扇门，胜率都是 1/2，依然合乎直觉。

所以作为参赛者，你会认为换不换都一样，获胜概率均为 1/2。但真的是这样吗？

正确的答案是，**如果你选择了换，那么碰见天使的概率会高达 2/3，而如果不换，碰见天使的概率就只有 1/3**。这是怎么回事？

我用一种通俗的方法来讲解。一开始，选择第 1 扇门的概率为 1/3，而选择另外两扇门的总概率为 2/3。

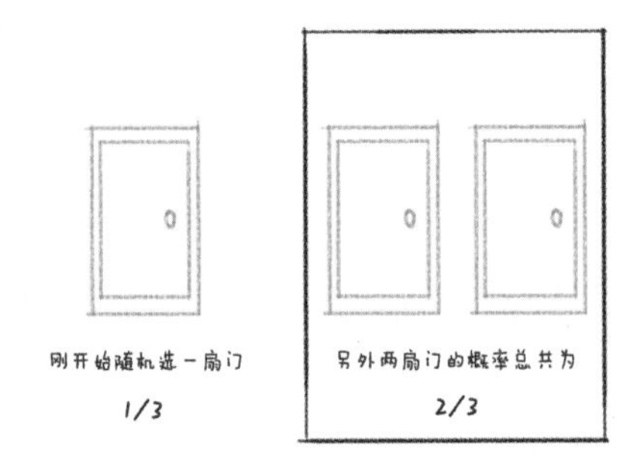

现在上帝打开了其中一扇为恶魔的门，我们知道这个门后面不会再有天使，所以相当于这部分概率被第 3 扇门持有。

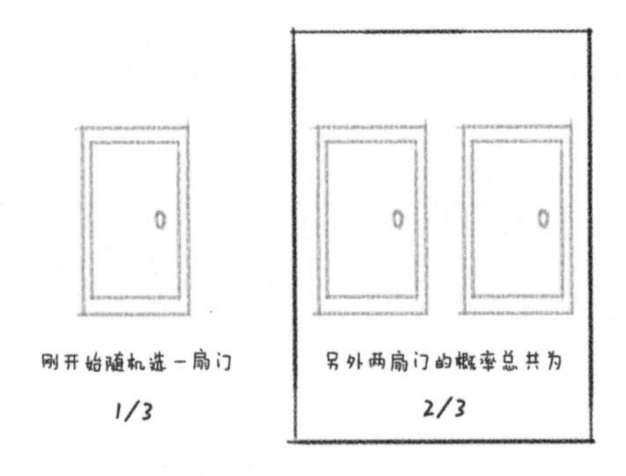

剩下的那扇门是天使的概率（2/3）相当于刚开始选择的门（1/3）的 2 倍，所以要换。

如果还没有听懂，那么我们可以假设有 100 扇门，有 99 扇后面都是恶魔。现在你随机选择一扇门，选择到天使的概率是 1/100。

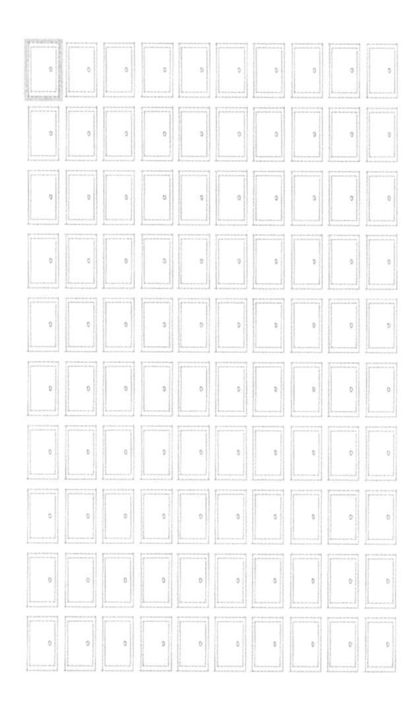

这时，上帝打开其中的 98 扇，里边都是恶魔。这时候就相当于 99/100 的概率都集中在了另一扇门里。自然，我们需要选择换。

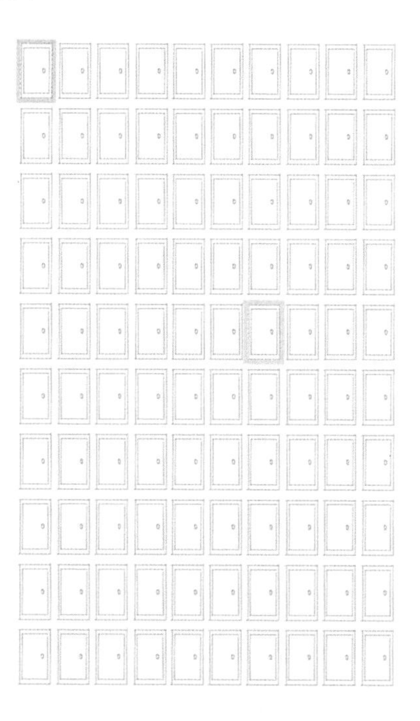

03. 题目解答

直接给出验证代码。

```
//Go
func main() {
    //换门遇见天使的次数和不换门遇见天使的次数
changeAngelCount, unchangeAngelCount := 0, 0    for i := 0; i < 1000000; i++ {
        //门的总数
        doors := []int{0, 1, 2}
        //天使门和选中的门
angelDoor, selectedDoor := rand.Intn(3), rand.Intn(3)
        //上帝移除一扇恶魔门
        for j := 0; j < len(doors); j++ {
            if doors[j] != selectedDoor && doors[j] != angelDoor {
                doors = append(doors[:j], doors[j+1:]...)
                break
            }
        }
        //统计
        if selectedDoor == angelDoor {
            unchangeAngelCount++
        } else {
            changeAngelCount++
        }
    }
    fmt.Println("不换门遇见天使的次数:", unchangeAngelCount, "比例: ", (float32(unchangeAngelCount)
/ 1000000))
    fmt.Println("换门遇见天使的次数:", changeAngelCount, "比例: ", (float32(changeAngelCount) /
1000000))
}
```

最小的 *k* 个数

本节分享一道比较简单的题目，希望大家可以 5 分钟掌握。

01. 题目分析

最小的 k 个数

输入整数数组 arr ，找出其中最小的 k 个数。例如，输入 4、5、1、6、2、7、3、8，这 8 个数字中最小的 4 个数字是 1、2、3、4。

示例 1：

```
输入：arr = [3,2,1], k = 2
输出：[1,2] 或者 [2,1]
```

示例 2：

```
输入：arr = [0,1,2,1], k = 1
输出：[0]
```

限制：

```
0 <= k <= arr.length <= 10000
0 <= arr[i] <= 10000
```

02. 概念讲解

这道题出自《剑指 Offer：名企面试官精讲典型编程题》，是一道高频面试题，可以通过排序等多种方法求解。但是在这里，我们使用较为经典的**大顶堆（大根堆）**法求解。

堆（Heap）是计算机科学中一类特殊的数据结构的统称，通常指可以看作一棵**完全二叉树**的数组对象。

堆的特性是**父节点的值总是比其两个子节点的值大或小**。如果父节点比它的两个子节点的值都大，就叫作**大顶堆**。如果父节点的值比它的两个子节点的值都小，就叫作**小顶堆**。

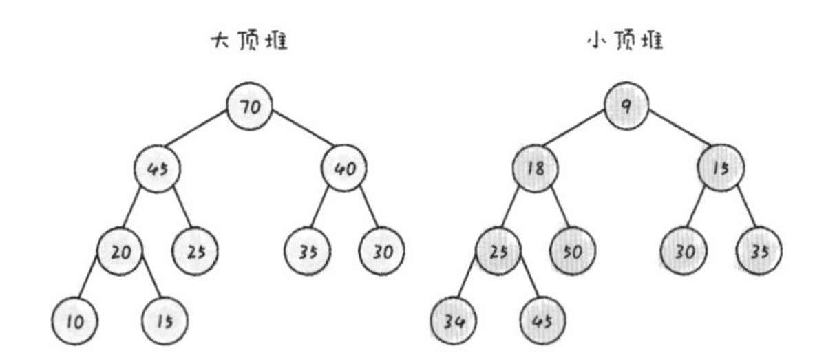

我们对堆中的节点按层进行编号，将这种逻辑结构映射到数组中，如下图所示。

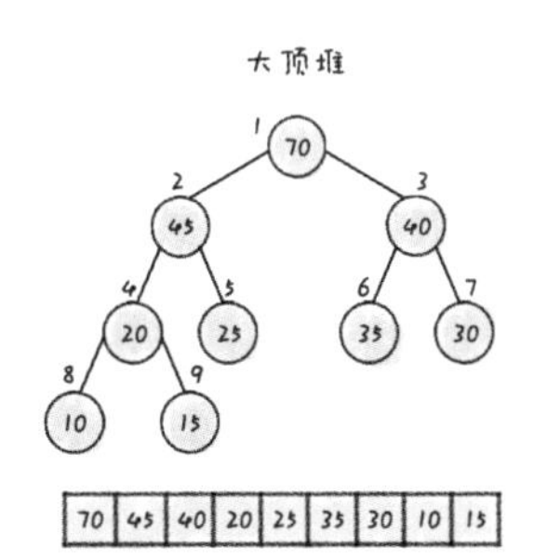

大顶堆满足以下公式。

```
arr[i] >= arr[2i 1] && arr[i] >= arr[2i 2]
```

将小顶堆的逻辑结构映射到数组中，如下图所示。

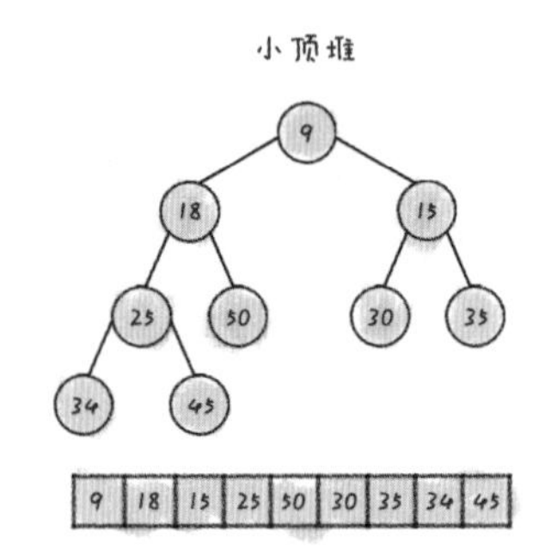

小顶堆满足以下公式。

```
arr[i] <= arr[2i 1] && arr[i] <= arr[2i 2]
```

03. 题解分析

现在介绍如何用大顶堆求解。

创建一个大小为 *k* 的大顶堆，假设数组为[4, 5, 1, 6, 2, 7, 3, 8]，*k*=4，如下图所示。

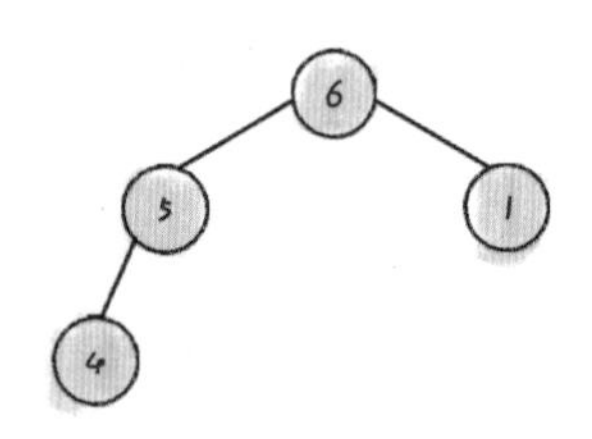

注意：**对于一个没有维护过的堆（完全二叉树），可以从其最后一个节点的父节点开始进行调整**。这个不需要死记硬背，就是一个层层调节的过程。

从最后一个节点的父节点开始调整。

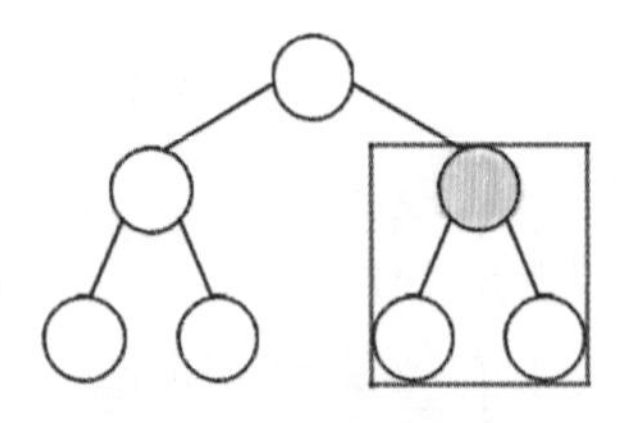

继续向上调整。

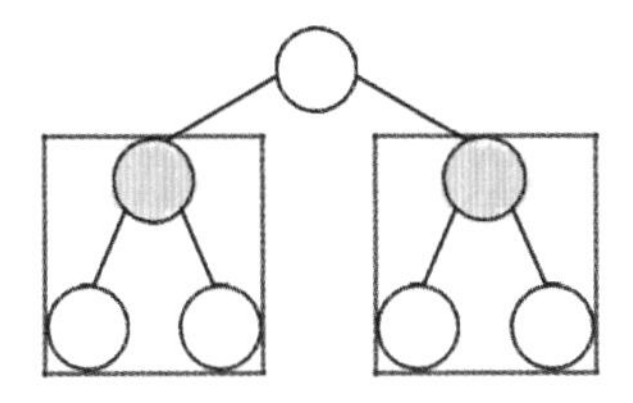

继续向上调整。

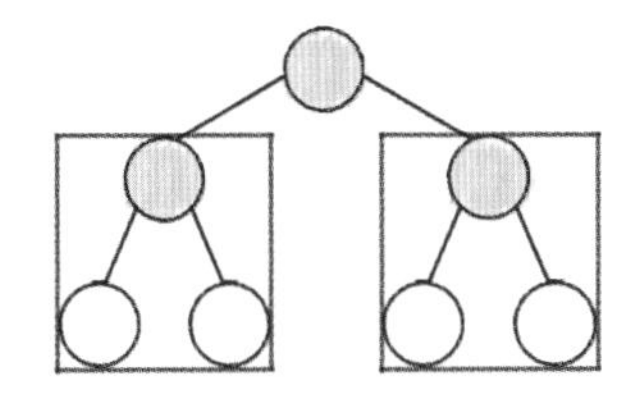

04. 题目解答

建堆调整的代码如下。

```
//Java
//建堆。对于一个没有维护过的堆，从其最后一个节点的父节点开始调整
private void buildHeap(int[] nums) {
    //最后一个节点
    int lastNode = nums.length - 1;
    //记住：父节点 = (i - 1) / 2 ，左节点 = 2 * i + 1，右节点 = 2 * i + 2;
    //最后一个节点的父节点 7
    int startHeapify = (lastNode - 1) / 2;
    while (startHeapify >= 0) {
        //不断调整建堆的过程
        heapify(nums, startHeapify--);
    }
}
//调整大顶堆的过程
private void heapify(int[] nums, int i) {
    //和当前节点的左右节点比较，如果节点中有更大的数则交换，并继续维护交换后的节点
    int len = nums.length;
    if (i >= len)
        return;
    //左右子节点
    int c1 = ((i << 1)   1), c2 = ((i << 1)   2);
    //假设当前节点最大
    int max = i;
    //如果左子节点比较大，则更新 max = c1;
```

```
    if (c1 < len && nums[c1] > nums[max]) max = c1;
    //如果右子节点比较大，则更新 max = c2;
    if (c2 < len && nums[c2] > nums[max]) max = c2;
    //如果最大的数不是节点 i，那么 heapify(nums, max)，即调整节点 i 的子树
    if (max != i) {
        swap(nums, max, i);
        //递归处理
        heapify(nums, max);
    }
}
private void swap(int[] nums, int i, int j) {
    nums[i] = nums[i]   nums[j] - (nums[j] = nums[i]);
}
```

然后从下标 k 开始依次遍历数组的剩余元素。**如果元素小于堆顶元素，那么取出堆顶元素，将当前元素入堆**。在上面的示例中，因为 2 小于堆顶元素 6，所以将 2 入堆。我们发现现在的完全二叉树不满足大顶堆的条件，所以对其进行调整。

调整前。

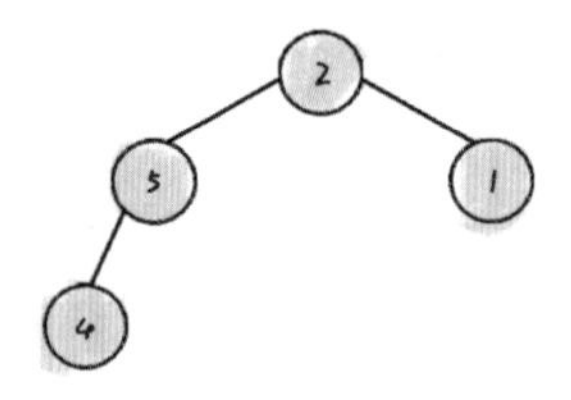

调整后。

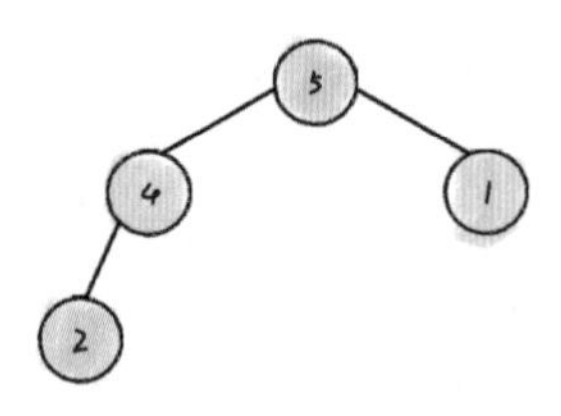

继续重复上述步骤，依次将 7、3、8 入堆。因为 7 和 8 都大于堆顶元素 5，所以只有 3 会入堆。

调整前。

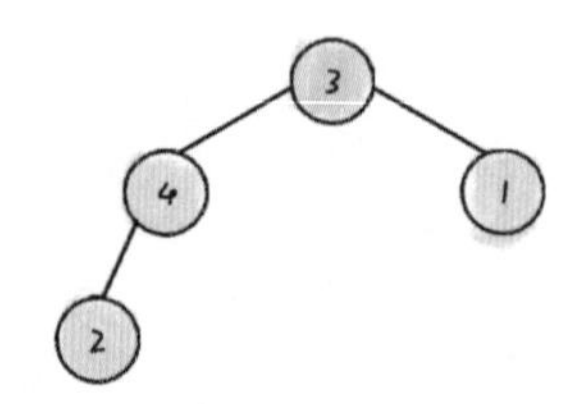

调整后。

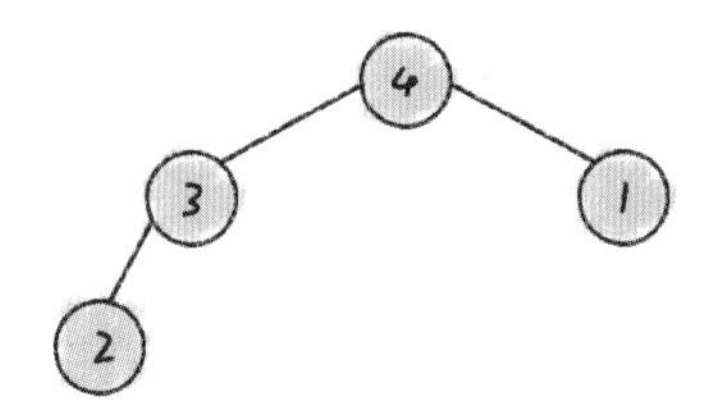

最后得到的堆就是我们想要的结果。由于堆的大小是 k，所以其空间复杂度是 $O(k)$，时间复杂度是 $O(N\log k)$。

根据分析，完成代码。

```
//Java
class Solution {
    public int[] getLeastNumbers(int[] arr, int k) {
        if (k == 0)
            return new int[0];
        int len = arr.length;
        if (k == len)
            return arr;
        //对 arr 数组的前 k 个数建堆
        int[] heap = new int[k];
        System.arraycopy(arr, 0, heap, 0, k);
        buildHeap(heap);

        //对后面较小的树建堆
        for (int i = k; i < len; i++) {
            if (arr[i] < heap[0]) {
                heap[0] = arr[i];
                heapify(heap, 0);
            }
        }
        //返回堆
        return heap;
    }
    private void buildHeap(int[] nums) {
        int lastNode = nums.length - 1;
        int startHeapify = (lastNode - 1) / 2;
        while (startHeapify >= 0) {
            heapify(nums, startHeapify--);
        }
    }
    private void heapify(int[] nums, int i) {
        int len = nums.length;
        if (i >= len)
```

```
            return;
        int c1 = ((i << 1)   1), c2 = ((i << 1)   2);
        int max = i;
        if (c1 < len && nums[c1] > nums[max]) max = c1;
        if (c2 < len && nums[c2] > nums[max]) max = c2;
        if (max != i) {
            swap(nums, max, i);
            heapify(nums, max);
        }
    }
    private void swap(int[] nums, int i, int j) {
        nums[i] = nums[i]   nums[j] - (nums[j] = nums[i]);
    }
}
```

盛最多水的容器

本题也是一道大厂面试题。

01. 题目分析

盛最多水的容器

有 n 个非负整数 a_1，a_2，...，a_n，每个数代表坐标中的一个点 (i, a_i)。在坐标内画 n 条垂线，垂线 i 的两个端点分别为 (i, a_i) 和 $(i, 0)$。找出其中的两条线，使得它们与 x 轴共同构成的容器可以容纳最多的水。

说明：不能倾斜容器，且 n 的值至少为 2。

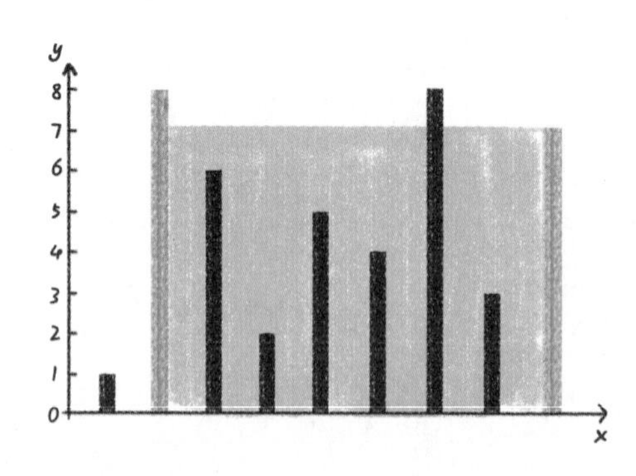

图中的垂线代表输入数组 [1, 8, 6, 2, 5, 4, 8, 3, 7]。在此情况下，容器能够容纳水（表示为蓝色部分）的最大值为 49。

示例：

```
输入：[1,8,6,2,5,4,8,3,7]
输出：49
```

02. 题解分析

观察可得，两条垂线会与坐标轴构成一个矩形区域，较短线段的长度将作为矩形区域的宽度，两线的间距将作为矩形区域的长度，求解容纳水的最大值，只需找到该矩形的最大面积。

本题自然可以暴力求解，只要**找到每对可能出现的线段组合，然后找出这些情况下的最大面积**。这种解法直接略过，大家有兴趣可以自己尝试。这道题比较经典的解法是使用双指针。

假设数组为 [1, 8, 6, 2, 5, 4, 8, 3, 7]，如下图所示。

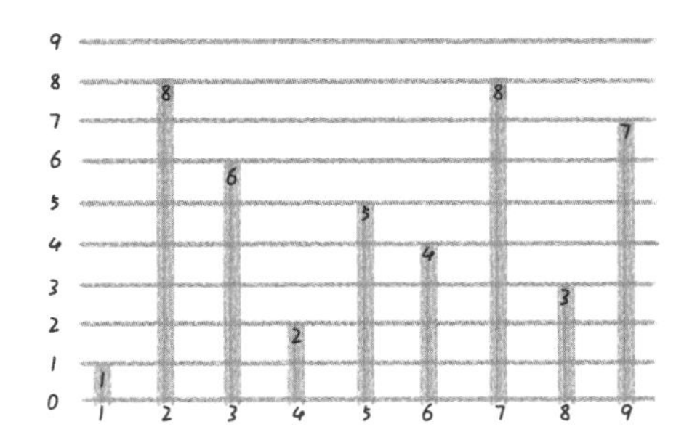

首先初始化两个指针，分别指向两边，构成第 1 个矩形。

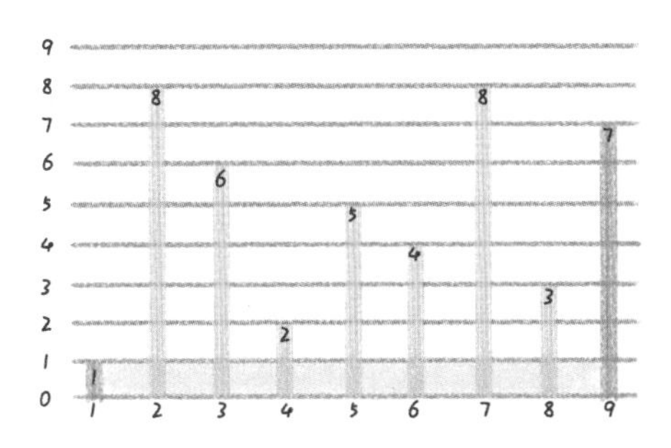

我们尝试将长的一侧向短的一侧移动，发现对于增加矩形面积没有任何意义，如下图所示。

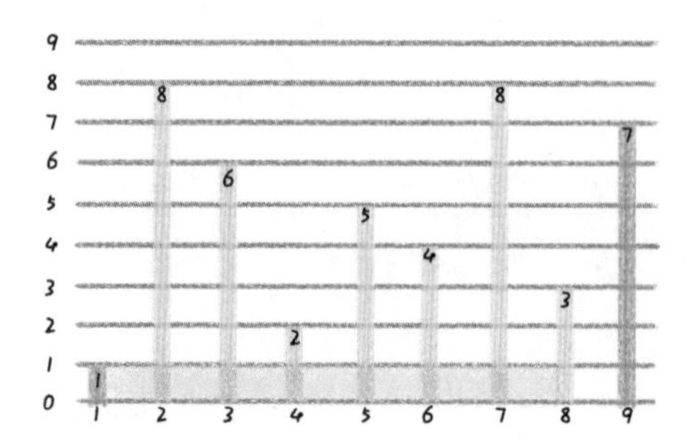

然后将短的一侧向长的一侧移动。根据木桶原理，桶的容量取决于最短的一块板。

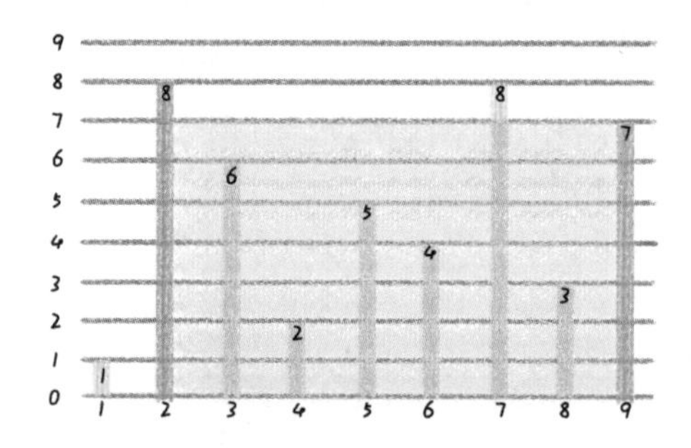

继续重复这个过程，总是**选择将短的一侧向长的一侧移动**。并且记录下每次移动后矩形的面积。

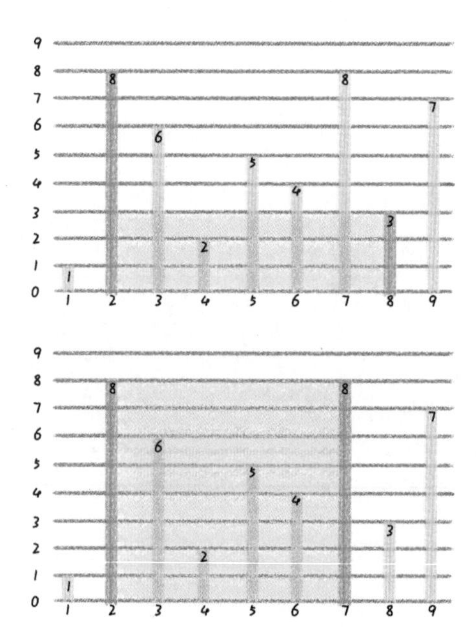

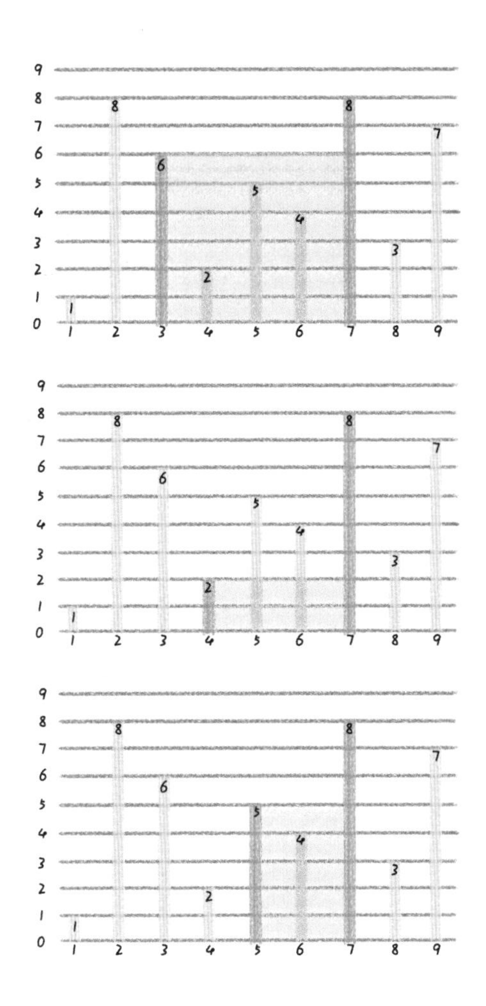

直到两个指针撞在一起。

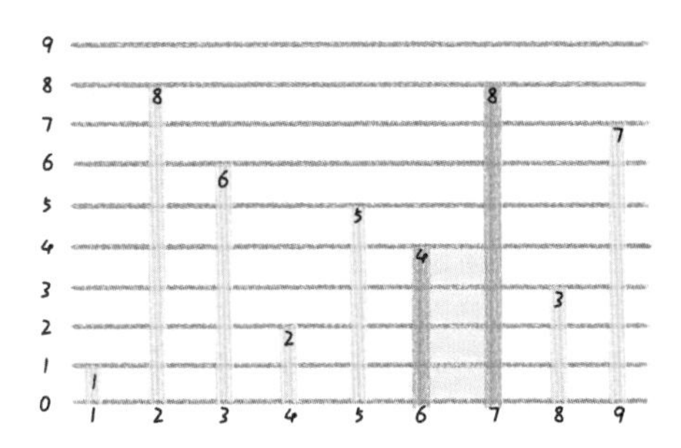

03. 题目解答

根据分析，得到如下题解。

```
//Java
class Solution {
   public int maxArea(int[] height) {
       int i = 0, j = height.length - 1, res = 0;
       while(i < j){
           res = height[i] < height[j] ?
               Math.max(res, (j - i) * height[i  ]):
               Math.max(res, (j - i) * height[j--]);
       }
       return res;
   }
}
```

采用反证法证明。

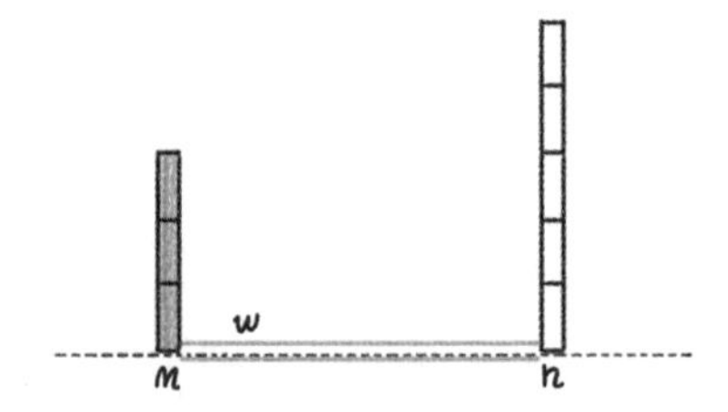


```
Area1 = h(m) * w
```

移动 m 到 n，如果 n 比 m 短，则有：

```
Area2 = h(n) * (w-1)
```

有 Area1 < Area2。

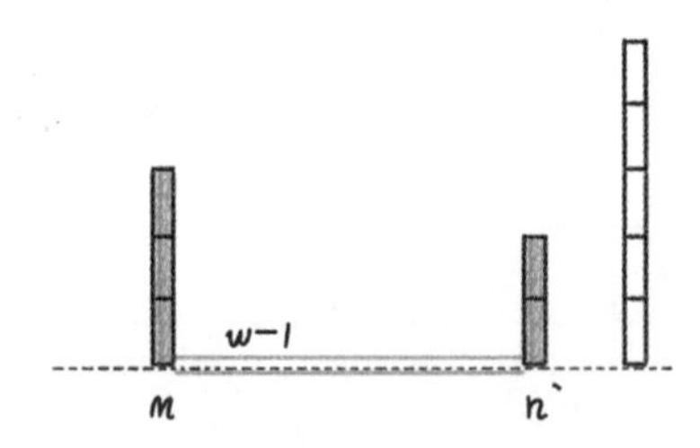

移动 m 到 n，如果 n 比 m 长，则有：

```
Area3 = h(m) * (w-1)
```

有 Area1 < Area3。

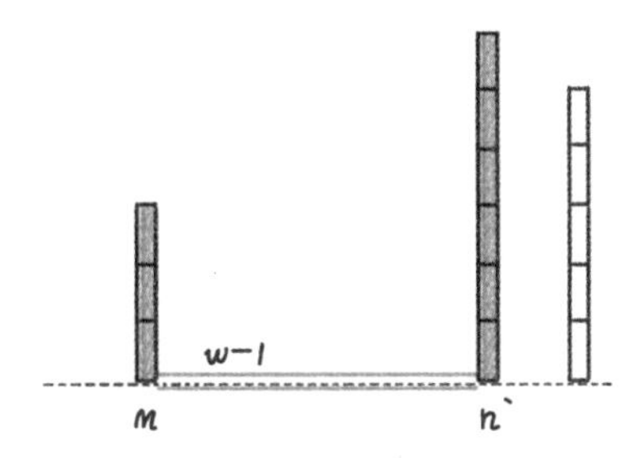

移动石子直到连续(1033)

01. 题目分析

有很多读者对于较长的题目有畏惧感，如果认真地分析，就会发现这种题目非常简单。

第 1033 题：移动石子直到连续

三枚石子放置在数轴上，初始位置分别为 a、b、c。每一回合，我们假设这三枚石子分别位于位置 x、y、z 且 $x<y<z$。从位置 x 或位置 z 拿起一枚石子并将其移动到某一整数位置 k 处，其中 $x<k<z$ 且 $k\,!=y$。当无法进行任何移动时，即这些石子的位置连续时，游戏结束。要使游戏结束，可以移动的最少和最多次数分别是多少？以长度为 2 的数组形式返回答案：answer = [minimum_moves, maximum_moves]。

示例 1：

```
输入：a = 1, b = 2, c = 5
输出：[1, 2]
```

解释：将石子从位置 5 移动到位置 4 再移动到位置 3，或者直接将石子从位置 5 移动到位置 3。

示例 2：

```
输入：a = 4, b = 3, c = 2
输出：[0, 0]
```

解释：无法进行任何移动。

提示：

```
1 <= a <= 100
1 <= b <= 100
1 <= c <= 100
a != b, b != c, c != a
```

02. 题解分析

可以动手画一画以便理解题意。

当 a = 1、b = 2、c = 5 时。

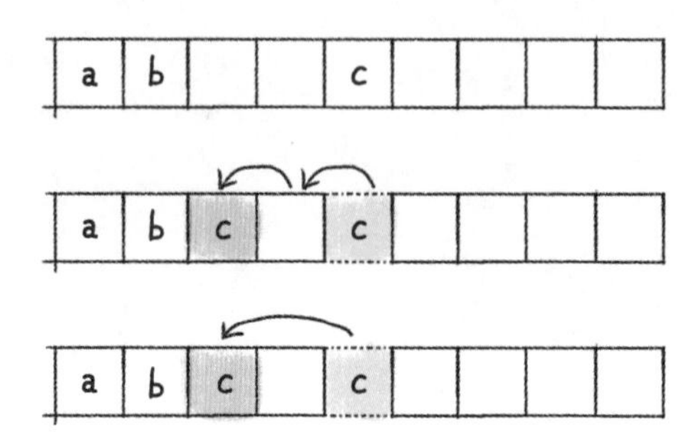

当 a = 4、b = 3、c = 2 时。

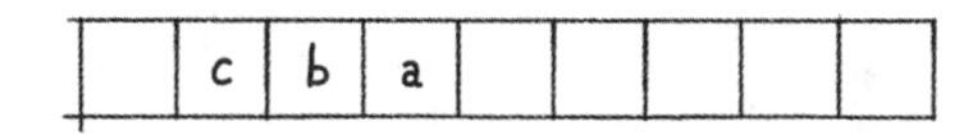

无法移动。

读懂了题意，我们开始分析。首先可以明确，每一次都**在两边挑选石子向中间移动**，所以，我们首先得找到 min（左）、max（右）和 mid（中）三个值。设 min 和 mid 间的距离为 x，max 和 min 间的距离为 y。如下图所示。

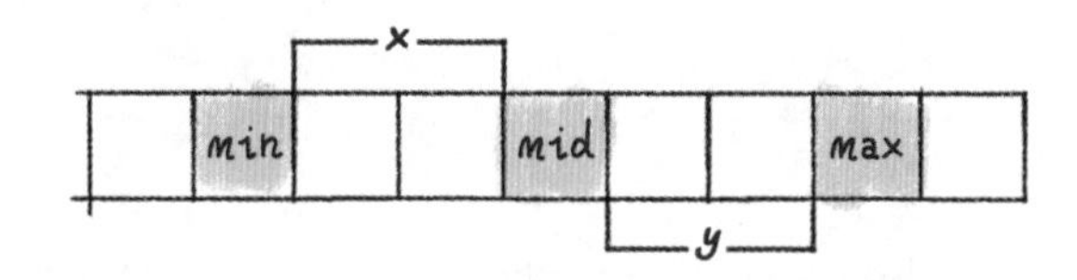

然后只需要计算 x 和 y 的和，就是我们要找的最大值，而最小值只有 0、1、2 三种可能性。

03. 题目解答

根据分析，得到如下题解。

```
//Go
func numMovesStones(a int, b int, c int) []int {
    arr := []int{a, b, c}
    sort.Ints(arr)
    x := arr[1] - arr[0] - 1
    y := arr[2] - arr[1] - 1
```

```
    max := x + y
    min := 0
    if x != 0 || y != 0 {
        if x > 1 && y > 1 {
            min = 2
        } else {
            min = 1
        }
    }
    return []int{min, max}
}
```

当然，也可以不用排序，把代码写漂亮一点。

```
//C
class Solution {
public:
    vector<int> numMovesStones(int a, int b, int c) {
        int max = a > b ? (a > c ? a : c) : (c > b ? c : b);
        int min = a < b ? (a < c ? a : c) : (b < c ? b : c);
        int med = a + b + c - max - min;
        int maxMove = max - min - 2;
        int minMove = 2;
        if (max - med == 1 && med - min == 1) {
            minMove = 0;
        } else if (max - med == 1 || med - min == 1) {
            minMove = 1;
        }else if (max - med == 2 || med - min == 2) {
            minMove = 1;
        }
        return vector{minMove,maxMove};
    }
};
```

镜面反射(858)

01. 题目分析

第 858 题：镜面反射

有一个特殊的正方形房间，每面墙上都有一面镜子。除西南角外，每个角落都放有一个接收器，编号分别为 0、1、2。正方形房间的墙壁长度为 p，一束激光从西南角射出，首先与东墙相遇，入射点到接收器 0 的距离为 q。返回光线最先遇到的接收器的编号（保证光线最终会遇到一个接收器）。

示例：

```
输入：p = 2, q = 1
输出：2
```

解释：这条光线在第 1 次被反射回左边的墙时就遇到了接收器 2 。

我们通过下图来理解本题。

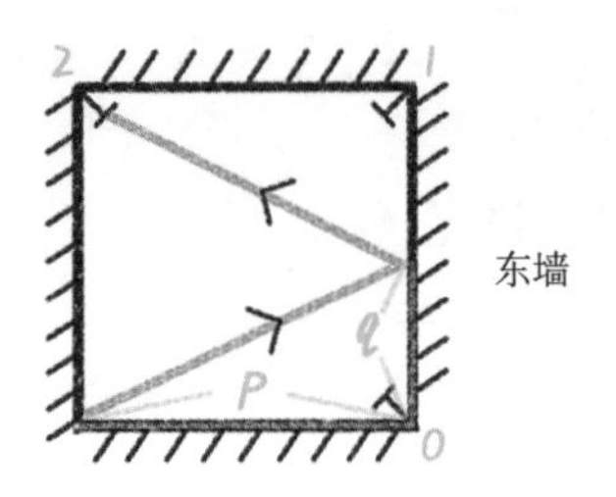

02. 题解分析

我们知道光是由西南角，也就是左下角发出的。发出之后可能出现多种情况（注意，下图略过了部分光线反射的情况）。看起来十分复杂，无迹可寻。

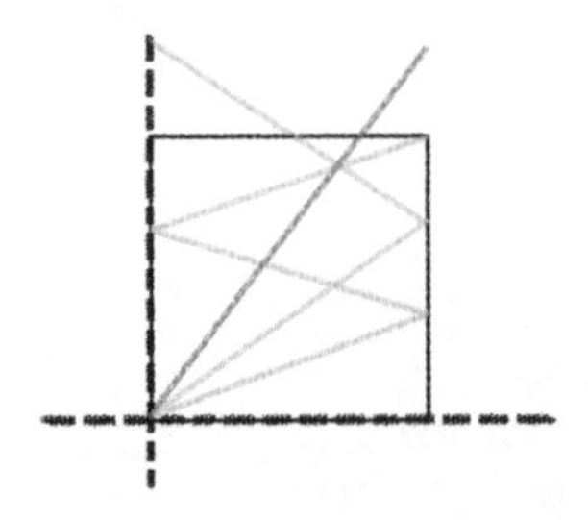

但是如果我们把光线的运动轨迹拆开来看，就可以观测到，光线每经过一次折反，都会在纵向上移动距离 q。同时，一旦光经过的距离为 p 的整数倍，就一定会碰到某个接收点，如下图所示。

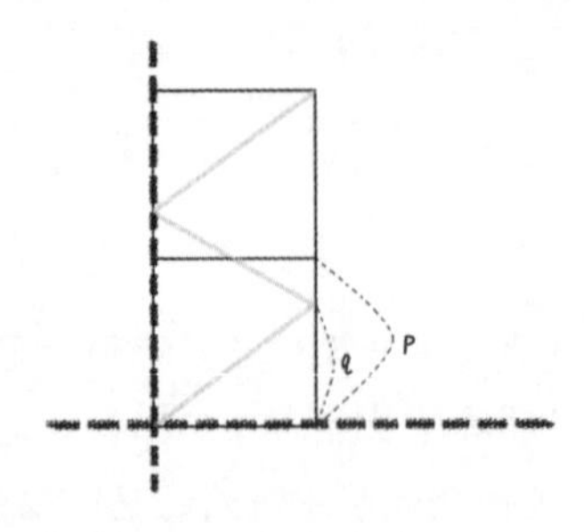

问题变得简单了，**光线最终经过的距离，其实就是 p 和 q 的最小公倍数**。我们设最小公倍数为

L，如果 L 是 p 的**奇数倍**，光线就会射到**北墙**；如果 L 是 p 的 **偶数倍**，光线就会射到**南墙**。

问题来了，如果光线射到南墙，那么必定只能遇到接收器 0。但是如果光线射到了北墙，如何区分遇到的接收器是 1 还是 2 呢？这是一道初中数学题，我们可以通过**光线与东西墙的接触次数，来判断最终的落点是 1 还是 2。**

03. 题目解答

根据分析，得出以下题解。

```
//Java
class Solution {
    public int mirrorReflection(int p, int q) {
        int m = p, n = q;
        int r;
        while (n > 0) {
            r = m % n;
            m = n;
            n = r;
        }
        if ((p / m) % 2 == 0) {
            return 2;
        } else if ((q / m) % 2 == 0) {
            return 0;
        } else {
            return 1;
        }
    }
}
```

荷兰国旗问题

01. 题目分析

荷兰国旗问题是一道经典题目，它是由 Edsger Dijkstra 提出的。

有若干红、白、蓝三种颜色的球随机排列成一条直线。我们的任务是把这些球按照红、白、蓝排序。

这个问题之所以叫荷兰国旗问题，是因为我们可以将有序排列后的红、白、蓝三色小球想象成条状物，正好组成荷兰国旗。

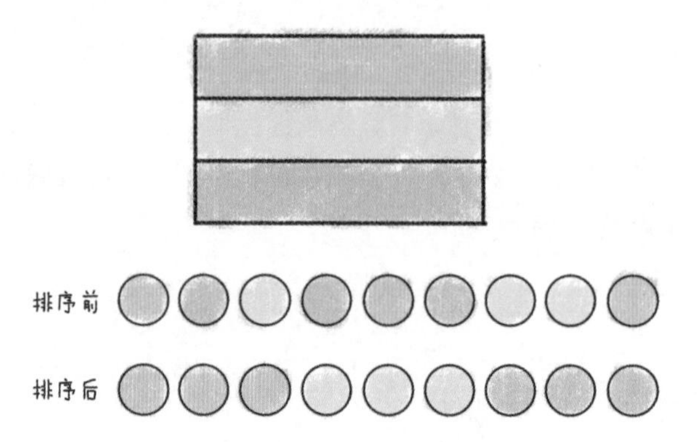

02. 题解分析

这道题是高频面试题。

为了便于分析，我们把上面的图修改如下。

0	2	1	2	0	2	1	1	0
0	0	0	1	1	1	2	2	2

可以想到，排序后的数组可以分为红、白、蓝 3 部分，分别对应图中的 0、1、2。

将这 3 部分进行区分最少需要两条分隔线：A 线的左侧为 0 ，右侧为 1；B 线的左侧为 1 ，右侧为 2。

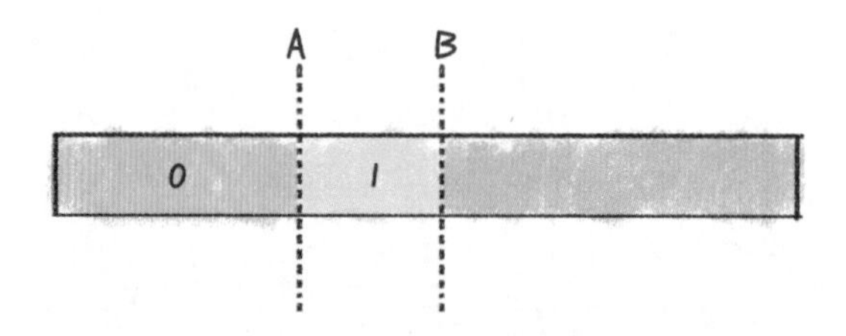

但是在开始时，红、白、蓝三色是乱序的，所以此时的两条线是不是可以看成在两端？

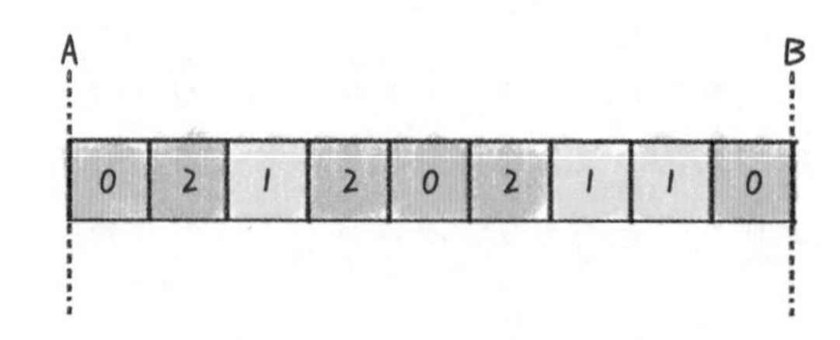

剩下的就是让 A 线和 B 线间的数据满足排序规则。先遍历 AB 间的数据。

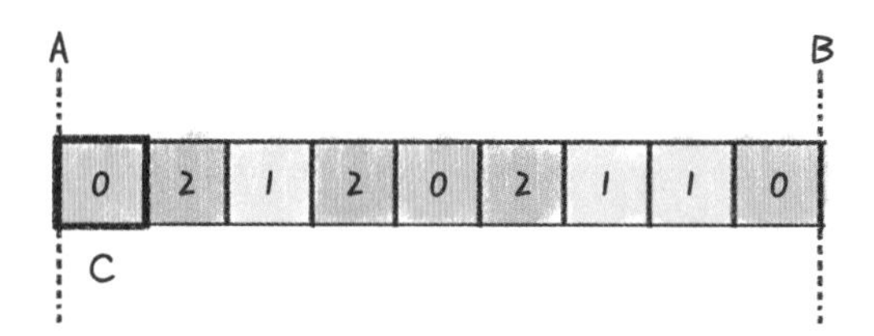

开始时，C 处的元素为 0，因此需要把这个元素放到 A 的左侧，所以我们移动 A 线。当然，我们也需要移动 C 的位置（第 1 种情况）。

移动后 C 处的元素为 2，这个元素应该位于 B 的右侧，所以我们把该位置的元素和 B 位置的元素进行交换，同时移动 B（第 2 种情况）。

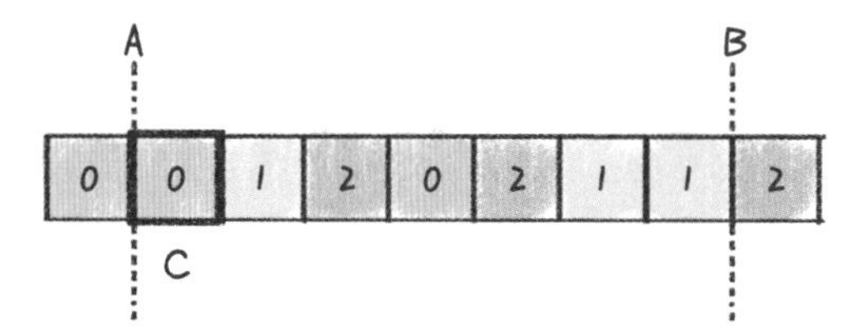

注意，**交换完毕后，C 不能向前移**。因为 C 处的元素可能属于前部，此时若 C 向前移动则会导致该位置不能被交换到前部。继续向下遍历。

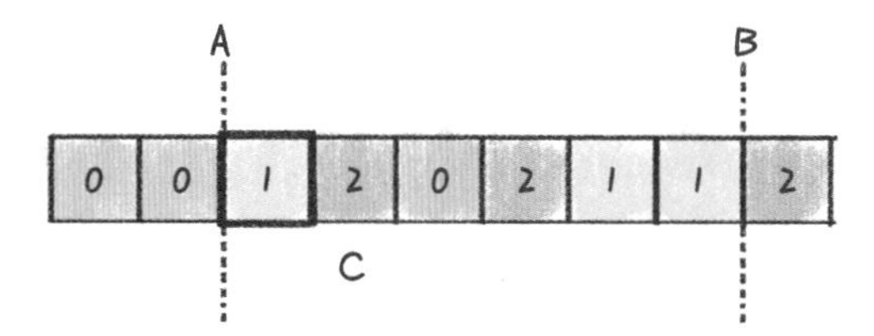

现在，C 处的元素为 1，本身就满足规则，所以直接跳过（第 3 种情况）。继续移动 C。

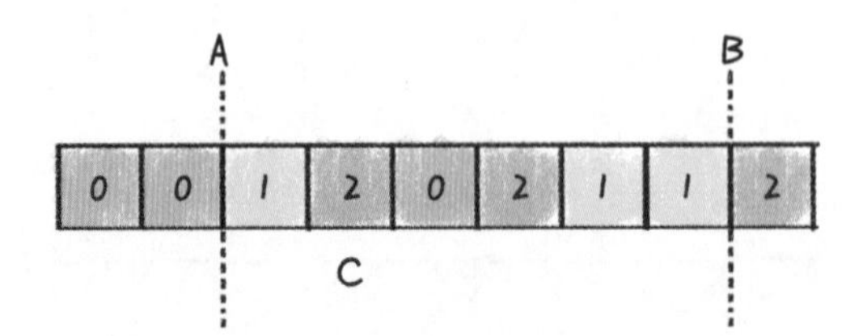

以上是 3 种常见情况，我们继续把剩下的图都绘制出来。

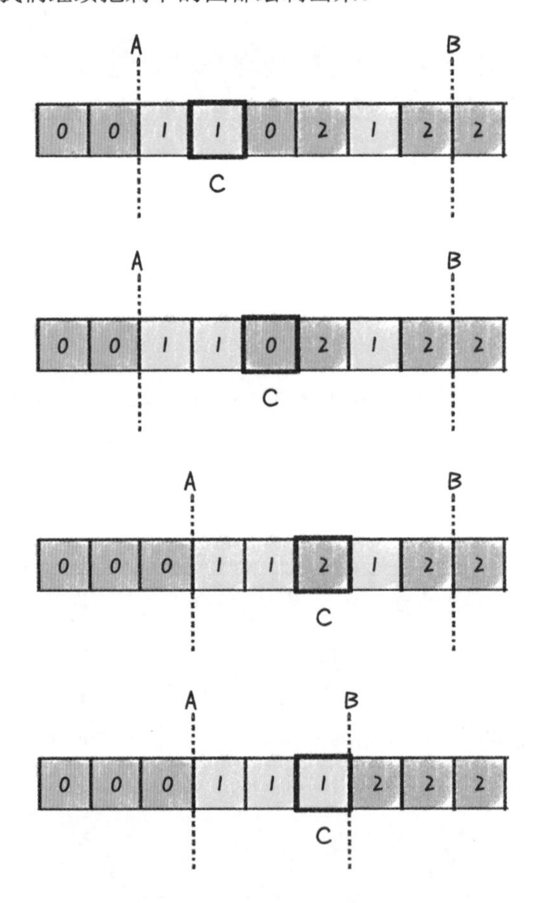

总结一下：

（1）若遍历到的位置的元素为 0，说明它一定位于 A 的左侧，则与 A 处的元素交换，同时向右移动 A 和 C。

（2）若遍历到的位置的元素为 1，说明它一定位于 AB 之间，满足规则，则该元素不需要移动，只向右移动 C。

（3）若遍历到的位置的元素为 2，说明它一定位于 B 的右侧，则与 B 处的元素交换，交换后只需向左移动 B，C 仍然在原位置。

03. 题目解答

题解如下，注意体会下面两种代码对于 C 的处理逻辑。

Python 版本。

```
//Python
class Solution:
    def sortColors(self, nums: List[int]) -> None:
        a = c = 0
        b = len(nums) - 1
        while c <= b:
            if nums[c] == 0:
                nums[a], nums[c] = nums[c], nums[a]
                a += 1
                c += 1
            elif nums[c] == 2:
                nums[c], nums[b] = nums[b], nums[c]
                b -= 1
            else:
                c += 1
```

Go 版本。

```
//Go
func sortColors(nums []int) {
    a := 0
    b := len(nums) - 1
    for c := 0; c <= b; c++ {
        if nums[c] == 0 {
            nums[c], nums[a] = nums[a], nums[c]
            a++
        }
        if nums[c] == 2 {
            nums[c], nums[b] = nums[b], nums[c]
            c--
            b--
        }
    }
}
```

由 6 和 9 组成的最大数字(1323)

01. 题目分析

第 1323 题： 由 6 和 9 组成的最大数字

给定一个仅由数字 6 和 9 组成的正整数 num，最多只能反转一位数字，请返回可以得到的最大数字。

注意，num 每一位上的数字都是 6 或者 9。

如下图所示。

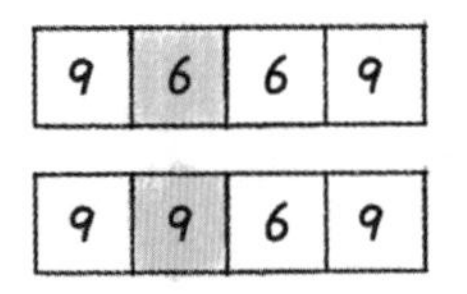


```
输入：num = 9669
输出：9969
```

解释：

- 反转第 1 位数字可以得到 6669。
- 反转第 2 位数字可以得到 9969。
- 反转第 3 位数字可以得到 9699。
- 反转第 4 位数字可以得到 9666。
- 其中最大的数字是 9969。

02. 题目解答

大家可以看到，这是一道数学题，所以需要用数学方法求解，具体代码如下。

```
//Java
class Solution {
    public int maximum69Number(int num) {
        if (num / 1000 == 6) {
            num += 3000;
        } else if (num % 1000 / 100 == 6) {
            num += 300;
```

```
        } else if (num % 100 / 10 == 6) {
            num += 30;
        } else if (num % 10 == 6) {
            num += 3;
        }
        return num;
    }
}
```

本题的核心思想是**从高位到低位进行判断，遇到 6 就将其变为 9**。并通过数值相加的方式来进行。

费米估算

01. 题目分析

问题：北京有多少加油站？
对的，你没看错，这是一道面试题。

02. 题解分析

这道题目考查的是估算能力。

费米估算是将**正确答案转化为一系列估算变量的乘法**。做好估算，一是要把变量选准确，二是要把变量估准确。

回到本题，我们要分析的问题是北京有多少加油站。

那么我们至少要知道北京有多少辆车。但并不是所有的车每天都会上路，所以准确地说，我们需要知道每天上路的车辆数。

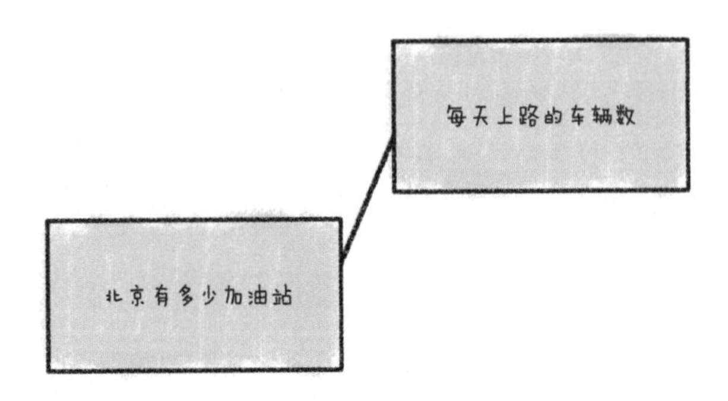

但是，所有上路的车都需要加油吗？当然不是，所以我们要修改如下。

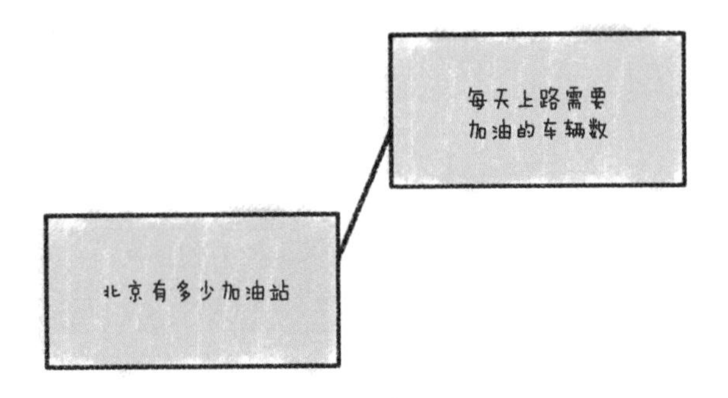

知道了每天上路需要加油的车辆数，我们还要知道每个加油站可以满足多少辆车的需求。

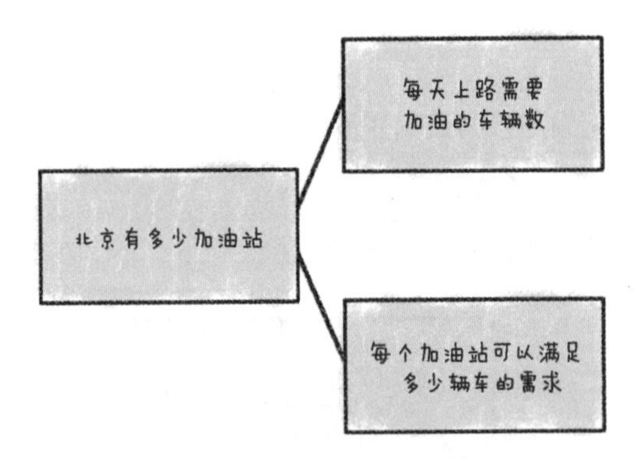

加油站用什么满足车？自然是油。

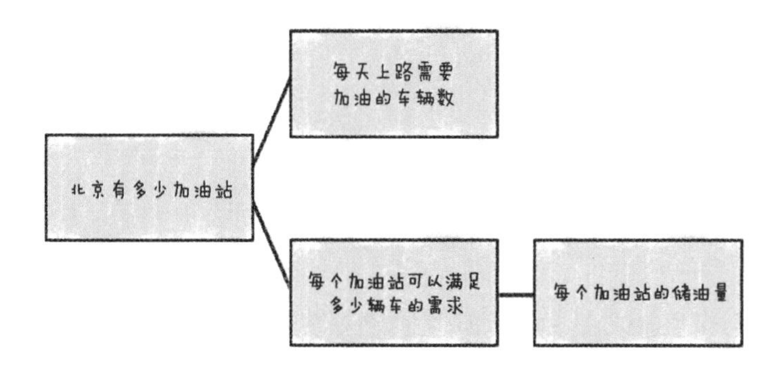

问题来了：我们如何知道每天上路需要加油的车辆数？是不是可以转化为北京可上路车辆总数÷加油频次？

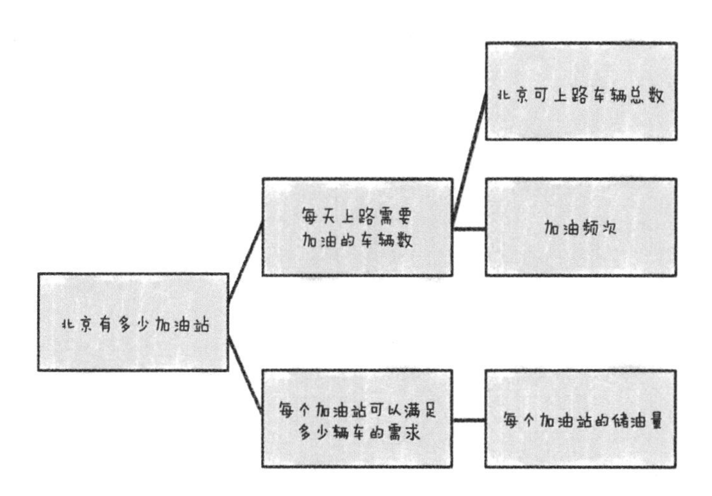

这个加油频次，相信大家很容易就能估算出来。出租车一天加一次油，正常开的私家车一周加一次油，如果开的少就半个月加一次油。

所以我们只要回答出下面两个参数，再给出计算公式。就可以完美地解答本题了。

- 每天上路需要加油的车辆数。
- 每个加油站的储油量。

面试中的智力题 I

题目分析

这道题目并不难，但作为面试官，可以通过它考查很多内容。

题目： 量出 4 升水

怎么用 3 升和 5 升的桶量出 4 升的水？

直接给出分析。

首先用 3 升水桶装满水，倒入 5 升水桶。

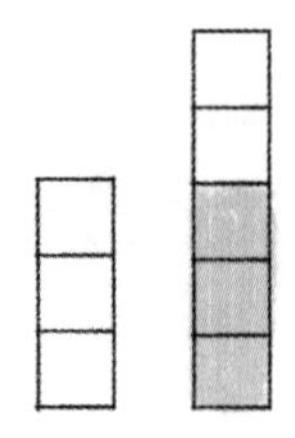

再次倒满 3 升水桶，继续倒入 5 升水桶，直到 5 升水桶倒满。

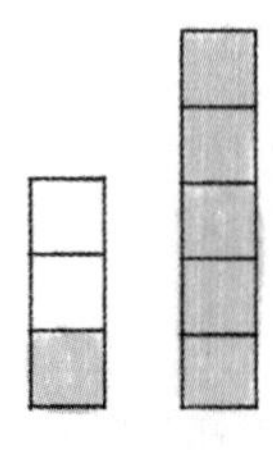

清空 5 升水桶，将 3 升水桶中的 1 升水倒入。

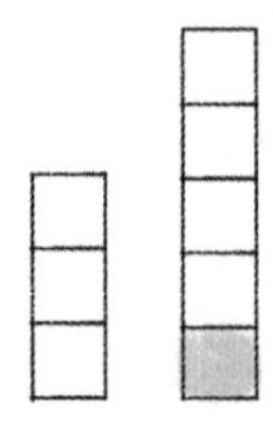

再次填满 3 升水桶，倒入 5 升水桶中。

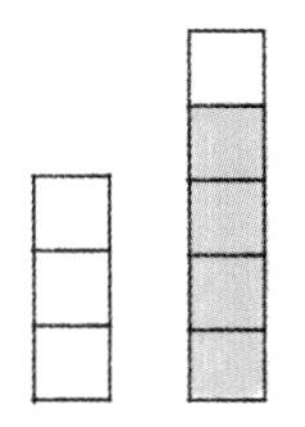

面试中的智力题 II

题目分析

题目：最大的钻石

一栋大楼中每层电梯的门口都放着一颗钻石，钻石大小不一。你乘坐电梯从 1 层到 n 层，电梯经过每层门都会打开一次，而你只能拿一次钻石，怎样才能拿到最大的一颗钻石？

不要认为这种题目不会出现在面试中，恰恰相反，这类题目出现的概率非常高。

这种问题主要考查面试者随机应变和分析问题的能力。

题目中包含一个隐藏条件——随机放置，因此所有的分析都是基于随机放置给出的。换句话说，如果人为干预放置钻石的大小，则本题的所有分析都不成立。

本题属于**最佳停止问题**。

在我们的题目里，也可以直接给出答案：**放弃前 37%的钻石，然后选择比前 37% 大的第 1 颗钻石。**

该类型的题目还有很多，例如，在一个活动中，n 位女生手里拿着长短不一的玫瑰花无序地排成一排，一位男生从头走到尾，试图拿到最长的玫瑰花，一旦拿了一朵就不能再拿其他的，错过了就不能回头，问最好的策略？公司要聘请 1 名秘书，共有 n 位应聘者，面试者每次面试后必须立刻决定是否聘用，不可重复面试。如何使聘用到最佳应聘者的概率最大？等等。

图的基础知识

01. 图是什么

图（Graph）是表示物体与物体之间的关系的数学对象，是图论的基本研究对象。

下图就是数据结构中的一个图。

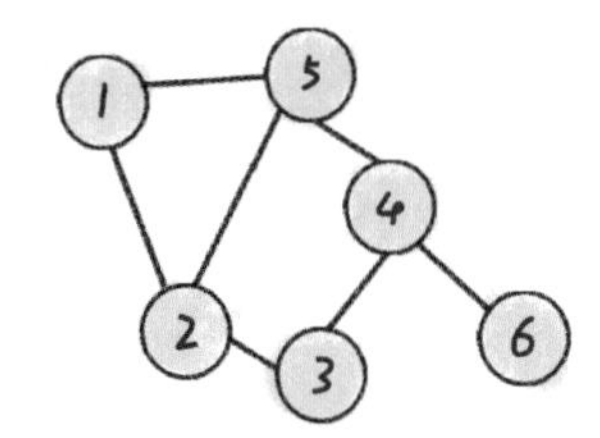

图比树形关系和线性关系复杂，具体如下。

- 线性关系是一对一的：一个前驱一个后继。
- 树形结构是一对多的：一个父节点多个子节点。
- 图形结构是多对多的：任意两个顶点（图中的节点叫作顶点）都可能相关，是多对多的关系。

图一般表示为 $G=(V，E)$

其中，V 代表点，E 代表边。

因此，上图可以表示为

V={1, 2, 3, 4, 5, 6}
E={(1, 2), (1, 5), (2, 3), (2, 5), (3, 4), (4, 5), (4, 6)}

02. 图的术语

图里最基本的单元是顶点（Vertex），相当于树的节点。顶点之间的关系被称为边（Edge），边可以被分配一个数值（正负都有可能），这个数值就叫作权重。

值得一提的是，树可以被当作简单的图，链表可以被当作简单的树。

03．无向图和有向图

有方向的图就是有向图，无方向的图就是无向图。

甲在微信中加了 5 位好友，这 5 位好友都通过了他的朋友验证请求，如下图所示，此时为无向图。

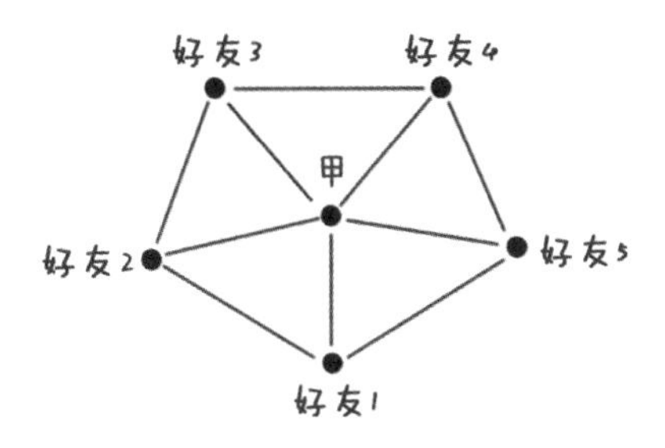

突然有一天，除了好友 1，其他 4 位好友同时拉黑了甲。甲的微信里能看到他们，他们却看不到甲。同时，好友 1～5 之间也具有不同的可见关系。

此时，无向图就变成了有向图。

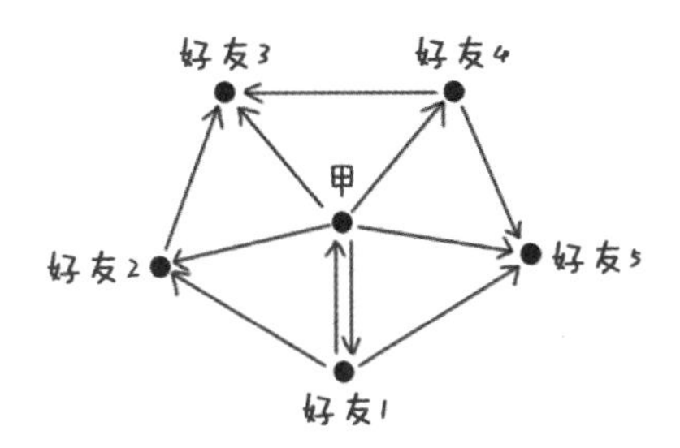

04．完全图

所有的顶点互相连接在一起的图是完全图。

在无向图中，若每对顶点之间都有一条边相连，则称该图为完全图，如下所示。

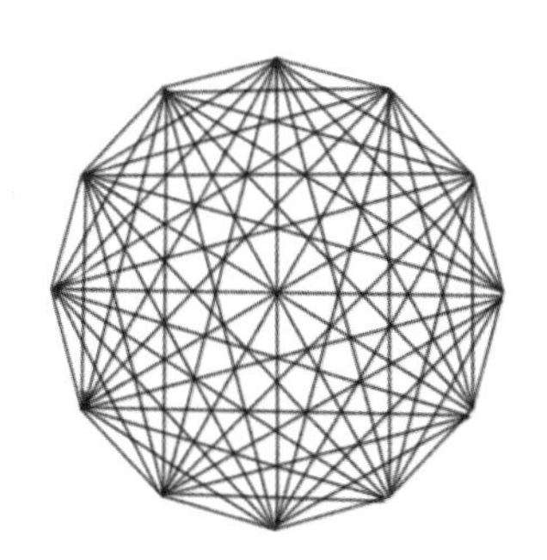

每对顶点之间都有两条有向边相互连接的有向图也是完全图。

05. 循环图和 DAG

循环图指**起点和终点是同一节点的图**。**有向图和无向图都可能产生循环**。在有向循环图中，边的方向是一致的，无向循环图只需要成环。对于以下 3 个图，从左至右分别为无向循环图、有向非循环图、有向循环图。

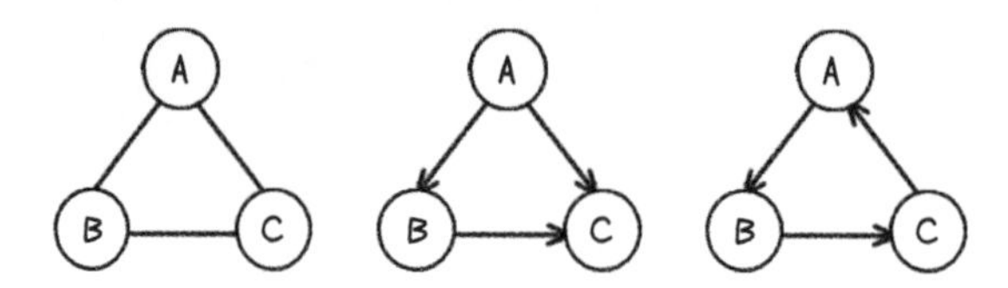

其中，有向非循环图也被称为有向无环图（Directed Acyclic Graph，DAG）。下图就是有向无环图。

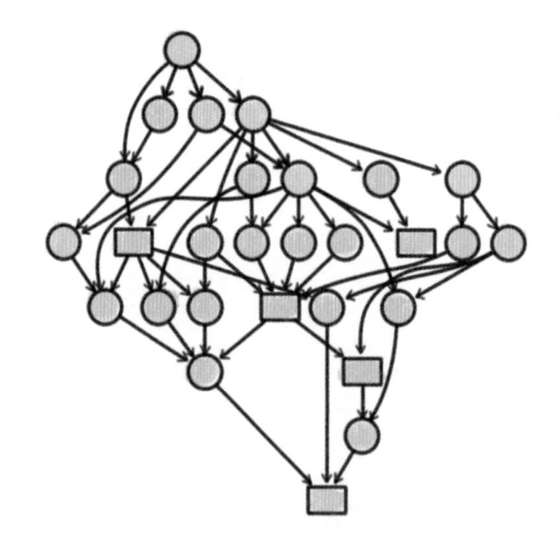

上图像不像一棵树？所以计算机结构中有向的树其实就是 DAG。

06. 加权图

设 G 为图，图中的每一条边 E 都对应一个实数 W(E)（可以通俗地将其理解为边的长度，只是在数学定义中图的权可以为负数），我们把 W(E)称为 E 的权，把这样的图 G 被称为加权图。

加权图可以分为**顶点加权图和边加权图**。说白了，就是有人发现如果只给边加上权值（就是长度）并不够用，有时候也需要给顶点加上权值。

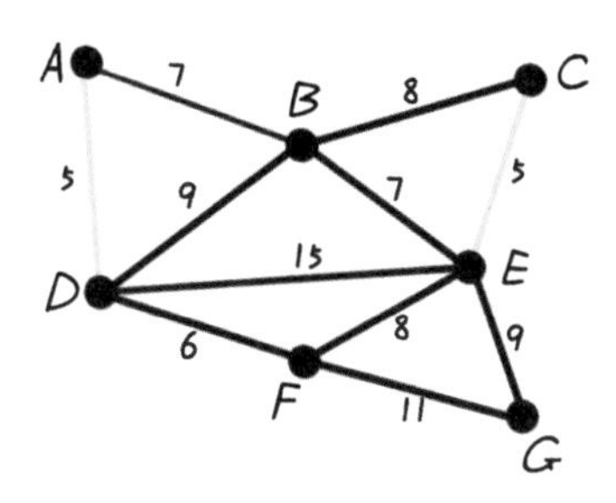

07. 连通图

在无向图 G 中，若从顶点 I 到顶点 J 有路径相连（当然从 J 到 I 也一定有路径），则称 I 和 J 是连通的。

连通的图就是连通图，如下所示。

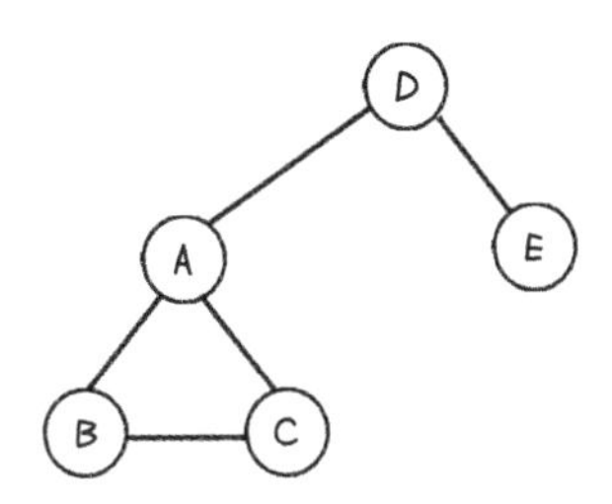

有至少一个点无法连接上的图是非连通图，如下所示。

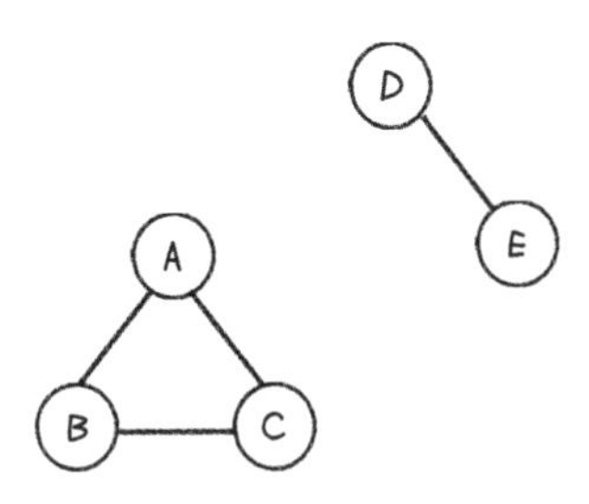

非连通图中彼此孤立的部分叫作**岛**，如下所示。

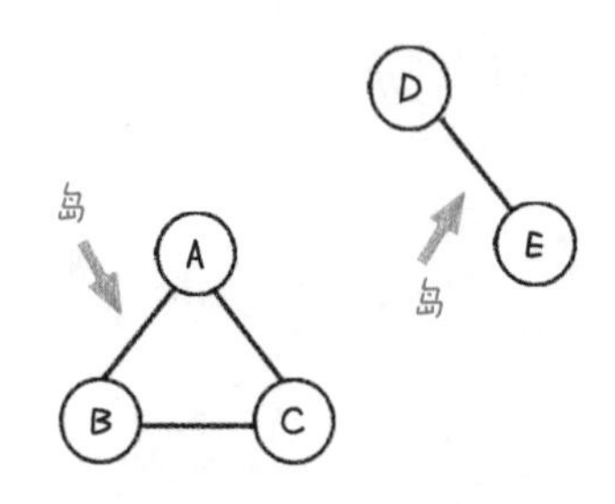

因此，也可以认为包含岛的图就是非连通图。

08. 稠密图和稀疏图

可以简单地认为，稀疏图的边数远远少于完全图，反之，稠密图的边数接近或等于完全图。

全排列算法

01. 概念讲解

从 n 个不同元素中任取 m（$m \leqslant n$）个按照一定的顺序排列，叫作从 n 个不同元素中取出 m 个元素的一个排列。当 $m=n$ 时，所有的排列情况叫作全排列。

例如 [1, 2, 3] 的全排列有 6 种。

123　132　213

231　312　321

02. 题目分析

把全排列稍做改动，就变成了一道算法题。

全排列问题

给定一个没有重复数字的序列，返回其全排列。

示例：

```
输入: [1,2,3]
输出:
[
```

```
  [1,2,3],
  [1,3,2],
  [2,1,3],
  [2,3,1],
  [3,1,2],
  [3,2,1]
]
```

03. 题解分析

这种由基础数学知识改编而成的题目在面试时还是很容易遇到的。

假如我们不是做算法题，而是做数学题。我们会一个位置一个位置地考虑，先写出以 1 开头的排列，再写出以 2 开头的排列，最后写出以 3 开头的排列。

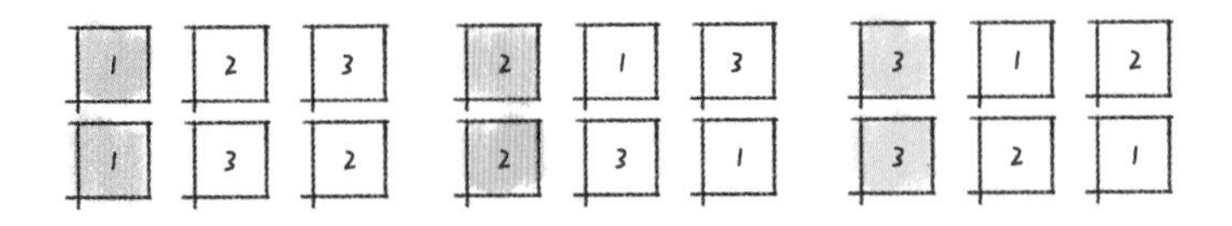

这种思路是不是很像深度优先搜索（DFS）的求解过程呢？

（1）第 1 位选择 1，第 2 位选择 2，此时第 3 位只能选择 3。

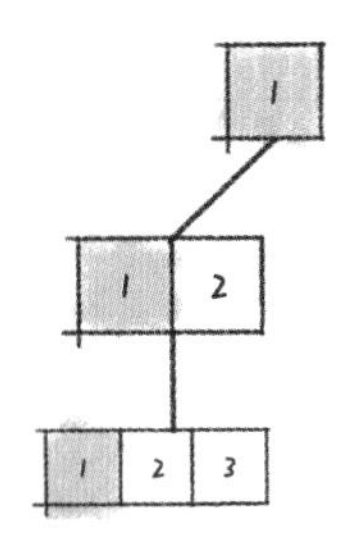

（2）完成了上面的步骤，我们需要回退到 1，因为只有 1 后面还存在其他选择——3，在第 2 位填写 3 后，第 3 位只能选择 2。

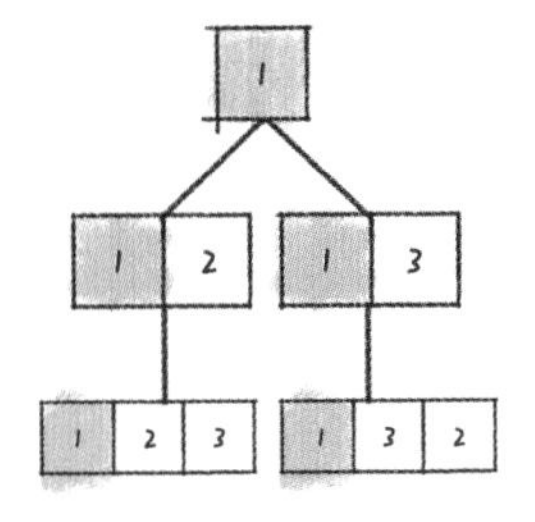

（3）此时我们需要从 1-3-2 回退到 1-3，再回退到 1，最后回退到根节点并选择 2。

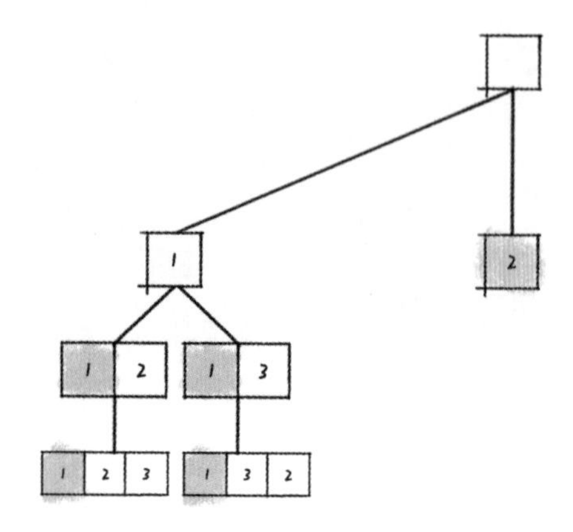

（4）后面的步骤与前面相似，不再赘述。

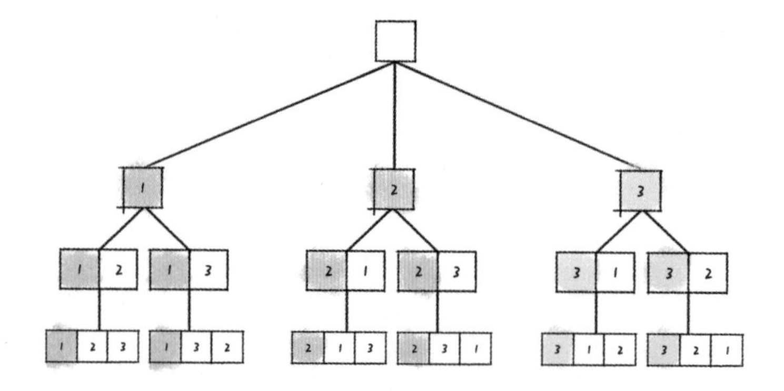

04．题目解答

先给出代码。注意，这个代码不是最优的，这样写只是便于大家理解。我们还可以通过置换或其他方式进行优化，核心是回溯的过程。

```
//Java
class Solution {
    List<List<Integer>> ans = new ArrayList<>();

    public List<List<Integer>> permute(int[] nums) {
        dfs(nums, new ArrayList<>());
        return ans;
    }

    private void dfs(int[] nums, List<Integer> tmp) {
```

```
        System.out.println(Arrays.toString(nums) + "," + tmp);
        if (tmp.size() == nums.length) {
            ans.add(new ArrayList<>(tmp));
        } else {
            for (int num : nums) {
                if (!tmp.contains(num)) {
                    tmp.add(num);
                    dfs(nums, tmp);
                    tmp.remove(tmp.size() - 1);
                }
            }
        }
    }

}
```

若 nums 为 [1, 2, 3]，则有下面的输出。

```
[1, 2, 3],[]
[1, 2, 3],[1]
[1, 2, 3],[1, 2]
[1, 2, 3],[1, 2, 3]
[1, 2, 3],[1, 3]
[1, 2, 3],[1, 3, 2]
[1, 2, 3],[2]
[1, 2, 3],[2, 1]
[1, 2, 3],[2, 1, 3]
[1, 2, 3],[2, 3]
[1, 2, 3],[2, 3, 1]
[1, 2, 3],[3]
[1, 2, 3],[3, 1]
[1, 2, 3],[3, 1, 2]
[1, 2, 3],[3, 2]
[1, 2, 3],[3, 2, 1]
```

这个代码还是很容易理解的。当我们按顺序枚举每一位时，要把已经选择过的数字排除（第 16 行代码），例如对于 3 个数字的情况：

- 在枚举第 1 位时，有 3 种选择。
- 在枚举第 2 位时，只有 2 种选择（前面已经出现的 1 个数字不可以再出现）。
- 在枚举第 3 位时，只有 1 种选择（前面已经出现的 2 个数字不可以再出现）。

第 12 行代码表示**当枚举到最后一位时，就得到了我们要的排列结果，所以要放入全排列的结果集中**。

这里还有一行很重要的代码，就是第 19 行，这一步是在回到上一位时，**撤销**上一次的选择结果，否则之前选过的数字就不能继续用了。

回溯法（探索与回溯法）是一种选优搜索法，又被称为试探法，按选优条件向前搜索，以实现目标。在探索到某一步时，如果发现之前的选择并不优或达不到目标，就退回前一步重新选择，这种走不通就退回再走的方法被称为回溯法，而满足回溯条件的某个状态的点被称为回溯点。

这是一道简单的全排列题目，注意在上面的题解中没有引入状态、路径、选择列表、结束条件等专业术语，甚至连回溯的概念都没有提及。

我之所以这样讲，是希望读者可以从最简单的思路出发，而不是去套用各种框架。